거미 이름 해설

거미 이름 해설

—

펴 낸 날 | 2016년 12월 26일 초판 1쇄
글 · 사진 | 공상호

—

펴 낸 이 | 조영권
만 든 이 | 노인향
꾸 민 이 | 강대현

—

펴 낸 곳 | 자연과생태
주소_서울 마포구 신수로 25-32, 101(구수동)
전화_02)701-7345~6 팩스_02)701-7347
홈페이지_www.econature.co.kr
등록_제2007-000217호

—

ISBN 978-89-97429-72-1   93490

공상호 ⓒ 2016

거미 이름 해설

글·사진 공상호

자연과생태

일러두기

1. 한국산 거미 48과 281속 799종의 학명과 국명의 어원을 설명했다. 이 중 277종은 성체, 외부생식기, 수염기관 등의 사진도 함께 수록했다.
2. 독자의 이해를 돕고자 일부 종에서는 외부생식기, 수염기관 등의 그림도 수록했다. 그림은 여러 문헌을 토대로 저자가 직접 그린 것으로, 각 그림 설명에 참고문헌을 병기했다.
3. 본문은 알파벳 순서로 배열했다. 학명은 〈The World Spider Catalog(WSC)〉(2016), 국명은 〈한국산 거미의 종 목록〉(2015년도 개정)을 따랐다.
4. 이 책에 실린 미기록종은 3종이다. 국명 뒤에 '가칭'이라 표기하고 분포 지역에 한국(K)을 추가했다.
5. 책 앞쪽에 〈한국 거미 목록〉을 수록했으며, 각 과·속·종명에 고유번호를 매겼고, 이것이 쪽 표기를 대신한다. 찾아보기의 번호도 마찬가지다.
6. 학명 맨 끝 괄호 안의 알파벳은 분포 지역을 뜻하며, 분포지 약어는 다음 표와 같다. 분포지는 〈The World Spider Catalog(WSC)〉(2016)를 기준으로 했으며, 몇몇 지역은 약어가 아닌 영문 지명을 그대로 썼다. 예외로 미녀왕거미와 검정논늑대거미는 WSC에서 한국 서식을 반영하지 않고 있어 분포지 표기에는 한국이 빠져 있다.

A: North Africa	Far East Pa: Far East Palearctic	Kr: Krakatau	Pk: Pakistan
Af: Africa	Fi: Fiji	La: Laos	Rk: Ryukyu
Amer: America	Fra: France	M: Mongolia	Ru: Russia
Au: Australia	Ha: Holarctic	Mad: Madeira	SA: South Africa
Az: Azerbaijan	HK: Hong Kong	Mal: Malaysia	Se: Senegal
Ba: Bangladesh	Hw: Hawaii	My: Myanmar	Sey: Seychelles
Bh: Bhutan	Id: Indonesia	Ne: Nepal	SL: Sri Lanka
Bu: Bermuda	In: India	NG: New Guinea	Su: Sumatra
C: China	Is: Israel	North J: North Japan	Sul: Sulawesi
Ca: Canada	It: Italy	North K: North Korea	T: Taiwan
C-Asia: Central Asia	J: Japan	Nz: New Zealand	Tha: Thailand
Cauc: Caucasus	Jv: Java	Ok: Okinawa	Tu: Turkmenistan
Co: Cosmopolitan	K: Korea	Pa: Palearctic	US: USA
Eur: Europe	Ka: Kazakhstan	Ph: Philippines	V: Vietnam

*영문 지명을 그대로 쓴 지역: Cameroon, Iran, Moluccas, New Herbrides, Norway, Pacific Is., Panama, Réunion, Ukraine, Turkey

**분포지에 introduced라고 표기된 경우는 해당 종이 확실한 서식지가 아닌 예상외의 지역에서도 발견되었다는 것을 의미한다. 예) [J(Eur, introduced)]: 일반적으로 일본에 분포하지만 유럽에서도 보고되었다. [Ha, introduced elsewhere]: 전북구에 널리 분포하지만 그 이외의 지역에서도 보고되었다.

머리말

Arctosa ipsa (Karsch, 1879) 흰털논늑대거미 [J, K, Ru]

【학명】ipse [입세] 자신, 자체. 논늑대거미속(*Arctosa*) 그 자체(*ipsa*)라는 뜻으로 보인다.

*참고: ipsa는 ipse의 여성명사.

【국명】머리 정중부에 흰 털 무늬가 목홈 쪽으로 이어지다가 배갑의 각진 팔(8)자 무늬로 침입한다 (공상호, 2014: 237). 즉 배갑의 흰털에서 유래했다.

흰털논늑대거미는 이름에서 알 수 있듯이 논늑대거미속으로 다소 습한 논밭에 서식합니다. 주로 충청권에 서식하는 종으로 충주, 청주, 논산 등에서는 쉽게 볼 수 있습니다. 아주 드물기는 하지만 남쪽인 여수에서도 발견된 적이 있고, 기후변화의 영향인지 최근에는 양주시 소재의 광사초등학교 주변 습지에서 집단 서식하는 모습도 볼 수 있습니다. 이처럼 종명과 소속은 물론 생태 습성, 최근의 생태지도까지 안다면 흰털논늑대거미를 잘 안다고 할 수 있겠지요. 만약 여기서 한 걸음 더 나아가 학명과 국명의 유래를 안다면, 즉 흰털논늑대거미의 경우 이름을 보고서 배움의 근원까지 떠올릴 수 있다면 우리는 흰털논늑대거미를 통해 더 많은 것을 이해할 수 있지 않을까요?

학명은 속명과 속명을 꾸며 주는 종명으로 구성됩니다. 종명에는 종의 신체적 특성이나 서식지 등 구체적인 정보를 담으며, 수식어 기능을 하는 형용사와 분사로 쓰는 것이 일반적입니다. 예를 들면 *Arctosa stigmosa*(검정논늑대거미)는 검은 반점이 있는(*stigmosa*) 논늑대거미(*Arctosa*)이고, *Arctosa coreana*(한국논늑대거미)는 한국의(*coreana*) 논늑대거미(*Arctosa*)라는 뜻입니다. 다만 흰털논늑대거미의 종명은 위의 해설에서도 알 수 있듯이 형용사나 분사가 아닌 지시대명사로 쓰인 듯합니다. 저자가 명명 이유를 밝히지 않았기 때문에 단정 지을 수는 없지만 그래서 더욱 자유롭게 추측해 볼 수 있습니다.

흰털논늑대거미 이름에서 배움의 근원을 떠올릴 수 있는 이유는 종명 *ipsa*가 쓰인 유명한 라틴어 격언 때문입니다. Amor ipse notitia est. 직역하면 사랑은(Amor) 앎(notitia) 그 자체(ipse)이다(est)는 뜻으로, 즉 사랑하면 알게 되고, 알고 싶으면 사랑해야 한다는 의미입니다. 교사인 저는 학생들에게 스스로 배움이란 무엇이고 어떠해야 하는지에 대해 늘 고민하도록 가르치려 노력합니다. 저 역시 시시각각 변하는 학생들에 대해 계속해서 배우지 않고서는 그들과 소통할 수 없습니다. 저는 흰털논늑대거미를 통해 이런 교육철학을 배운 셈입니다.

거미의 이름 뜻은 매우 다양합니다. 일반적으로 거미의 신체적 특성이나 생태 습성, 채집지 또는 채집자나 연구자의 이름에서 유래하지만 그게 다는 아닙니다. 유명한 문학 작품의 주인공 이름에서 유래한 것도 있고 때로는 정치적 의미를 내포하는 경우까지 있습니다. 그래서 어떤 거미 이름을 보면 명명 당시의 시대 상황이나 국가 간의 갈등 내지는 힘의 불균형까지도 엿볼 수 있지요. 우리나라에서 볼 수 있는 거미 799종의 학명과 국명을 해설한 이 책을 통해 거미 이름 속에 숨겨진 자연과학적·인문학적 사연을 찾아보는 즐거움을 누릴 수 있기를 바랍니다.

이 책이 출판될 수 있도록 힘을 실어 주신 〈자연과생태〉 가족 여러분에게 감사드립니다. 거미를 집에서 기를 수 있도록 허락해 주었고, 문헌에만 나오는 안경깔때기거미의 실체를 확인하기 위해 울릉도까지 함께 다녀와 준 지윤이, 민석이 그리고 아내에게도 감사합니다. 끝으로 이 책에 관심을 가져 주신 독자 여러분, 감사합니다.

2016. 12.

공상호

\<한국 거미 목록\> 알파벳 순

1. Agelenidae C. L. Koch, 1837 가게거미과

Genus 1. *Agelena* Walckenaer, 1805 풀거미속
1. *Agelena choi* Paik, 1965 복풀거미 [K]
2. *Agelena jirisanensis* Paik, 1965 지리풀거미 [K]
3. *Agelena labyrinthica* (Clerck, 1757) 대륙풀거미 [Pa]
4. *Agelena limbata* Thorell, 1897 들풀거미 [C, K, My, La, J]

Genus 2. *Allagelena* Zhang, Zhu & Song, 2006 타래풀거미속
5. *Allagelena difficilis* (Fox, 1936) 타래풀거미 [C, K]
6. *Allagelena donggukensis* (Kim, 1996) 동국풀거미 [J, K]
7. *Allagelena koreana* (Paik, 1965) 고려풀거미 [C, K]
8. *Allagelena opulenta* (L. Koch, 1878) 애풀거미 [C, J, K, T]

Genus 3. *Alloclubionoides* Paik, 1992 비탈가게거미속
9. *Alloclubionoides bifidus* (Paik, 1976) 민무늬비탈가게거미 [K]
10. *Alloclubionoides boryeongensis* Kim & Ye, 2013 보령비탈가게거미 [K]
11. *Alloclubionoides cochlea* (Kim, Lee & Kwon, 2007) 달팽이비탈가게거미 [K]
12. *Alloclubionoides coreanus* Paik, 1992 한국비탈가게거미 [K]
13. *Alloclubionoides dimidiatus* (Paik, 1974) 팔공비탈가게거미 [K]
14. *Alloclubionoides euini* (Paik, 1976) 입비탈가게거미 [K]
15. *Alloclubionoides gajiensis* Seo, 2014 가지가게거미 [K]
16. *Alloclubionoides geumensis* Seo, 2014 금산가게거미 [K]
17. *Alloclubionoides jaegeri* (Kim, 2007) 오대산비탈가게거미 [K]
18. *Alloclubionoides jirisanensis* Kim, 2009 지리비탈가게거미 [K]
19. *Alloclubionoides kimi* (Paik, 1974) 용기비탈가게거미 [K]
20. *Alloclubionoides lunatus* (Paik, 1976) 속리비탈가게거미 [K]
21. *Alloclubionoides naejangensis* Seo, 2014 내장가게거미 [K]
22. *Alloclubionoides namhaensis* Seo, 2014 남해가게거미 [K]
23. *Alloclubionoides ovatus* (Paik, 1976) 방울비탈가게거미 [K]
24. *Alloclubionoides paikwunensis* (Kim & Jung, 1993) 백운비탈가게거미 [K]
 = *Coelotes samaksanensis* Namkung, 2002
25. *Alloclubionoides persona* Kim & Ye, 2014 가면비탈가게거미 [K]
26. *Alloclubionoides quadrativulvus* (Paik, 1974) 모비탈가게거미 [K]
27. *Alloclubionoides solea* Kim & Kim, 2012 편자비탈가게거미 [K]

28. *Alloclubionoides terdecimus* (Paik, 1978) 거제비탈가게거미 [K]
29. *Alloclubionoides wolchulsanensis* Kim, 2009 월출비탈가게거미 [K]
30. *Alloclubionoides woljeongensis* Ye & Kim, 2014 오대산흰비탈가게거미 [K]
31. *Alloclubionoides yangyangensis* Seo, 2014 양양가게거미 [K]

Genus 4. *Coelotes* Blackwall, 1841 어리가게거미속
32. *Coelotes exitialis* L. Koch, 1878 어리가게거미 [J, K]
33. *Coelotes kimi* Kim & Park, 2009 김가게거미 [K]

Genus 5. *Coras* Simon, 1898 설악가게거미속
34. *Coras seorakensis* Seo, 2014 설악가게거미 [K]

Genus 6. *Draconarius* Ovtchinnikov, 1999 기수가게거미속
35. *Draconarius coreanus* (Paik & Yaginuma, 1969) 고려기수가게거미 [J, K]
36. *Draconarius hallaensis* Kim & Lee, 2007 한라기수가게거미 [K]
37. *Draconarius kayasanensis* (Paik, 1972) 가야기수가게거미 [K]

Genus 7. *Iwogumoa* Kishida, 1955 얼룩가게거미속
38. *Iwogumoa insidiosa* (L. Koch, 1878) 얼룩가게거미 [J, K, Ru]
39. *Iwogumoa interuna* (Nishikawa, 1977) 꼬마얼룩가게거미 [J, K]
40. *Iwogumoa songminjae* (Paik & Yaginuma, 1969) 민자얼룩가게거미 [C, K, Ru]

Genus 8. *Pireneitega* Kishida, 1955 깔때기거미속
41. *Pireneitega luctuosa* (L. Koch, 1878) 안경깔때기거미 [Ru, C-Asia, C, J, K]
42. *Pireneitega spinivulva* (Simon, 1880) 한국깔때기거미 [C, K, Ru]

Genus 9. *Tegecoelotes* Ovtchinnikov, 1999 덮개비탈거미속
43. *Tegecoelotes secundus* (Paik, 1971) 가야덮개비탈거미 [C, J, K, Ru]

Genus 10. *Tegenaria* Latreille, 1804 집가게거미속
44. *Tegenaria daiamsanesis* Kim, 1998 대암산집가게거미 [K]
45. *Tegenaria domestica* (Clerck, 1757) 집가게거미 [Co]

2. Amaurobiidae Thorell, 1870 비탈거미과

Genus 11. *Callobius* Chamberlin, 1947 비탈거미속
46. *Callobius koreanus* (Paik, 1966) 반도비탈거미 [K]
47. *Callobius woljeongensis* Kim & Ye, 2013 월정비탈거미 [K]

3. Anapidae Simon, 1895 도토리거미과

Genus 12. *Comaroma* Bertkau, 1889 갑옷도토리거미속
48. *Comaroma maculosa* Oi, 1960 갑옷도토리거미 [C, J, K]

Genus 13. *Conculus* Komatsu, 1940 도토리거미속
49. *Conculus lyugadinus* Komatsu, 1940 도토리거미 [C, J, K]
50. *Conculus simboggulensis* Paik, 1971 심복굴도토리거미 [K]

4. Anyphaenidae Bertkau, 1878 팔공거미과

Genus 14. *Anyphaena* Sundevall, 1833 팔공거미속
51. *Anyphaena pugil* Karsch, 1879 팔공거미 [J, K, Ru]

5. Araneidae Clerck, 1757 왕거미과

Genus 15. *Acusilas* Simon, 1895 잎왕거미속
52. *Acusilas coccineus* Simon, 1895 잎왕거미 [C to Moluccas]

Genus 16. *Alenatea* Song & Zhu, 1999 중국왕거미속
53. *Alenatea fuscocolorata* (Bösenberg & Strand, 1906) 먹왕거미 [C, J, K, T]

Genus 17. *Arachnura* Vinson, 1863 긴꼬리왕거미속
54. *Arachnura logio* Yaginuma, 1956 긴꼬리왕거미 [C, J, K]

Genus 18. *Araneus* Clerck, 1757 왕거미속
55. *Araneus acusisetus* Zhu & Song, 1994 어리먹왕거미 [C, J, K]
56. *Araneus angulatus* Clerck, 1757 모서리왕거미 [Pa]
57. *Araneus ejusmodi* Bösenberg & Strand, 1906 노랑무늬왕거미 [C, J, K]
58. *Araneus ishisawai* Kishida, 1920 부석왕거미 [J, K, Ru]
59. *Araneus marmoreus* Clerck, 1757 마불왕거미 [Ha]
60. *Araneus mitificus* (Simon, 1886) 미녀왕거미 [In to Ph, J, NG]
61. *Araneus nordmanni* (Thorell, 1870) 반야왕거미 [Ha]
62. *Araneus pentagrammicus* (Karsch, 1879) 선녀왕거미 [C, J, K, T]
63. *Araneus pinguis* (Karsch, 1879) 점왕거미 [C, J, K, Ru]
64. *Araneus rotundicornis* Yaginuma, 1972 등뿔왕거미 [J, K]
65. *Araneus seminiger* (L. Koch, 1878) 이끼왕거미 [J, K]
 = *Araneus tartaricus* Kim & Kim, 2002

66. *Araneus stella* (Karsch, 1879) 뿔왕거미 [C, J, K, Ru]

67. *Araneus triguttatus* (Fabricius, 1793) 방울왕거미 [Pa]

68. *Araneus tsurusakii* Tanikawa, 2001 어리당왕거미 [J, K]
   = *Araneus viperifer* Namkung, 2002

69. *Araneus uyemurai* Yaginuma, 1960 탐라산왕거미 [J, K, Ru]

70. *Araneus variegatus* Yaginuma, 1960 비단왕거미 [C, J, K, Ru]

71. *Araneus ventricosus* (L. Koch, 1878) 산왕거미 [C, J, K, Ru, T]

72. *Araneus viperifer* Schenkel, 1963 당왕거미 [C, J, K]

Genus 19. *Araniella* Chamberlin & Ivie, 1942 꽃왕거미속

73. *Araniella coreana* Namkung, 2002 고려꽃왕거미 [K]

74. *Araniella cucurbitina* (Clerck, 1757) 참꽃왕거미 [Pa]

75. *Araniella displicata* (Hentz, 1847) 각시꽃왕거미 [Ha]

76. *Araniella yaginumai* Tanikawa, 1995 부리꽃왕거미 [C, J, K, Ru, T]

Genus 20. *Argiope* Audouin, 1826 호랑거미속

77. *Argiope amoena* L. Koch, 1878 호랑거미 [C, J, K, T]

78. *Argiope boesenbergi* Levi, 1983 레비호랑거미 [C, J, K]

79. *Argiope bruennichi* (Scopoli, 1772) 긴호랑거미 [Pa]

80. *Argiope minuta* Karsch, 1879 꼬마호랑거미 [Ba, East Asia]

Genus 21. *Chorizopes* O. Pickard-Cambridge, 1870 머리왕거미속

81. *Chorizopes nipponicus* Yaginuma, 1963 머리왕거미 [C, J, K]

Genus 22. *Cyclosa* Menge, 1866 먼지거미속

82. *Cyclosa argenteoalba* Bösenberg & Strand, 1906 은먼지거미 [C, J, K, Ru, T]

83. *Cyclosa atrata* Bösenberg & Strand, 1906 울도먼지거미 [C, J, K, Ru]

84. *Cyclosa confusa* Bösenberg & Strand, 1906 백령섬먼지거미 [C, J, K, T]

85. *Cyclosa ginnaga* Yaginuma, 1959 장은먼지거미 [C, J, K, T]

86. *Cyclosa japonica* Bösenberg & Strand, 1906 복먼지거미 [C, J, K, Ru, T]

87. *Cyclosa kumadai* Tanikawa, 1992 어리장은먼지거미 [J, K, Ru]

88. *Cyclosa laticauda* Bösenberg & Strand, 1906 여섯혹먼지거미 [C, J, K, T]

89. *Cyclosa monticola* Bösenberg & Strand, 1906 셋혹먼지거미 [C, J, K, Ru, T]

90. *Cyclosa octotuberculata* Karsch, 1879 여덟혹먼지거미 [C, J, K, T]

91. *Cyclosa okumae* Tanikawa, 1992 해안먼지거미 [J, K, Ru]

92. *Cyclosa omonaga* Tanikawa, 1992 섬먼지거미 [C, J, K, T]

93. *Cyclosa sedeculata* Karsch, 1879 넷혹먼지거미 [C, J, K]

94. *Cyclosa vallata* (Keyserling, 1886) 녹두먼지거미 [C, J, K, T to Au]

Genus 23. *Cyrtarachne* Thorell, 1868 새똥거미속

95. *Cyrtarachne akirai* Tanikawa, 2013 큰새똥거미 [C, J, K, T]
96. *Cyrtarachne bufo* (Bösenberg & Strand, 1906) 민새똥거미 [C, J, K]
97. *Cyrtarachne nagasakiensis* Strand, 1918 거문새똥거미 [C, J, K]
98. *Cyrtarachne yunoharuensis* Strand, 1918 붉은새똥거미 [C, J, K]

Genus 24. *Gasteracantha* Sundevall, 1833 가시거미속
99. *Gasteracantha kuhli* C. L. Koch, 1837 가시거미 [In to J, Ph]

Genus 25. *Gibbaranea* Archer, 1951 혹왕거미속
100. *Gibbaranea abscissa* (Karsch, 1879) 층층왕거미 [C, J, K, Ru]

Genus 26. *Hypsosinga* Ausserer, 1871 높은애왕거미속
101. *Hypsosinga pygmaea* (Sundevall, 1831) 넉점애왕거미 [Ha]
102. *Hypsosinga sanguinea* (C. L. Koch, 1844) 산짜애왕거미 [Pa]

Genus 27. *Larinia* Simon, 1874 비금어리왕거미속
103. *Larinia onoi* Tanikawa, 1989 비금어리왕거미 [J, K]

Genus 28. *Lariniaria* Grasshoff, 1970 어리호랑거미속
104. *Lariniaria argiopiformis* (Bösenberg & Strand, 1906) 어리호랑거미 [C, J, K, Ru]

Genus 29. *Larinioides* Caporiacco, 1934 기생왕거미속
105. *Larinioides cornutus* (Clerck, 1757) 기생왕거미 [Ha]
106. *Larinioides jalimovi* (Bakhvalov, 1981) 골목왕거미 [K, Ru]
 = *Larinioides sclopetarius* Namkung, 2002
107. *Larinioides sericatus* Clerck, 1757 비단골목왕거미 [Holarctic]
 = *Larinioides sclopetarius* Kim & Kim, 2002

Genus 30. *Mangora* O. Pickard-Cambridge, 1889 귀털거미속
108. *Mangora crescopicta* Yin *et al.*, 1990 무당귀털거미 [C, K]
109. *Mangora herbeoides* (Bösenberg & Strand, 1906) 귀털거미 [C, J, K]

Genus 31. *Neoscona* Simon, 1864 어리왕거미속
110. *Neoscona adianta* (Walckenaer, 1802) 각시어리왕거미 [Pa]
111. *Neoscona holmi* (Schenkel, 1953) 들어리왕거미 [C, K]
 = *Neoscona doenitzi* Kim, 1998a
112. *Neoscona mellotteei* (Simon, 1895) 점연두어리왕거미 [C, J, K, T]
113. *Neoscona multiplicans* (Chamberlin, 1924) 아기지이어리왕거미 [C, J, K]
114. *Neoscona nautica* (L. Koch, 1875) 집왕거미 [Circumtropical]
115. *Neoscona pseudonautica* Yin *et al.*, 1990 어리집왕거미 [C, K]

116. *Neoscona punctigera* (Doleschall, 1857) 적갈어리왕거미 [Réunion to J]
117. *Neoscona scylla* (Karsch ,1879) 지이어리왕거미 [C, J, K, Ru]
118. *Neoscona scylloides* (Bösenberg & Strand, 1906) 연두어리왕거미 [C, J, K, T]
119. *Neoscona semilunaris* (Karsch, 1879) 삼각무늬왕거미 [C, J, K]
120. *Neoscona subpullata* (Bösenberg & Strand, 1906) 분왕거미 [C, J, K]
121. *Neoscona theisi* (Walckenaer, 1841) 석어리왕거미 [In, C to Pacific Is.]
122. *Neoscona tianmenensis* Yin et al., 1990 천문어리왕거미 [C, K]

Genus 32. *Ordgarius* Keyserling, 1886 뿔가시왕거미속
123. *Ordgarius sexspinosus* (Thorell, 1894) 여섯뿔가시거미 [In to J, Id]

Genus 33. *Paraplectana* Brito Capello, 1867 점박이새똥거미속
124. *Paraplectana sakaguchii* Uyemura, 1938 주황흰점박이새똥거미 [C, J, K]

Genus 34. *Plebs* Joseph & Framenau, 2012 일벌왕거미속
125. *Plebs astridae* (Strand, 1917) 어깨왕거미 [C, J, K, T]
126. *Plebs sachalinensis* (Saito, 1934) 북왕거미 [C, J, K, Ru]
127. *Plebs yebongsanensis* Kim, Ye & Lee, 2014 예봉산왕거미 [K]

Genus 35. *Pronoides* Schenkel, 1936 콩왕거미속
128. *Pronoides brunneus* Schenkel, 1936 콩왕거미 [C, J, K, Ru]

Genus 36. *Singa* C. L. Koch, 1836 애왕거미속
129. *Singa hamata* (Clerck, 1757) 천짜애왕거미 [Pa]

Genus 37. *Yaginumia* Archer, 1960 그늘왕거미속
130. *Yaginumia sia* (Strand, 1906) 그늘왕거미 [C, J, K, T]

6. Atypidae Thorell, 1870 땅거미과

Genus 38. *Atypus* Latreille, 1804 땅거미속
131. *Atypus coreanus* Kim, 1985 한국땅거미 [K]
132. *Atypus magnus* Namkung, 1986 광릉땅거미 [K, Ru]
133. *Atypus minutus* Lee et al., 2015 정읍땅거미 [K]
134. *Atypus quelpartensis* Namkung, 2002 한라땅거미 [K]
135. *Atypus sternosulcus* Kim, Jung, Kim & Lee, 2006 안동땅거미 [K]
136. *Atypus suwonensis* Kim, Jung, Kim & Lee, 2006 수원땅거미 [K]

Genus 39. *Calommata* Lucas, 1837 고운땅거미속

137. *Calommata signata* Karsch, 1879 고운땅거미 [C, J, K]

7. Clubionidae Wagner, 1887 염낭거미과

Genus 40. *Clubiona* Latreille, 1804 염낭거미속

138. *Clubiona bakurovi* Mikhailov, 1990 사할린염낭거미 [Ru, C, North K]

139. *Clubiona bandoi* Hayashi, 1995 소금강염낭거미 [J, K]

140. *Clubiona coreana* Paik, 1990 한국염낭거미 [C, K, Ru]

141. *Clubiona corrugata* Bösenberg & Strand, 1906 주름염낭거미 [Ru, C, T, J, K, Tha]

142. *Clubiona diversa* O. Pickard-Cambridge, 1862 천마염낭거미 [Pa]

143. *Clubiona haeinsensis* Paik, 1990 해인염낭거미 [C, J, K, Ru]

144. *Clubiona hummeli* Schenkel, 1936 중국염낭거미 [C, K, Ru]

145. *Clubiona hwanghakensis* Paik, 1990 황학염낭거미 [K]

146. *Clubiona irinae* Mikhailov, 1991 이리나염낭거미 [C, K, Ru]

147. *Clubiona japonica* L. Koch, 1878 왜염낭거미 [C, J, K, Ru, T]

148. *Clubiona japonicola* Bösenberg & Strand, 1906 노랑염낭거미 [Ru to Ph, Id]

149. *Clubiona jucunda* (Karsch, 1879) 살깃염낭거미 [C, J, K, Ru, T]

150. *Clubiona kasanensis* Paik 1990 가산염낭거미 [J, K]

151. *Clubiona kimyongkii* Paik, 1990 김염낭거미 [C, K, Ru]

152. *Clubiona komissarovi* Mikhailov, 1992 천진염낭거미 [Ru, North K]

153. *Clubiona kulczynskii* Lessert, 1905 양강염낭거미 [Ha]

154. *Clubiona kurilensis* Bösenberg & Strand, 1906 각시염낭거미 [Ru, C, T, J, K]

155. *Clubiona lena* Bösenberg & Strand, 1906 솔개빛염낭거미 [C, J, K]

156. *Clubiona lutescens* Westring, 1851 갈색염낭거미 [Ha]

157. *Clubiona mandschurica* Schenkel, 1953 만주염낭거미 [C, J, K, Ru]

158. *Clubiona mayumiae* Ono, 1993 북녘염낭거미 [J, K, Ru]

159. *Clubiona microsapporensis* Mikhailov, 1990 함경염낭거미 [Ru, North K]

160. *Clubiona neglectoides* Bösenberg & Strand, 1906 공산염낭거미 [C, J, K]

161. *Clubiona odesanensis* Paik, 1990 오대산염낭거미 [C, K, Ru]

162. *Clubiona orientalis* Mikhailov, 1995 금강산염낭거미 [North K]

163. *Clubiona papillata* Schenkel, 1936 월정염낭거미 [C, K, Ru]

164. *Clubiona paralena* Mikhailov, 1995 묘향염낭거미 [North K]

165. *Clubiona phragmitis* C. L. Koch, 1843 늪염낭거미 [Pa]

166. *Clubiona propinqua* L. Koch, 1879 쌍궁염낭거미 [Ru, North K]

167. *Clubiona proszynskii* Mikhailov, 1995 평양염낭거미 [North K]

168. *Clubiona pseudogermanica* Schenkel, 1936 강동염낭거미 [C, J, K, Ru]

169. *Clubiona rostrata* Paik, 1985 부리염낭거미 [C, J, K, Ru]

170. *Clubiona sapporensis* Hayashi, 1986 북방염낭거미 [J, K, Ru]

171. *Clubiona sopaikensis* Paik, 1990 소백염낭거미 [K, Ru]
172. *Clubiona subtilis* L. Koch, 1867 표주박염낭거미 [Pa]
173. *Clubiona venusta* Paik, 1985 예쁜이염낭거미 [C, K]
174. *Clubiona vigil* Karsch, 1879 붉은가슴염낭거미 [J, K, Ru]
175. *Clubiona zacharovi* Mikhailov, 1991 보광염낭거미 [K, Ru]

8. Corinnidae Karsch, 1880 코리나거미과

Genus 41. *Castianeira* Keyserling, 1879 나나니거미속
176. *Castianeira shaxianensis* Gong, 1983 대륙나나니거미 [C, J, K]

9. Ctenidae Keyserling, 1877 너구리거미과

Genus 42. *Anahita* Karsch, 1879 너구리거미속
177. *Anahita fauna* Karsch, 1879 너구리거미 [C, J, K, Ru]
178. *Anahita samplexa* Yin, Tang & Gong, 2000 망사너구리거미 [C, K]

10. Cybaeidae Banks, 1892 굴뚝거미과

Genus 43. *Argyroneta* Latreille, 1804 물거미속
179. *Argyroneta aquatica* (Clerck, 1757) 물거미 [Pa]

Genus 44. *Cybaeus* L. Koch, 1868 굴뚝거미속
180. *Cybaeus aratrum* Kim & Kim, 2008 쟁기굴뚝거미 [K]
181. *Cybaeus cappa* Kim, Ye & Yoo, 2014 모자굴뚝거미 [K]
182. *Cybaeus longus* Paik, 1966 왕굴뚝거미 [K]
183. *Cybaeus mosanensis* Paik & Namkung, 1967 모산굴뚝거미 [K]
184. *Cybaeus nodongensis* Kim, Sung & Chae, 2012 노동굴뚝거미 [K]
185. *Cybaeus triangulus* Paik, 1966 삼각굴뚝거미 [K]
186. *Cybaeus whanseunensis* Paik & Namkung, 1967 환선굴뚝거미 [K]

11. Desidae Pocock, 1895 갯가게거미과

Genus 45. *Paratheuma* Bryant, 1940 갯가게거미속
187. *Paratheuma shirahamaensis* (Oi, 1960) 갯가게거미 [J, K]

12. Dictynidae O. Pickard-Cambridge, 1871 잎거미과

Genus 46. *Blabomma* Chamberlin & Ivie, 1937 굴잎거미속
188. *Blabomma uenoi* Paik & Yaginuma, 1969 굴잎거미 [K]

Genus 47. *Brommella* Tullgren, 1948 칠보잎거미속
189. *Brommella punctosparsa* (Oi, 1957) 칠보잎거미 [C, J, K]

Genus 48. *Cicurina* Menge, 1871 두더지거미속
190. *Cicurina japonica* (Simon, 1886) 두더지거미 [J(Eur, introduced), K]
191. *Cicurina kimyongkii* Paik, 1970 금두더지거미 [K]
192. *Cicurina phaselus* Paik, 1970 콩두더지거미 [K]

Genus 49. *Dictyna* Sundevall, 1833 잎거미속
193. *Dictyna arundinacea* Linnaeus, 1758 갈대잎거미 [Ha]
194. *Dictyna felis* Bösenberg & Strand, 1906 잎거미 [C, J, K, Ru]
195. *Dictyna foliicola* Bösenberg & Strand, 1906 아기잎거미 [C, J, K, Ru]

Genus 50. *Lathys* Simon, 1884 마른잎거미속
196. *Lathys dihamata* Paik, 1979 쌍갈퀴마른잎거미 [J, K]
197. *Lathys maculosa* (Karsch, 1879) 마른잎거미 [J, K]
198. *Lathys sexoculata* Seo & Sohn, 1984 육눈이마른잎거미 [J, K]
199. *Lathys stigmatisata* (Menge, 1869) 공산마른잎거미 [Pa]

Genus 51. *Sudesna* Lehtinen, 1967 흰잎거미속
200. *Sudesna hedini* (Schenkel, 1936) 흰잎거미 [C, K]

13. Dysderidae C. L. Koch, 1837 돼지거미과

Genus 52. *Dysdera* Latreille, 1804 돼지거미속
201. *Dysdera crocata* C. L. Koch, 1838 돼지거미 [Co]

14. Eresidae C. L. Koch, 1845 주홍거미과

Genus 53. *Eresus* Walckenaer, 1805 주홍거미속
202. *Eresus kollari* Rossi, 1846 주홍거미 [Eur to C-Asia, C, K]

15. Eutichuridae Lehtinen, 1967 장다리염낭거미과

Genus 54. *Cheiracanthium* C. L. Koch, 1839 어리염낭거미속
203. *Cheiracanthium brevispinum* Song, Feng & Shang, 1982 짧은가시어리염낭거미 [C, K]
204. *Cheiracanthium erraticum* (Walckenaer, 1802) 북방어리염낭거미 [Pa]
205. *Cheiracanthium japonicum* Bösenberg & Strand, 1906 애어리염낭거미 [C, J, K]
206. *Cheiracanthium lascivum* Karsch, 1879 큰머리장수염낭거미 [C, J, K, Ru]
207. *Cheiracanthium taegense* Paik, 1990 대구어리염낭거미 [C, K]
208. *Cheiracanthium uncinatum* Paik, 1985 갈퀴혹어리염낭거미 [C, K]
209. *Cheiracanthium unicum* Bösenberg & Strand, 1906 긴어리염낭거미 [C, J, K, La]
210. *Cheiracanthium zhejiangense* Hu & Song, 1982 중국어리염낭거미 [C, K]

16. Gnaphosidae Pocock, 1898 수리거미과

Genus 55. *Callilepis* Westring, 1874 도끼거미속
211. *Callilepis schuszteri* (Herman, 1879) 쌍별도끼거미 [Pa]

Genus 56. *Cladothela* Kishida, 1928 갈래꼭지거미속
212. *Cladothela oculinotata* (Bösenberg & Strand, 1906) 흑갈갈래꼭지거미 [C, J, K]
213. *Cladothela tortiembola* Paik, 1992 나사갈래꼭지거미 [K]

Genus 57. *Coreodrassus* Paik, 1984 한국수리거미속
214. *Coreodrassus lancearius* (Simon, 1893) 한국수리거미 [Ka, C, J, K]

Genus 58. *Drassodes* Westring, 1851 수리거미속
215. *Drassodes lapidosus* (Walckenaer, 1802) 부용수리거미 [Pa]
216. *Drassodes serratidens* Schenkel, 1963 톱수리거미 [C, J, K, Ru]
217. *Drassodes taehadongensis* Paik, 1995 태하동수리거미 [K]

Genus 59. *Drassyllus* Chamberlin, 1922 참매거미속
218. *Drassyllus biglobus* Paik, 1986 쌍방울참매거미 [K, Ru]
  = *Drassyllus truncatus* Paik, 1992i
219. *Drassyllus coreanus* Paik, 1986 고려참매거미 [C, K]
220. *Drassyllus sanmenensis* Platnick & Song, 1986 삼문참매거미 [C, J, K, Ru]
221. *Drassyllus sasakawai* Kamura, 1987 뫼참매거미 [J, K]
222. *Drassyllus shaanxiensis* Platnick & Song, 1986 중국참매거미 [C, J, K, Ru]
223. *Drassyllus vinealis* (Kulczyński, 1897) 포도참매거미 [Pa]
224. *Drassyllus yaginumai* Kamura, 1987 야기누마참매거미 [J, K]

Genus 60. *Gnaphosa* Latreille, 1804 넓적니거미속
225. *Gnaphosa hastata* Fox, 1937 창넓적니거미 [C, K]
226. *Gnaphosa kamurai* Ovtsharenko, Platnick & Song, 1992 가무라넓적니거미 [J, K]
227. *Gnaphosa kansuensis* Schenkel, 1936 감숙넓적니거미 [C, K, Ru]
228. *Gnaphosa kompirensis* Bösenberg & Strand, 1906 넓적니거미 [C, J, K, Ru, T, V]
229. *Gnaphosa licenti* Schenkel, 1953 리센트넓적니거미 [Ka, Ru, M, C, K]
230. *Gnaphosa potanini* Simon, 1895 포타닌넓적니거미 [Ru, M, C, J, K]
231. *Gnaphosa similis* Kulczyński, 1926 무포넓적니거미 [Far East Pa]
  = *Gnaphosa muscorum* Namkung, 2002
232. *Gnaphosa sinensis* Simon, 1880 중국넓적니거미 [C, K]

Genus 61. *Haplodrassus* Chamberlin, 1922 새매거미속
233. *Haplodrassus kulczynskii* Lohmander, 1942 큰수염새매거미 [Pa]
234. *Haplodrassus mayumiae* Kamura, 2007 황갈새매거미 [J, K]
235. *Haplodrassus montanus* Paik & Sohn, 1984 산새매거미 [C, K, Ru]
236. *Haplodrassus pargongsanensis* Paik, 1992 팔공새매거미 [K]
237. *Haplodrassus pugnans* (Simon, 1880) 갈새매거미(가칭) [Pa]
238. *Haplodrassus signifer* (C. L. Koch, 1839) 표지새매거미 [Ha]
239. *Haplodrassus taepaikensis* Paik, 1992 태백새매거미 [K, Ru]

Genus 62. *Herpyllus* Hentz, 1832 조롱이거미속
240. *Herpyllus coreanus* Paik, 1992 한국조롱이거미 [K]

Genus 63. *Hitobia* Kamura, 1992 외줄솔개거미속
241. *Hitobia unifascigera* (Bösenberg & Strand, 1906) 외줄솔개거미 [C, J, K]

Genus 64. *Kishidaia* Yaginuma, 1960 기시다솔개거미속
242. *Kishidaia coreana* (Paik, 1992) 한국솔개거미 [K]

Genus 65. *Micaria* Westring, 1851 영롱거미속
243. *Micaria dives* (Lucas, 1846) 소천영롱거미 [Pa]
244. *Micaria japonica* Hayashi, 1985 세줄배띠영롱거미 [J, K, Ru]

Genus 66. *Odontodrassus* Jézéquel, 1965 이빨매거미속
245. *Odontodrassus hondoensis* (Saito, 1939) 중리이빨매거미 [C, J, K, Ru]

Genus 67. *Poecilochora* Westring, 1874 솔개거미속
246. *Poecilochora joreungensis* Paik, 1992 조령솔개거미 [K]
247. *Poecilochora taeguensis* Paik, 1992 대구솔개거미 [K]

Genus 68. *Sanitubius* Kamura, 2001 동방조롱이거미속
248. *Sanitubius anatolicus* (Kamura, 1989) 동방조롱이거미 [C, J, K]

Genus 69. *Sergiolus* Simon, 1891 별솔개거미속
249. *Sergiolus hosiziro* (Yaginuma, 1960) 흰별솔개거미 [C, J, K]

Genus 70. *Sernokorba* Kamura, 1992 톱니매거미속
250. *Sernokorba pallidipatellis* (Bösenberg & Strand, 1906) 석줄톱니매거미 [C, J, K, Ru]

Genus 71. *Shiragaia* Paik, 1992 백신거미속
251. *Shiragaia taeguensis* Paik, 1992 대구백신거미 [K]

Genus 72. *Trachyzelotes* Lohmander, 1944 텁석부리염라거미속
252. *Trachyzelotes jaxartensis* (Kroneberg, 1875) 멋쟁이염라거미 [Ha, Se, Eastern Asia, Hw]

Genus 73. *Urozelotes* Mello-Leitão, 1938 가시염라거미속
253. *Urozelotes rusticus* (L. Koch, 1872) 주황염라거미 [Co]

Genus 74. *Zelotes* Gistel, 1848 염라거미속
254. *Zelotes asiaticus* (Bösenberg & Strand, 1906) 아시아염라거미 [Eastern Asia]
255. *Zelotes davidi* Schenkel, 1963 다비드염라거미 [C, J, K]
256. *Zelotes exiguus* (Müller & Schenkel, 1895) 쌍방울염라거미 [Pa]
257. *Zelotes keumjeungsanensis* Paik, 1986 금정산염라거미 [C, K]
258. *Zelotes kimi* Paik, 1992 용기염라거미 [K]
259. *Zelotes kimwhaensis* Paik, 1986 김화염라거미 [J, K]
260. *Zelotes potanini* Schenkel, 1963 포타닌염라거미 [C, J, K, Ka, Ru]
261. *Zelotes tortuosus* Kamura, 1987 나사염라거미 [J, K]
262. *Zelotes wuchangensis* Schenkel, 1963 자국염라거미 [C, K]

17. Hahniidae Bertkau, 1878 외줄거미과

Genus 75. *Hahnia* C. L. Koch, 1841 외줄거미속
263. *Hahnia corticicola* Bösenberg & Strand, 1906 외줄거미 [C, J, K, Ru, T]
264. *Hahnia nava* (Blackwall, 1841) 가산외줄거미 [Pa]

Genus 76. *Neoantistea* Gertsch, 1934 제주외줄거미속
265. *Neoantistea quelpartensis* Paik, 1958 제주외줄거미 [C, J, K, Ru]

18. Leptonetidae Simon, 1890 잔나비거미과

Genus 77. *Leptoneta* Simon, 1872 잔나비거미속
266. *Leptoneta coreana* Paik & Namkung, 1969 고려잔나비거미 [K]
267. *Leptoneta handeulgulensis* Namkung, 2002 한들잔나비거미 [K]
268. *Leptoneta hogyegulensis* Paik & Namkung, 1969 호계잔나비거미 [K]
269. *Leptoneta hongdoensis* Paik, 1980 홍도잔나비거미 [K]
270. *Leptoneta hwanseonensis* Namkung, 1987 환선잔나비거미 [K]
271. *Leptoneta jangsanensis* Seo, 1989 장산잔나비거미 [K]
272. *Leptoneta kwangreungensis* Kim *et al*., 2004 광릉잔나비거미 [K]
273. *Leptoneta namhensis* Paik & Seo, 1982 남해잔나비거미 [K]
274. *Leptoneta namkungi* Kim *et al*., 2004 남궁잔나비거미 [K]
275. *Leptoneta paikmyeonggulensis* Paik & Seo, 1984 백명잔나비거미 [K]
276. *Leptoneta secula* Namkung, 1987 마귀잔나비거미 [K]
277. *Leptoneta simboggulensis* Paik, 1971 심복잔나비거미 [K]
278. *Leptoneta soryongensis* Paik & Namkung, 1969 소룡잔나비거미 [K]
279. *Leptoneta spinipalpus* Kim, Lee & Namkung, 2004 가시잔나비거미 [K]
280. *Leptoneta taeguensis* Paik, 1985 대구잔나비거미 [K]
281. *Leptoneta waheulgulensis* Namkung, 1991 와흘잔나비거미 [K]
282. *Leptoneta yebongsanensis* Kim, Lee & Namkung, 2004 예봉잔나비거미 [K]
283. *Leptoneta yongdamgulensis* Paik & Namkung, 1969 용담잔나비거미 [K]
284. *Leptoneta yongyeonensis* Seo, 1989 용연잔나비거미 [K]

19. Linyphiidae Blackwall, 1859 접시거미과

Genus 78. *Agyneta* Hull, 1911 꼬마접시거미속
285. *Agyneta nigra* (Oi, 1960) 검정꼬마접시거미 [Ru, M, C, J, K]
 = *Meioneta nigra* Seo, 1993b
286. *Agyneta palgongsanensis* (Paik, 1991) 팔공꼬마접시거미 [C, K, Ru]
287. *Agyneta rurestris* (C. L. Koch, 1836) 꼬마접시거미 [Pa]
 = *Meioneta rurestris* Paik, 1965a

Genus 79. *Allomengea* Strand, 1912 입술접시거미속
288. *Allomengea beombawigulensis* Namkung, 2002 범바위입술접시거미 [K]
289. *Allomengea coreana* (Paik & Yaginuma, 1969) 입술접시거미 [K]

Genus 80. *Anguliphantes* Saaristo & Tanasevitch, 1996 각접시거미속
290. *Anguliphantes nasus* (Paik, 1965) 코접시거미 [C, K]

Genus 81. *Aprifrontalia* Oi, 1960 곱등애접시거미속

291. *Aprifrontalia mascula* (Karsch, 1879) 곱등애접시거미 [K, Ru, T, J]

Genus 82. *Arcuphantes* Chamberlin & Ivie, 1943 나사접시거미속

292. *Arcuphantes ephippiatus* Paik, 1985 안장나사접시거미 [K]
293. *Arcuphantes juwangensis* Seo, 2006 주왕나사접시거미 [K]
294. *Arcuphantes keumsanensis* Paik & Seo, 1984 금산나사접시거미 [K]
295. *Arcuphantes longipollex* Seo, 2013 긴나사접시거미 [K]
296. *Arcuphantes namhaensis* Seo, 2006 남해나사접시거미 [K]
297. *Arcuphantes pennatus* Paik, 1983 날개나사접시거미 [K]
298. *Arcuphantes profundus* Seo, 2013 가시나사접시거미 [K]
299. *Arcuphantes pulchellus* Paik, 1978 공산나사접시거미 [K]
300. *Arcuphantes rarus* Seo, 2013 민나사접시거미 [K]
301. *Arcuphantes scitulus* Paik, 1974 까막나사접시거미 [K]
302. *Arcuphantes trifidus* Seo, 2013 갈래나사접시거미 [K]
303. *Arcuphantes uhmi* Seo & Sohn, 1997 엄나사접시거미 [K]

Genus 83. *Bathyphantes* Menge, 1866 긴손접시거미속

304. *Bathyphantes gracilis* (Blackwall, 1841) 각시긴손접시거미 [Ha]
305. *Bathyphantes robustus* Oi, 1960 검정긴손접시거미 [J, K]

Genus 84. *Centromerus* Dahl, 1886 가우리접시거미속

306. *Centromerus sylvaticus* (Blackwall, 1841) 가우리접시거미 [Ha]

Genus 85. *Ceratinella* Emerton, 1882 껍질애접시거미속

307. *Ceratinella brevis* (Wider, 1834) 껍질애접시거미 [Pa]

Genus 86. *Ceratinopsis* Emerton, 1882 해변애접시거미속

308. *Ceratinopsis setoensis* (Oi, 1960) 해변애접시거미 [J, K]

Genus 87. *Collinsia* O. Pickard-Cambridge, 1913 언덕애접시거미속

309. *Collinsia inerrans* (O. Pickard-Cambridge, 1885) 언덕애접시거미 [Pa]

Genus 88. *Cresmatoneta* Simon, 1929 개미접시거미속

310. *Cresmatoneta mutinensis* (Canestrini, 1868) 개미접시거미 [Pa]
311. *Cresmatoneta nipponensis* Saito, 1988 왜개미접시거미 [J, K]

Genus 89. *Crispiphantes* Tanasevitch, 1992 뿔접시거미속

312. *Crispiphantes biseulsanensis* (Paik, 1985) 비슬산접시거미 [C, K]

313. *Crispiphantes rhomboideus* (Paik, 1985) 마름모꼬마접시거미 [K, Ru]

Genus 90. *Diplocephaloides* Oi, 1960 흰배애접시거미속
314. *Diplocephaloides saganus* (Bösenberg & Strand, 1906) 흰배애접시거미 [J, K]

Genus 91. *Doenitzius* Oi, 1960 땅접시거미속
315. *Doenitzius peniculus* Oi, 1960 용접시거미 [J, K]
316. *Doenitzius pruvus* Oi, 1960 땅접시거미 [C, J, K, Ru]

Genus 92. *Eldonnia* Tanasevitch, 2008 가야접시거미속
317. *Eldonnia kayaensis* (Paik, 1965) 가야접시거미 [J, K, Ru]

Genus 93. *Entelecara* Simon, 1884 상투애접시거미속
318. *Entelecara dabudongensis* Paik, 1983 다부동상투애접시거미 [C, J, K, Ru]

Genus 94. *Erigone* Audouin, 1826 톱날애접시거미속
319. *Erigone atra* Blackwall, 1833 긴톱날애접시거미 [Ha]
320. *Erigone koshiensis* Oi, 1960 톱날애접시거미 [C, J, K, T]
321. *Erigone prominens* Bösenberg & Strand, 1906 흑갈톱날애접시거미 [Cameroon to J, Nz]

Genus 95. *Eskovina* Kocak & Kemal, 2006 에스코브접시거미속
322. *Eskovina clava* (Zhu & Wen, 1980) 못금오접시거미 [C, K, Ru]

Genus 96. *Floronia* Simon, 1887 꽃접시거미속
323. *Floronia exornata* (L. Koch, 1878) 꽃접시거미 [J, K]

Genus 97. *Gnathonarium* Karsch, 1881 턱애접시거미속
324. *Gnathonarium dentatum* (Wider, 1834) 황갈애접시거미 [Pa]
325. *Gnathonarium gibberum* Oi, 1960 혹황갈애접시거미 [C, J, K, Ru]

Genus 98. *Gonatium* Menge, 1868 가시다리애접시거미속
326. *Gonatium arimaense* Oi, 1960 황적가시다리애접시거미 [J, K]
327. *Gonatium japonicum* Simon, 1906 왜가시다리애접시거미 [C, J, K, Ru]

Genus 99. *Herbiphantes* Tanasevitch, 1992 비단가시접시거미속
328. *Herbiphantes cericeus* (Saito, 1934) 비단가시접시거미 [J, K, Ru]

Genus 100. *Hylyphantes* Simon, 1884 숲애접시거미속
329. *Hylyphantes graminicola* (Sundevall, 1830) 흑갈풀애접시거미 [Pa, My, La, Tha, V]

Genus 101. *Jacksonella* Millidge, 1951 육눈이애접시거미속
330. *Jacksonella sexoculata* Paik & Yaginuma, 1969 육눈이애접시거미 [K]

Genus 102. *Lepthyphantes* Menge, 1866 코접시거미속
331. *Lepthyphantes cavernicola* Paik & Yaginuma, 1969 굴접시거미 [K]
332. *Lepthyphantes latus* Paik, 1965 한라접시거미 [K]

Genus 103. *Maso* Simon, 1884 마소애접시거미속
333. *Maso sundevalli* (Westring, 1851) 마소애접시거미 [Ha]

Genus 104. *Micrargus* Dahl, 1886 낙엽층접시거미속
334. *Micrargus herbigradus* (Blackwall, 1854) 낙엽층접시거미 [Pa]

Genus 105. *Microneta* Menge, 1869 좁쌀접시거미속
335. *Microneta viaria* (Blackwall, 1841) 길좁쌀접시거미 [Ha]

Genus 106. *Nematogmus* Simon, 1884 앵도애접시거미속
336. *Nematogmus sanguinolentus* (Walckenaer, 1841) 앵도애접시거미 [Pa]
337. *Nematogmus stylitus* (Bösenberg & Strand, 1906) 불룩앵도애접시거미 [C, J, K]

Genus 107. *Neriene* Blackwall, 1833 접시거미속
338. *Neriene albolimbata* (Karsch, 1879) 살촉접시거미 [C, J, K, Ru, T]
339. *Neriene clathrata* (Sundevall, 1830) 십자접시거미 [Ha]
340. *Neriene emphana* (Walckenaer, 1841) 대륙접시거미 [Pa]
341. *Neriene japonica* (Oi, 1960) 가시접시거미 [C, J, K, Ru]
 = *Bathylinyphia major* Kim & Kim, 2000(2)
342. *Neriene jinjooensis* Paik, 1991 진주접시거미[C, K]
343. *Neriene kimyongkii* (Paik, 1965) 화엄접시거미 [K]
344. *Neriene limbatinella* (Bösenberg & Strand, 1906) 쌍줄접시거미 [C, J, K, Ru]
345. *Neriene longipedella* (Bösenberg & Strand, 1906) 농발접시거미 [C, J, K, Ru]
346. *Neriene nigripectoris* (Oi, 1960) 검정접시거미[C, J, K, Ru]
347. *Neriene oidedicata* van Helsdingen, 1969 고무래접시거미 [C, J, K, Ru]
348. *Neriene radiata* (Walckenaer, 1841) 테두리접시거미 [Ha]
349. *Neriene woljeongensis* Kim, Ye & Jang, 2013 월정접시거미 [K]

Genus 108. *Nippononeta* Eskov, 1992 일본접시거미속
350. *Nippononeta cheunghensis* (Paik, 1978) 청하꼬마접시거미 [K]
351. *Nippononeta coreana* (Paik, 1991) 금정접시거미 [C, K]
352. *Nippononeta obliqua* (Oi, 1960) 옆꼬마접시거미 [J, K]

353. *Nippononeta projecta* (Oi, 1960) 뿔꼬마접시거미 [M, J, K]
354. *Nippononeta ungulata* (Oi, 1960) 발톱꼬마접시거미 [J, K]

Genus 109. *Oedothorax* Bertkau, in Förster & Bertkau, 1883 가슴애접시거미속
355. *Oedothorax insulanus* Paik, 1980 섬가슴애접시거미 [K]

Genus 110. *Oia* Wunderlich, 1973 낫애접시거미속
356. *Oia imadatei* (Oi, 1964) 낫애접시거미 [K, Ru, T, J]

Genus 111. *Orientopus* Eskov, 1992 동방애접시거미속
357. *Orientopus yodoensis* (Oi, 1960) 곰보애접시거미 [C, J, K, Ru]

Genus 112. *Ostearius* Hull, 1911 분홍접시거미속
358. *Ostearius melanopygius* (O. Pickard-Cambridge, 1879) 흑띠분홍접시거미 [Co]

Genus 113. *Pacifiphantes* Eskov & Marusik, 1994 점봉접시거미속
359. *Pacifiphantes zakharovi* Eskov & Marusik, 1994 점봉꼬마접시거미 [C, K, Ru]

Genus 114. *Paikiniana* Eskov, 1992 백애접시거미속
360. *Paikiniana bella* (Paik, 1978) 공산코뿔애접시거미 [K]
361. *Paikiniana lurida* (Seo, 1991) 황코뿔애접시거미 [J, K]
362. *Paikiniana mira* (Oi, 1960) 긴코뿔애접시거미 [C, J, K]
363. *Paikiniana vulgaris* (Oi, 1960) 쌍코뿔애접시거미 [J, K]

Genus 115. *Parasisis* Eskov, 1984 대륙애접시거미속
364. *Parasisis amurensis* Eskov, 1984 대륙애접시거미 [Ru, C, J, K]

Genus 116. *Porrhomma* Simon, 1884 폴호마거미속
365. *Porrhomma convexum* (Westring, 1851) 굴폴호마거미 [Ha]
366. *Porrhomma montanum* Jackson, 1913 묏폴호마거미 [Pa]

Genus 117. *Ryojius* Saito & Ono, 2001 오이접시거미속
367. *Ryojius japonicus* Saito & Ono, 2001 오이접시거미 [J, K]

Genus 118. *Sachaliphantes* Saaristo & Tanasevitch, 2004 극동접시거미속
368. *Sachaliphantes sachalinensis* (Tanasevitch, 1988) 극동접시거미 [C, J, K, Ru]

Genus 119. *Saitonia* Eskov, 1992 이마애접시거미속
369. *Saitonia pilosus* Seo, 2011 털애접시거미 [K]

Genus 120. *Savignia* Blackwall, 1833 바구미애접시거미속
370. *Savignia pseudofrontata* Paik, 1978 바구미애접시거미 [K]

Genus 121. *Solenysa* Simon, 1894 개미시늉거미속
371. *Solenysa geumoensis* Seo, 1996 금오개미시늉거미 [K]

Genus 122. *Strandella* Oi, 1960 팔공접시거미속
372. *Strandella pargongensis* (Paik, 1965) 팔공접시거미 [C, J, K, Ru]

Genus 123. *Syedra* Simon, 1884 검은눈테두리접시거미속
373. *Syedra oii* Saito, 1983 검은눈테두리접시거미 [C, J, K]

Genus 124. *Tmeticus* Menge, 1868 유럽애접시거미속
374. *Tmeticus vulcanicus* Saito & Ono, 2001 화산애접시거미 [J, K]

Genus 125. *Turinyphia* van Helsdingen, 1982 향접시거미속
375. *Turinyphia yunohamensis* (Bösenberg & Strand, 1906) 제주접시거미 [C, J, K]

Genus 126. *Ummeliata* Strand, 1942 붉은가슴애접시거미속
376. *Ummeliata angulituberis* (Oi, 1960) 모등줄애접시거미 [J, K, Ru]
377. *Ummeliata feminea* (Bösenberg & Strand, 1906) 흑등줄애접시거미 [C, J, K, Ru]
378. *Ummeliata insecticeps* (Bösenberg & Strand, 1906) 등줄애접시거미 [Ru to V, T, J]

Genus 127. *Walckenaeria* Blackwall, 1833 코뿔소애접시거미속
379. *Walckenaeria antica* (Wider, 1834) 고풍쌍혹애접시거미 [Pa]
380. *Walckenaeria capito* (Westring, 1861) 와흘쌍혹애접시거미 [Ha]
381. *Walckenaeria chikunii* Saito & Ono, 2001 내장애접시거미 [J, K]
382. *Walckenaeria coreana* (Paik, 1983) 가산코뿔소애접시거미 [K]
383. *Walckenaeria ferruginea* Seo, 1991 적갈코뿔소애접시거미 [C, K]
  = *Walckenaeria orientalis* Marusik & Koponen, 2000
384. *Walckenaeria furcillata* (Menge, 1869) 북방애접시거미 [Pa]
385. *Walckenaeria ichifusaensis* Saito & Ono, 2001 계곡애접시거미 [J, K]

20. Liocranidae Simon, 1897 밭고랑거미과

Genus 128. *Agroeca* Westring, 1861 밭고랑거미속
386. *Agroeca bonghwaensis* Seo, 2011 봉화밭고랑거미 [K]
387. *Agroeca coreana* Namkung, 1989 밭고랑거미 [J, K, Ru]
388. *Agroeca mongolica* Schenkel, 1936 몽골밭고랑거미 [M, C, K]

389. *Agroeca montana* Hayashi, 1986 적갈밭고랑거미 [C, J, K]

Genus 129. *Scotina* Menge, 1873 좀밭고랑거미속
390. *Scotina palliardii* (L. Koch, 1881) 좀밭고랑거미 [Eur, K, Ru]

21. Lycosidae Sundevall, 1833 늑대거미과

Genus 130. *Alopecosa* Simon, 1885 아로페늑대거미속
391. *Alopecosa albostriata* (Grube, 1861) 흰무늬늑대거미 [Ru, Ka, C, K]
392. *Alopecosa auripilosa* (Schenkel, 1953) 당늑대거미 [C, K, Ru]
393. *Alopecosa cinnameopilosa* (Schenkel, 1963) 어리별늑대거미 [C, J, K, Ru]
394. *Alopecosa licenti* (Schenkel, 1953) 안경늑대거미 [Ru, M, C, K]
395. *Alopecosa moriutii* Tanaka, 1985 일본늑대거미 [J, K, Ru]
396. *Alopecosa pulverulenta* (Clerck, 1757) 먼지늑대거미 [Pa]
397. *Alopecosa virgata* (Kishida, 1909) 채찍늑대거미 [J, K, Ru]
398. *Alopecosa volubilis* Yoo, Kim & Tanaka, 2004 회전늑대거미 [J, K, Ru]

Genus 131. *Arctosa* C. L. Koch, 1847 논늑대거미속
399. *Arctosa chungjooensis* Paik, 1994 충주논늑대거미 [K]
400. *Arctosa cinerea* (Fabricius, 1777) 해안논늑대거미 [Eur, J, K]
401. *Arctosa coreana* Paik, 1994 한국논늑대거미 [K]
402. *Arctosa ebicha* Yaginuma, 1960 적갈논늑대거미 [C, J, K]
403. *Arctosa hallasanensis* Paik, 1994 한라산논늑대거미 [K]
404. *Arctosa ipsa* (Karsch, 1879) 흰털논늑대거미 [J, K, Ru]
405. *Arctosa kawabe* Tanaka, 1985 사구늑대거미 [J, K, Ru]
406. *Arctosa keumjeungsana* Paik, 1994 금정산논늑대거미 [K, Ru]
407. *Arctosa kwangreungensis* Paik & Tanaka, 1986 광릉논늑대거미[C, K]
408. *Arctosa pargongensis* Paik, 1994 팔공논늑대거미 [K]
409. *Arctosa pungcheunensis* Paik, 1994 풍천논늑대거미 [K]
410. *Arctosa stigmosa* (Thorell, 1875) 검정논늑대거미 [Fra, Norway to Ukraine]
411. *Arctosa subamylacea* (Bösenberg & Strand, 1906) 논늑대거미 [Ka, C, J, K]
412. *Arctosa yasudai* (Tanaka, 2000) 얼룩논늑대거미 [J, K]

Genus 132. *Hygrolycosa* Dahl, 1908 습지늑대거미속
413. *Hygrolycosa umidicola* Tanaka, 1978 습지늑대거미 [J, K]

Genus 133. Lycosa Latreille, 1804 짧은마디늑대거미속
414. *Lycosa coelestis* L. Koch, 1878 제주늑대거미 [C, J, K]
415. *Lycosa coreana* Paik, 1994 한국늑대거미 [K]

416. *Lycosa labialis* Mao & Song, 1985 입술늑대거미 [C, K]
417. *Lycosa suzukii* Yaginuma, 1960 땅늑대거미 [C, J, K, Ru]

Genus 134. *Pardosa* C. L. Koch, 1847 긴마디늑대거미속
418. *Pardosa astrigera* L. Koch, 1878 별늑대거미 [C, J, K, Ru, T]
419. *Pardosa atropos* (L. Kock, 1878) 극동늑대거미 [C, J, K]
420. *Pardosa brevivulva* Tanaka, 1975 뫼가시늑대거미 [C, J, K, Ru]
421. *Pardosa hanrasanensis* Jo & Paik, 1984 한라늑대거미 [Ru, K]
422. *Pardosa hedini* Schenkel, 1936 중국늑대거미 [C, J, K, Ru]
423. *Pardosa herbosa* Jo & Paik, 1984 풀늑대거미 [C, J, K, Ru]
424. *Pardosa hortensis* (Thorell, 1872) 얼룩늑대거미 [Pa]
425. *Pardosa isago* Tanaka, 1977 이사고늑대거미 [C, J, K, Ru]
426. *Pardosa laura* Karsch, 1879 가시늑대거미 [C, J, K, Ru, T]
427. *Pardosa lugubris* (Walckenaer, 1802) 흰표늑대거미 [Pa]
428. *Pardosa lyrifera* Schenkel, 1936 모래톱늑대거미 [C, J, K]
429. *Pardosa monticola* (Clerck, 1757) 묏늑대거미 [Pa]
430. *Pardosa nojimai* Tanaka, 1998 염습지늑대거미(가칭) [J, K]
431. *Pardosa palustris* (Linnaeus, 1758) 대륙늑대거미 [Ha]
432. *Pardosa pseudoannulata* (Bösenberg & Strand, 1906) 들늑대거미 [Pk to J, Ph, Jv]
433. *Pardosa uncifera* Schenkel, 1963 갈고리늑대거미 [C, K, Ru]
434. *Pardosa yongduensis* Kim & Chae, 2012 용두늑대거미 [K]

Genus 135. *Pirata* Sundevall, 1833 부이표늑대거미속
435. *Pirata coreanus* Paik, 1991 금오늑대거미 [K]
436. *Pirata piraticus* (Clerck, 1757) 늪산적거미 [Ha]
437. *Pirata subpiraticus* (Bösenberg & Strand, 1906) 황산적늑대거미 [K, Ru, C, J, Jv, Ph]

Genus 136. *Piratula* Roewer, 1960 산적늑대거미속
438. *Piratula clercki* (Bösenberg & Strand, 1906) 양산적늑대거미 [C, J, K, T]
439. *Piratula kunorri* (Scopoli, 1763) 쿠노르늑대거미 [Pa]
440. *Piratula meridionalis* (Tanaka, 1974) 포천늑대거미 [C, J, K]
441. *Piratula piratoides* (Bösenberg & Strand, 1906) 공산늑대거미 [C, J, K, Ru]
442. *Piratula procurva* (Bösenberg & Strand, 1906) 좀늑대거미 [C, J, K]
443. *Piratula tanakai* (Brignoli, 1983) 꼬마산적거미 [J, K, Ru]
444. *Piratula yaginumai* (Tanaka, 1974) 방울늑대거미 [C, J, K, Ru]

Genus 137. *Trochosa* C. L. Koch, 1847 곤봉표늑대거미속
445. *Trochosa ruricola* (De Geer, 1778) 촌티늑대거미 [Ha, Bu]
446. *Trochosa spinipalpis* (F. O. Pickard-Cambridge, 1895) 가시티늑대거미 [Pa]
447. *Trochosa unmunsanensis* Paik, 1994 운문티늑대거미 [K]

Genus 138. *Xerolycosa* Dahl, 1908 마른늑대거미속
448. *Xerolycosa nemoralis* (Westring, 1861) 흰줄늑대거미 [Pa]

22. Mimetidae Simon, 1881 해방거미과

Genus 139. *Australomimetus* Heimer, 1986 배해방거미속
449. *Australomimetus japonicus* (Uyemura, 1938) 배해방거미 [J, K]

Genus 140. *Ero* C. L. Koch, 1836 해방거미속
450. *Ero cambridgei* Kulczyński, 1911 얼룩해방거미 [Pa]
451. *Ero japonica* Bösenberg & Strand, 1906 뿔해방거미 [C, J, K, Ru]
452. *Ero Koreana* Paik, 1967 민해방거미 [C, J, K, Ru]

Genus 141. *Mimetus* Hentz, 1832 큰해방거미속
453. *Mimetus testaceus* Yaginuma, 1960 큰해방거미 [C, J, K]

23. Miturgidae Simon, 1886 미투기거미과

Genus 142. *Prochora* Simon, 1886 족제비거미속
454. *Prochora praticola* (Bösenberg & Strand, 1906) 족제비거미 [C, J, K]
 = *Itatsina praticola* Paik, 1970b

Genus 143. *Zora* C. L. Koch, 1847 오소리거미속
455. *Zora nemoralis* (Blackwall, 1861) 수풀오소리거미 [Pa]

24. Mysmenidae Petrunkevitch, 1928 깨알거미과

Genus 144. *Microdipoena* Banks, 1895 깨알거미속
456. *Microdipoena jobi* (Kraus, 1967) 깨알거미 [Pa]
= *Mysmenella jobi* Namkung & Lee, 1987

25. Nephilidae Simon, 1894 무당거미과

Genus 145. *Nephila* Leach, 1815 무당거미속
457. *Nephila clavata* L. Koch, 1878 무당거미 [In to J]

26. Nesticidae Simon, 1894 굴아기거미과

Genus 146. *Nesticella* Lehtinen & Saaristo, 1980 쇠굴아기거미속
458. *Nesticella brevipes* (Yaginuma, 1970) 꼬마굴아기거미 [C, J, K, Ru]
459. *Nesticella mogera* (Yaginuma, 1972) 쇠굴아기거미 [Az, C, J, K, Hw, Fi(Eur, introduced)]
460. *Nesticella quelpartensis* (Paik & Namkung, 1969) 제주굴아기거미 [K]

Genus 147. *Nesticus* Thorell, 1869 굴아기거미속
461. *Nesticus acrituberculum* Kim et al., 2014 검은줄무늬굴아기거미 [K]
462. *Nesticus coreanus* Paik & Namkung, 1969 반도굴아기거미 [K]
463. *Nesticus flavidus* Paik, 1978 노랑굴아기거미 [K]
464. *Nesticus gastropodus* Kim & Ye, 2014 다슬기굴아기거미 [K]
465. *Nesticus kyongkeomsanensis* Namkung, 2002 경검산굴아기거미 [K]

27. Oecobiidae Blackwall, 1862 티끌거미과

Genus 148. *Oecobius* Lucas, 1846 티끌거미속
466. *Oecobius navus* Blackwall, 1859 티끌거미 [Co]

Genus 149. *Uroctea* Dufour, 1820 납거미속
467. *Uroctea compactilis* L. Koch, 1878 왜납거미 [C, J, K]
468. *Uroctea lesserti* Schenkel, 1936 대륙납거미 [C, K]

28. Oonopidae Simon, 1890 알거미과

Genus 150. *Gamasomorpha* Karsch, 1881 진드기거미속
469. *Gamasomorpha cataphracta* Karsch, 1881 진드기거미 [J, K, Ph, T]

Genus 151. *Ischnothyreus* Simon, 1893 갑옷진드기거미속
470. *Ischnothyreus narutomii* (Nakatsudi, 1942) 갑옷진드기거미 [C, J, K, T]

29. Oxyopidae Thorell, 1870 스라소니거미과

Genus 152. *Oxyopes* Latreille, 1804 스라소니거미속
471. *Oxyopes Koreanus* Paik, 1969 분스라소니거미 [J, K]
472. *Oxyopes licenti* Schenkel, 1953 아기스라소니거미 [C, J, K, Ru]

473. *Oxyopes sertatus* L. Koch, 1878 낯표스라소니거미 [C, J, K, T]

30. Philodromidae Thorell, 1870 새우게거미과

Genus 153. *Apollophanes* O. Pickard-Cambridge, 1898 아폴로게거미속
474. *Apollophanes macropalpus* (Paik, 1979) 큰수염아폴로게거미 [K, Ru]

Genus 154. *Philodromus* Walckenaer, 1826 새우게거미속
475. *Philodromus aureolus* (Clerck, 1757) 황금새우게거미 [Pa]
476. *Philodromus auricomus* L. Koch, 1878 금새우게거미 [C, J, K, Ru]
477. *Philodromus cespitum* (Walckenaer, 1802) 흰새우게거미 [Ha]
478. *Philodromus emarginatus* (Schrank, 1803) 황새우게거미 [Pa]
479. *Philodromus lanchowensis* Schenkel, 1936 김화새우게거미 [C, J, K, Ru]
480. *Philodromus leucomarginatus* Paik, 1979 흰테새우게거미 [C, K]
481. *Philodromus margaritatus* (Clerck, 1757) 얼룩이새우게거미 [Pa]
482. *Philodromus poecilus* (Thorell, 1872) 어리집새우게거미 [Pa]
483. *Philodromus pseudoexilis* Paik, 1979 단지새우게거미 [K]
484. *Philodromus rufus* Walckenaer, 1826 북방새우게거미 [Pa]
485. *Philodromus spinitarsis* Simon, 1895 나무결새우게거미 [C, J, K, Ru]
   = *Philodromus fuscomarginatus* Paik, 1979c
486. *Philodromus subaureolus* Bösenberg & Strand, 1906 갈새우게거미 [C, J, K]

Genus 155. *Thanatus* C. L. Koch, 1837 창게거미속
487. *Thanatus coreanus* Paik, 1979 한국창게거미 [C, K, Ru]
488. *Thanatus miniaceus* Simon 1880 중국창게거미 [C, T, J, K]
489. *Thanatus nipponicus* Yaginuma, 1969 일본창게거미 [C, J, K, Ru]
490. *Thanatus nodongensis* Kim & Kim, 2012 노동창게거미 [K]
491. *Thanatus vulgaris* Simon, 1870 술병창게거미 [Ha]

Genus 156. *Tibellus* Simon, 1875 가재거미속
492. *Tibellus kimi* Kim & Seong, 2015 금가재거미 [K]
493. *Tibellus oblongus* (Walckenaer, 1802) 두점가재거미 [Ha]
494. *Tibellus tenellus* (L. Koch, 1876) 넉점가재거미 [Ru, C to Au]

31. Pholcidae C. L. Koch, 1850 유령거미과

Genus 157. *Belisana* Thorell, 1898 제주육눈이유령거미속
495. *Belisana amabilis* (Paik, 1978) 제주육눈이유령거미 [K]

Genus 158. *Pholcus* Walckenaer, 1805 유령거미속
496. *Pholcus acutulus* Paik, 1978 목이유령거미 [K]
497. *Pholcus chiakensis* Seo, 2014 치악유령거미 [K]
498. *Pholcus crassus* Paik, 1978 부채유령거미 [K]
499. *Pholcus extumidus* Paik, 1978 엄지유령거미 [J, K]
500. *Pholcus gajiensis* Seo, 2014 가지유령거미 [K]
501. *Pholcus gosuensis* Kim & Lee, 2004 고수유령거미 [K]
502. *Pholcus joreongensis* Seo, 2004 새재유령거미 [K]
503. *Pholcus juwangensis* Seo, 2014 주왕유령거미 [K]
504. *Pholcus kwanaksanensis* Namkung & Kim, 1990 관악유령거미 [K]
505. *Pholcus kwangkyosanensis* Kim & Park, 2009 광교유령거미 [K]
506. *Pholcus manueli* Gertsch, 1937 대륙유령거미 [C, J, K, Ru, Tu, US]
　 = *Pholcus opilionoides* Paik, 1978e
507. *Pholcus montanus* Paik, 1978 묏유령거미 [K]
508. *Pholcus nodong* Huber, 2011 노동유령거미 [K]
509. *Pholcus okgye* Huber, 2011 옥계유령거미 [K]
510. *Pholcus palgongensis* Seo, 2014 팔공유령거미 [K]
511. *Pholcus parkyeonensis* Kim & Yoo, 2009 박연유령거미 [North K]
512. *Pholcus phalangioides* (Fuesslin, 1775) 집유령거미 [Co]
513. *Pholcus pojeonensis* Kim & Yoo, 2008 포전유령거미 [K]
514. *Pholcus simbok* Huber, 2011 심복유령거미 [K]
515. *Pholcus socheunensis* Paik, 1978 소천유령거미 [K]
516. *Pholcus sokkrisanensis* Paik, 1978 속리유령거미 [K]
517. *Pholcus uksuensis* Kim & Ye, 2014 욱수유령거미 [K]
518. *Pholcus woongil* Huber, 2011 운길유령거미 [K]
519. *Pholcus yeongwol* Huber, 2011 영월유령거미 [K]
520. *Pholcus zichyi* Kulczyński, 1901 산유령거미 [C, K, Ru]
= *Pholcus crypticolens* Paik 1978e

Genus 159. *Spermophora* Hentz, 1841 육눈이유령거미속
521. *Spermophora senoculata* (Dugès, 1836) 거문육눈이유령거미 [Ha, introduced elsewhere]

32. Phrurolithidae Banks, 1892 도사거미과

Genus 160. *Orthobula* Simon, 1897 십자삼지거미속
522. *Orthobula crucifera* Bösenberg & Strand, 1906 십자삼지거미 [C, J, K]

Genus 161. *Phrurolithus* C. L. Koch, 1839 도사거미속
523. *Phrurolithus coreanus* Paik, 1991 고려도사거미 [J, K]

524. *Phrurolithus faustus* Paik, 1991 법주도사거미 [K]
525. *Phrurolithus hamdeokensis* Seo, 1988 함덕도사거미 [K, Ru]
526. *Phrurolithus labialis* Paik, 1991 입술도사거미 [J, K]
527. *Phrurolithus palgongensis* Seo, 1988 팔공도사거미 [C, K, Ru]
528. *Phrurolithus pennatus* Yaginuma, 1967 살깃도사거미 [C, J, K, Ru]
529. *Phrurolithus sinicus* Zhu & Mei, 1982 꼬마도사거미 [C, J, K, Ru]

33. Pisauridae Simon, 1890 닷거미과

Genus 162. *Dolomedes* Latreille, 1804 닷거미속
530. *Dolomedes angustivirgatus* Kishida, 1936 가는줄닷거미 [C, J, K]
531. *Dolomedes japonicus* Bösenberg & Strand, 1906 줄닷거미 [C, J, K]
532. *Dolomedes nigrimaculatus* Song & Chen, 1991 한라닷거미 [C, K]
533. *Dolomedes raptor* Bösenberg & Strand, 1906 먹닷거미 [C, J, K, Ru]
534. *Dolomedes sulfureus* L. Koch, 1878 황닷거미 [C, J, K, Ru]

Genus 163. *Perenethis* L. Koch, 1878 번개닷거미속
535. *Perenethis fascigera* (Bösenberg & Strand, 1906) 번개닷거미 [C, J, K]

Genus 164. *Pisaura* Simon, 1885 서성거미속
536. *Pisaura ancora* Paik, 1969 닻표늪서성거미 [C, K, Ru]
537. *Pisaura lama* Bösenberg & Strand, 1906 아기늪서성거미 [C, J, K, Ru]

34. Salticidae Blackwall, 1841 깡충거미과

Genus 165. *Asianellus* Logunov & Heciak, 1996 아시아깡충거미속
538. *Asianellus festivus* (C. L. Koch, 1834) 산길깡충거미 [Pa]

Genus 166. *Bristowia* Reimoser, 1934 금오깡충거미속
539. *Bristowia heterospinosa* Reimoser, 1934 꼬마금오깡충거미 [In, C, K, V, J, Kr]

Genus 167. *Carrhotus* Thorell, 1891 털보깡충거미속
540. *Carrhotus xanthogramma* (Latreille, 1819) 털보깡충거미 [Pa]

Genus 168. *Euophrys* C. L. Koch, 1834 번개깡충거미속
541. *Euophrys kataokai* Ikeda, 1996 검정이마번개깡충거미 [C, J, K, Ru]
  = *Euophrys frontalis* Kim, 1985a

Genus 169. *Evarcha* Simon, 1902 흰눈썹깡충거미속
542. *Evarcha albaria* (L. Koch, 1878) 흰눈썹깡충거미 [C, J, K, Ru]
543. *Evarcha coreana* Seo, 1988 한국흰눈썹깡충거미 [C, K]
544. *Evarcha fasciata* Seo, 1992 줄흰눈썹깡충거미 [C, J, K]
545. *Evarcha proszynskii* Marusik & Logunov, 1998 흰뺨깡충거미 [Ru to J, US, Ca]

Genus 170. *Hakka* Berry & Prószyński, 2001 해안깡충거미속
546. *Hakka himeshimensis* (Dönitz & Strand, 1906) 해안깡충거미 [C, J, K, Hw(US, introduced)]

Genus 171. *Harmochirus* Simon, 1885 왕팔이깡충거미속
547. *Harmochirus brachiatus* (Thorell, 1877) 산표깡충거미 [In, Bh to T, K, Id]
 = *Harmochirus insulanus* Namkung, 2002

Genus 172. *Hasarius* Simon, 1871 초승달깡충거미속
548. *Hasarius adansoni* (Audouin, 1826) 초승달깡충거미 [Co]

Genus 173. *Helicius* Zabka, 1981 골풀무깡충거미속
549. *Helicius chikunii* (Logunov & Marusik, 1999) 안면골풀무깡충거미 [J, K, Ru]
550. *Helicius cylindratus* (Karsch, 1879) 갈색골풀무깡충거미 [J, K]
551. *Helicius yaginumai* Bohdanowicz & Prószyńskii, 1987 골풀무깡충거미 [J, K]

Genus 174. *Heliophanus* C. L. Koch, 1833 햇님깡충거미속
552. *Heliophanus lineiventris* Simon, 1868 줄무늬햇님깡충거미 [Pa]
553. *Heliophanus ussuricus* Kulczyński, 1895 우수리햇님깡충거미 [Ru, M, C, J, K]

Genus 175. *Laufeia* Simon, 1889 엑스깡충거미속
554. *Laufeia aenea* Simon, 1889 엑스깡충거미 [C, J, K]

Genus 176. *Marpissa* C. L. Koch, 1846 왕깡충거미속
555. *Marpissa mashibarai* Baba, 2013 등줄깡충거미(가칭) [J, K]
556. *Marpissa milleri* (Peckham & Peckham, 1894) 왕깡충거미 [C, J, K, Ru]
557. *Marpissa pomatia* (Walckenaer, 1802) 댕기깡충거미 [Pa]
558. *Marpissa pulla* (Karsch, 1879) 사층깡충거미 [C, J, K, Ru, T]

Genus 177. *Mendoza* Peckham & Peckham, 1894 살깃깡충거미속
559. *Mendoza canestrinii* (Ninni, 1868) 수검은깡충거미 [A, Pa]
560. *Mendoza elongata* (Karsch, 1879) 살깃깡충거미 [C, J, K, Ru]
561. *Mendoza nobilis* (Grube, 1861) 귀족깡충거미 [Ru, North K, C]
562. *Mendoza pulchra* (Prószyński, 1981) 어리수검은깡충거미 [C, J, K, Ru]

Genus 178. *Menemerus* Simon, 1868 수염깡충거미속

563. *Menemerus fulvus* (L. Koch, 1878) 흰수염깡충거미 [In to J]

Genus 179. *Myrmarachne* MacLeay, 1839 개미거미속

564. *Myrmarachne formicaria* (De Geer, 1778) 산개미거미 [Pa(US, introduced)]
565. *Myrmarachne inermichelis* Bösenberg & Strand, 1906 각시개미거미 [K, Ru, T, J]
566. *Myrmarachne japonica* (Karsch, 1879) 불개미거미 [C, J, K, Ru, T]
567. *Myrmarachne kuwagata* Yaginuma, 1967 엄니개미거미 [C, J, K]
568. *Myrmarachne lugubris* (Kulczyński, 1895) 온보개미거미 [C, K, Ru]

Genus 180. *Neon* Simon, 1876 네온깡충거미속

569. *Neon minutus* Zabka, 1985 부리네온깡충거미 [K, V, T, J]
570. *Neon reticulatus* (Blackwall, 1853) 네온깡충거미 [Ha]

Genus 181. *Pancorius* Simon, 1902 큰흰눈썹깡충거미속

571. *Pancorius crassipes* (Karsch, 1881) 큰흰눈썹깡충거미 [Pa]

Genus 182. *Philaeus* Thorell, 1869 피라에깡충거미속

572. *Philaeus chrysops* (Poda, 1761) 대륙깡충거미 [Pa]

Genus 183. *Phintella* Strand, in Bösenberg & Strand, 1906 핀텔깡충거미속

573. *Phintella abnormis* (Bösenberg & Strand, 1906) 갈색눈깡충거미 [C, J, K, Ru]
574. *Phintella arenicolor* (Grube, 1861) 눈깡충거미 [C, J, K, Ru]
575. *Phintella bifurcilinea* (Bösenberg & Strand, 1906) 황줄깡충거미 [C, K, V, J]
576. *Phintella cavaleriei* (Schenkel, 1963) 멋쟁이눈깡충거미 [C, K]
577. *Phintella linea* (Karsch, 1879) 안경깡충거미 [C, J, K, Ru]
578. *Phintella parva* (Wesolowska, 1981) 묘향깡충거미 [C, K, Ru]
579. *Phintella popovi* (Prószyński, 1979) 살짝눈깡충거미 [C, K, Ru]
580. *Phintella versicolor* (C. L. Koch, 1846) 암흰깡충거미 [C, J, K, T, Mal, Su, Hw]

Genus 184. *Phlegra* Simon, 1876 산길깡충거미속

581. *Phlegra fasciata* (Hahn, 1826) 배띠산길깡충거미 [Pa]

Genus 185. *Plexippoides* Prószyński, 1984 어리두줄깡충거미속

582. *Plexippoides annulipedis* (Saito, 1939) 큰줄무늬깡충거미 [C, J, K]
583. *Plexippoides doenitzi* (Karsch, 1879) 되니쓰깡충거미 [C, J, K]
584. *Plexippoides regius* Wesolowska, 1981 왕어리두줄깡충거미 [C, K, Ru]

Genus 186. *Plexippus* C. L. Koch, 1846 두줄깡충거미속

585. *Plexippus incognitus* Dönitz & Strand, 1906 흰줄깡충거미 [C, J, K, T]

586. *Plexippus paykulli* (Audouin, 1826) 두줄깡충거미 [Co]
587. *Plexippus petersi* (Karsch, 1878) 황색줄무늬깡충거미 [Af to J, Ph, Hw]
588. *Plexippus setipes* Karsch, 1879 세줄깡충거미 [Tu, C, K, V, J]

Genus 187. *Pseudeuophrys* Dahl, 1912 어리번개깡충거미속
589. *Pseudeuophrys iwatensis* (Bohdanowicz & Prószyński, 1987) 검은머리번개깡충거미 [C, J, K, Ru]

Genus 188. *Pseudicius* Simon, 1885 어리안경깡충거미속
590. *Pseudicius kimjoopili* (Kim, 1995) 금골풀무깡충거미 [J, K]
 = *Helicius kimjoopili* Kim, 1995b
591. *Pseudicius vulpes* (Grube, 1861) 여우깡충거미 [C, J, K, Ru]

Genus 189. *Rhene* Thorell, 1869 까치깡충거미속
592. *Rhene albigera* (C. L. Koch, 1846) 흰띠까치깡충거미 [In to J, Su]
593. *Rhene atrata* (Karsch, 1881) 까치깡충거미 [C, J, K, Ru, T]
594. *Rhene myunghwani* Kim, 1996 명환까치깡충거미 [K]

Genus 190. *Sibianor* Logunov, 2001 비아노깡충거미속
595. *Sibianor aurocinctus* (Ohlert, 1865) 비아노깡충거미 [Pa]
596. *Sibianor nigriculus* (Logunov & Wesolowska, 1992) 끝검은비아노깡충거미 [Ru, North J, K]
 = *Harmochirus nigriculus* Logunov & Wesolowska, 1992
597. *Sibianor pullus* Bösenberg & Strand, 1906 반고리깡충거미 [C, J, K, Ru]
 = *Harmochirus pullus* Bösenberg & Strand, 1906

Genus 191. *Siler* Simon, 1889 띠깡충거미속
598. *Siler cupreus* Simon, 1889 청띠깡충거미 [C, J, K, T]

Genus 192. *Sitticus* Simon, 1901 마른깡충거미속
599. *Sitticus albolineatus* (Kulczyński, 1895) 흰줄무늬깡충거미 [C, K, Ru]
600. *Sitticus avocator* (O. Pickard-Cambridge, 1885) 홀아비깡충거미 [Turkey to J]
601. *Sitticus fasciger* (Simon, 1880) 고리무늬마른깡충거미 [C, J, K, Ru, US]
602. *Sitticus penicillatus* (Simon, 1875) 다섯점마른깡충거미 [Pa]
603. *Sitticus penicilloides* Wesolowska, 1981 흰털갈색깡충거미 [North K]
604. *Sitticus sinensis* Schenkel, 1963 중국마른깡충거미 [C, K]

Genus 193. *Synagelides* Strand, 1906 어리개미거미속
605. *Synagelides agoriformis* Strand, 1906 어리개미거미 [C, J, K, Ru]
606. *Synagelides zhilcovae* Prószyński, 1979 월정어리개미거미 [C, J, K, Ru]

Genus 194. *Talavera* Peckham & Peckham, 1909 세줄번개깡충거미속

607. *Talavera ikedai* Logunov & Kronestedt, 2003 세줄번개깡충거미 [J, K]

Genus 195. *Tasa* Wesolowska, 1981 갈구리깡충거미속
608. *Tasa koreana* (Wesolowska, 1981) 고려깡충거미 [C, J, K]
 = *Pseudicius koreanus* Wesolowska, 1981a
 = *Tasa nipponica* Seo, 1992b

Genus 196. *Telamonia* Thorell, 1887 검은날개무늬깡충거미속
609. *Telamonia vlijmi* Prószyński, 1984 검은날개무늬깡충거미 [C, J, K]

Genus 197. *Yaginumaella* Prószyński, 1979 야기누마깡충거미속
610. *Yaginumaella medvedevi* Prószyński, 1979 야기누마깡충거미 [C, K, Ru]

Genus 198. *Yllenus* Simon, 1868 이렌깡충거미속
611. *Yllenus coreanus* Prószyński, 1968 한국이렌깡충거미 [Ru, C-Asia, North K, M]

35. Scytodidae Blackwall, 1864 가죽거미과

Genus 199. *Dictis* L. Koch, 1872 검정가죽거미속
612. *Dictis striatipes* L. Koch, 1872 검정가죽거미 [C to Au]

Genus 200. *Scytodes* Latreille, 1804 가죽거미속
613. *Scytodes thoracica* (Latreille, 1802) 아롱가죽거미 [Ha, Pacific Is.]

36. Segestriidae Simon, 1893 공주거미과

Genus 201. *Ariadna* Audouin, 1826 공주거미속
614. *Ariadna insulicola* Yaginuma, 1967 섬공주거미 [C, J, K]
615. *Ariadna lateralis* Karsch, 1881 공주거미 [C, J, K, T]

37. Selenopidae Simon, 1897 겁거미과

Genus 202. *Selenops* Latreille, 1819 겁거미속
616. *Selenops bursarius* Karsch, 1879 겁거미 [C, J, K, T]

38. Sicariidae Keyserling, 1880 실거미과

Genus 203. *Loxosceles* Heineken & Lowe, 1832 실거미속
617. *Loxosceles rufescens* (Dufour, 1820) 실거미 [Co]

39. Sparassidae Bertkau, 1872 농발거미과

Genus 204. *Heteropoda* Latreille, 1804 농발거미속
618. *Heteropoda venatoria* (Linnaeus, 1767) 농발거미 [Pantropical]

Genus 205. *Micrommata* Latreille, 1804 이슬거미속
619. *Micrommata virescens* (Clerck, 1757) 이슬거미 [Pa]

Genus 206. *Sinopoda* Jäger, 1999 거북이등거미속
620. *Sinopoda aureola* Kim, Lee & Lee, 2014 금빛거북이등거미 [K]
621. *Sinopoda clivus* Kim, Chae & Kim, 2013 비탈거북이등거미 [K]
622. *Sinopoda forcipata* (Karsch, 1881) 화살거북이등거미 [C, J, K]
623. *Sinopoda jirisanensis* Kim & Chae, 2013 지리거북이등거미 [K]
624. *Sinopoda joopilis* Chae & Sohn 2013 주필거북이등거미 [K]
625. *Sinopoda koreana* (Paik, 1968) 한국거북이등거미 [J, K]
626. *Sinopoda stellatops* Jäger & Ono, 2002 별거북이등거미 [J, K]
627. *Sinopoda yeoseodoensis* Kim & Ye, 2015 여서도거북이등거미 [K]

Genus 207. *Thelcticopis* Karsch, 1884 가마니거미속
628. *Thelcticopis severa* (L. Koch, 1875) 가마니거미 [C, J, K, La]

40. Tetragnathidae Menge, 1866 갈거미과

Genus 208. *Diphya* Nicolet, 1849 각시어리갈거미속
629. *Diphya albula* (Paik, 1983) 흰배곰보갈거미 [K]
630. *Diphya okumae* Tanikawa, 1995 각시어리갈거미 [C, J, K]

Genus 209. *Leucauge* White,1841 백금거미속
631. *Leucauge blanda* (L. Koch, 1878) 중백금거미 [C, J, K, Ru, T]
632. *Leucauge celebesiana* (Walckenaer, 1841) 왕백금거미 [Ru, In to C, J, K, La, T, Sul, NG]
 = *Leucauge magnifica* Kim, 1990
633. *Leucauge subblanda* Bösenberg & Strand, 1906 꼬마백금거미 [C, J, K, T]
 = *Leucauge celebesiana* Namkung, 2002
634. *Leucauge subgemma* Bösenberg & Strand, 1906 검정백금거미 [C, J, K, Ru]

Genus 210. *Menosira* Chikuni, 1955 가시다리거미속
635. *Menosira ornata* Chikuni, 1955 가시다리거미 [C, J, K, Ru]

Genus 211. *Meta* C. L. Koch, 1836 시내거미속
636. *Meta manchurica* Marusik & Koponen, 1992 만주굴시내거미 [K, Ru]
637. *Meta menardi* (Latreille, 1804) 굴시내거미 [Eur to K(?)]
638. *Meta reticuloides* Yaginuma, 1958 얼룩시내거미 [J, K]

Genus 212. *Metleucauge* Levi, 1980 무늬시내거미속
639. *Metleucauge chikunii* Tanikawa, 1992 치쿠니시내거미 [C, J, K, T]
640. *Metleucauge kompirensis* (Bösenberg & Strand, 1906) 병무늬시내거미 [C, J, K, Ru, T]
641. *Metleucauge yunohamensis* (Bösenberg & Strand, 1906) 안경무늬시내거미 [C, J, K, Ru, T]

Genus 213. *Pachygnatha* Sundevall, 1823 턱거미속
642. *Pachygnatha clercki* Sundevall, 1823 턱거미 [Ha]
643. *Pachygnatha quadrimaculata* (Bösenberg & Strand, 1906) 점박이가랑갈거미 [C, J, K, Ru]
644. *Pachygnatha tenera* Karsch, 1879 애가랑갈거미 [C, J, K, Ru]

Genus 214. *Tetragnatha* Latreille, 1804 갈거미속
645. *Tetragnatha caudicula* (Karsch, 1879) 꼬리갈거미 [C, J, K, Ru, T]
646. *Tetragnatha extensa* (Linnaeus, 1758) 큰배갈거미 [Ha, Mad]
647. *Tetragnatha lauta* Yaginuma, 1959 비단갈거미 [HK, J, K, La, T]
648. *Tetragnatha lea* Bösenberg & Strand, 1906 풀갈거미 [J, K, Ru]
649. *Tetragnatha maxillosa* Thorell, 1895 민갈거미 [SA, Ba to Ph, New Herbrides, K]
650. *Tetragnatha nitens* (Audouin, 1826) 세뿔갈거미 [Circumtropical]
651. *Tetragnatha pinicola* L. Koch, 1870 백금갈거미 [Pa]
652. *Tetragnatha praedonia* L. Koch, 1878 장수갈거미 [C, J, K, La, Ru, T]
653. *Tetragnatha squamata* Karsch, 1879 비늘갈거미 [C, J, K, Ru, T]
654. *Tetragnatha vermiformis* Emerton, 1884 논갈거미 [Ca to Panama, Ph, Ru, SA to J]
655. *Tetragnatha yesoensis* Saito, 1934 북방갈거미 [C, J, K, Ru]

41. Theridiidae Sundevall, 1833 꼬마거미과

Genus 215. *Achaearanea* Strand, 1929 말꼬마거미속
656. *Achaearanea palgongensis* Seo, 1993 팔공말꼬마거미 [K]

Genus 216. *Anelosimus* Simon, 1891 잎무늬꼬마거미속
657. *Anelosimus crassipes* (Bösenberg & Strand, 1906) 가시잎무늬꼬마거미 [C, J, K, Rk]
658. *Anelosimus iwawakiensis* Yoshida, 1986 보경잎무늬꼬마거미 [J, K]

Genus 217. *Argyrodes* Simon, 1864 더부살이거미속
659. *Argyrodes bonadea* (Karsch, 1881) 백금더부살이거미 [C, J, K, T, Ph]
660. *Argyrodes flavescens* O. Pickard-Cambridge, 1880 각시주홍더부살이거미 [In, SL to J, NG]
661. *Argyrodes miniaceus* (Doleschall, 1857) 주홍더부살이거미 [J, K to Au]

Genus 218. *Ariamnes* Thorell, 1869 꼬리거미속
662. *Ariamnes cylindrogaster* Simon, 1889 꼬리거미 [C, J, K, La, T]

Genus 219. *Asagena* Sundevall, 1833 휘장무늬꼬마거미속
663. *Asagena phalerata* (Panzer, 1801) 휘장무늬꼬마거미 [Pa]

Genus 220. *Chikunia* Yoshida, 2009 치쿠니연두꼬마거미속
664. *Chikunia albipes* (Saito, 1935) 삼각점연두꼬마거미 [C, J, K, Ru]

Genus 221. *Chrosiothes* Simon, 1894 혹꼬마거미속
665. *Chrosiothes sudabides* (Bösenberg & Strand, 1906) 넷혹꼬마거미 [C, J, K]

Genus 222. *Chrysso* O. Pickard-Cambridge, 1882 연두꼬마거미속
666. *Chrysso foliata* (L. Koch, 1878) 별연두꼬마거미 [C, J, K, Ru]
667. *Chrysso lativentris* Yoshida, 1993 조령연두꼬마거미 [C, K, T]
668. *Chrysso octomaculata* (Bösenberg & Strand, 1906) 여덟점꼬마거미 [C, J, K, T]
669. *Chrysso pulcherrima* (Mello-Leitão, 1917) 거문꼬마거미 [Pantropical]
670. *Chrysso scintillans* (Thorell, 1895) 비너스연두꼬마거미 [My, C, J, K, Ph]

Genus 223. *Coscinida* Simon, 1895 깨알꼬마거미속
671. *Coscinida coreana* Paik, 1995 한국깨알꼬마거미 [K]
672. *Coscinida ulleungensis* Paik, 1995 울릉깨알꼬마거미 [K]

Genus 224. *Crustulina* Menge, 1868 곰보꼬마거미속
673. *Crustulina guttata* (Wider, 1834) 점박이사마귀꼬마거미 [Pa]
674. *Crustulina sticta* (O. Pickard-Cambridge, 1861) 사마귀꼬마거미 [Ha]

Genus 225. *Cryptachaea* Archer, 1946 돌꼬마거미속
675. *Cryptachaea riparia* (Blackwall, 1834) 돌꼬마거미 [Pa]

Genus 226. *Dipoena* Thorell, 1869 미진거미속
676. *Dipoena keumunensis* Paik, 1996 금문미진거미 [K]
677. *Dipoena punctisparsa* Yaginuma, 1967 서리미진거미 [J, K]

Genus 227. *Enoplognatha* Pavesi, 1880 가랑잎꼬마거미속

678. *Enoplognatha abrupta* (Karsch, 1879) 가랑잎꼬마거미 [C, J, K, Ru]
679. *Enoplognatha caricis* (Fickert, 1876) 작살가랑잎꼬마거미 [Ha]
680. *Enoplognatha margarita* Yaginuma, 1964 흰무늬꼬마거미 [Ru, Ka, C, J, K]
681. *Enoplognatha ovata* (Clerck, 1757) 붉은무늬꼬마거미 [Ha]

Genus 228. *Episinus* Walckenaer, in Latreille, 1809 마름모거미속
682. *Episinus affinis* Bösenberg & Strand, 1906 뿔마름모거미 [In, K, Ru, T, J, Rk]
683. *Episinus nubilus* Yaginuma, 1960 민마름모거미 [C, J, K, T, Rk]

Genus 229. *Euryopis* Menge, 1868 광안꼬마거미속
684. *Euryopis octomaculata* (Paik, 1995) 팔점박이꼬마거미 [J, K]

Genus 230. *Lasaeola* Simon, 1881 남방미진거미속
685. *Lasaeola yoshidai* (Ono, 1991) 남방미진거미 [C, J, K]

Genus 231. *Moneta* O. Pickard-Cambridge, 1870 긴마름모거미속
686. *Moneta caudifera* (Dönitz & Strand, 1906) 긴마름모거미 [C, J, K]
687. *Moneta mirabilis* (Bösenberg & Strand, 1906) 마름모거미 [C, J, K, La, Mal, T]

Genus 232. *Neospintharus* Exline, 1950 안장더부살이거미속
688. *Neospintharus baekamensis* Seo, 2010 백암상투거미 [K]
689. *Neospintharus fur* (Bösenberg & Strand, 1906) 안장더부살이거미 [C, J, K]
690. *Neospintharus nipponicus* (Kumada, 1990) 일본안장더부살이거미 [C, J, K]

Genus 233. *Neottiura* Menge, 1868 진주꼬마거미속
691. *Neottiura herbigrada* (Simon, 1873) 가창꼬마거미 [Fra, Mad to Is, C, K]
692. *Neottiura margarita* (Yoshida, 1985) 진주꼬마거미 [C, J, K, Ru]

Genus 234. *Paidiscura* Archer, 1950 무늬꼬마거미속
693. *Paidiscura subpallens* (Bösenberg & Strand, 1906) 회색무늬꼬마거미 [C, J, K]

Genus 235. *Parasteatoda* Archer, 1946 어리반달꼬마거미속
694. *Parasteatoda angulithorax* (Bösenberg & Strand, 1906) 종꼬마거미 [C, J, K, Ru, T]
695. *Parasteatoda asiatica* (Bösenberg & Strand, 1906) 주황왕눈이꼬마거미 [C, J, K]
696. *Parasteatoda culicivora* (Bösenberg & Strand, 1906) 대륙꼬마거미 [C, J, K]
697. *Parasteatoda ferrumequina* (Bösenberg & Strand, 1906) 무릎꼬마거미 [C, J, K]
698. *Parasteatoda japonica* (Bösenberg & Strand, 1906) 점박이꼬마거미 [C, La, T, J, K]
699. *Parasteatoda kompirensis* (Bösenberg & Strand, 1906) 석점박이꼬마거미 [C, J, K]
700. *Parasteatoda oculiprominens* (Saito, 1939) 얼룩무늬꼬마거미 [C, La, J, K]
701. *Parasteatoda simulans* (Thorell, 1875) 담갈꼬마거미 [Pa]

702. *Parasteatoda tabulata* (Levi, 1980) 왜종꼬마거미 [Ha]
703. *Parasteatoda tepidariorum* (C. L. Koch, 1841) 말꼬마거미 [Co]

Genus 236. *Phoroncidia* Westwood, 1835 혹부리꼬마거미속
704. *Phoroncidia pilula* (Karsch, 1879) 혹부리꼬마거미 [C, J, K]

Genus 237. *Phycosoma* O. Pickard-Cambridge, 1879 미진꼬마거미속
705. *Phycosoma amamiense* (Yoshida, 1985) 용진미진거미 [C, J, K, Ru, Rk]
706. *Phycosoma flavomarginatum* (Bösenberg & Strand, 1906) 황줄미진거미 [C, J, K]
707. *Phycosoma japonicum* (Yoshida, 1985) 고금미진거미 [J, K]
708. *Phycosoma martinae* (Roberts, 1983) 한국미진거미 [Sey, In, C, K, Rk, Ph]
709. *Phycosoma mustelinum* (Simon, 1889) 게꼬마거미 [C, J, K, Kr, Ru]

Genus 238. *Platnickina* Koçak & Kemal, 2008 살별꼬마거미속
710. *Platnickina mneon* (Bösenberg & Strand, 1906) 아담손꼬마거미 [Pantropical]
711. *Platnickina sterninotata* (Bösenberg & Strand, 1906) 살별꼬마거미 [C, J, K, Ru]

Genus 239. *Rhomphaea* L. Koch, 1872 창거미속
712. *Rhomphaea sagana* (Dönitz & Strand, 1906) 창거미 [Ru, Az to J, Ph]

Genus 240. *Robertus* O. Pickard-Cambridge, 1879 민무늬꼬마거미속
713. *Robertus naejangensis* Seo, 2005 내장꼬마거미 [K]

Genus 241. *Spheropistha* Yaginuma, 1957 검정꼬마거미속
714. *Spheropistha melanosoma* Yaginuma, 1957 검정꼬마거미 [J, K]

Genus 242. *Steatoda* Sundevall, 1833 반달꼬마거미속
715. *Steatoda albomaculata* (De Geer, 1778) 흰점박이꼬마거미 [Co]
716. *Steatoda cingulata* (Thorell, 1890) 반달꼬마거미 [C, J, Jv, K, La, Su]
717. *Steatoda erigoniformis* (O. Pickard-Cambridge, 1872) 칠성꼬마거미 [Pantropical]
718. *Steatoda grossa* (C. L. Koch, 1838) 별꼬마거미 [Co]
719. *Steatoda triangulosa* (Walckenaer, 1802) 별무늬꼬마거미 [Co]
720. *Steatoda ulleungensis* Paik, 1995 울릉반달꼬마거미 [K]

Genus 243. *Stemmops* O. Pickard-Cambridge, 1894 먹눈꼬마거미속
721. *Stemmops nipponicus* Yaginuma, 1969 먹눈꼬마거미 [C, J, K]

Genus 244. *Takayus* Yoshida, 2001 타가이꼬마거미속
722. *Takayus chikunii* (Yaginuma, 1960) 갈비꼬마거미 [C, J, K]
723. *Takayus latifolius* (Yaginuma, 1960) 넓은잎꼬마거미 [C, J, K, Ru]

724. *Takayus lunulatus* (Guan & Zhu, 1993) 초승달꼬마거미 [C, K, Ru]
725. *Takayus quadrimaculatus* (Song & Kim, 1991) 월매꼬마거미 [C, K]
726. *Takayus takayensis* (Saito, 1939) 넉점꼬마거미 [C, J, K]

Genus 245. *Theridion* Walckenaer, 1805 꼬마거미속
727. *Theridion longipalpum* Zhu, 1998 긴수염꼬마거미 [C, K]
728. *Theridion longipili* Seo, 2004 긴털꼬마거미 [K]
729. *Theridion palgongense* Paik, 1996 팔공꼬마거미 [K]
730. *Theridion pictum* (Walckenaer, 1802) 붉은등줄꼬마거미 [Ha]
731. *Theridion pinastri* L. Koch, 1872 등줄꼬마거미 [Pa]
732. *Theridion submirabile* Zhu & Song, 1993 먼지꼬마거미 [C, K]
733. *Theridion taegense* Paik, 1996 대구꼬마거미 [K]

Genus 246. *Thymoites* Keyserling, 1884 코보꼬마거미속
734. *Thymoites ulleungensis* (Paik, 1991) 울릉코보꼬마거미 [K]

Genus 247. *Yaginumena* Yoshida, 2002 야기누마꼬마거미속
735. *Yaginumena castrata* (Bösenberg & Strand, 1906) 검정미진거미 [C, J, K, Ru]
736. *Yaginumena mutilata* (Bösenberg & Strand, 1906) 적갈미진거미 [J, K]

Genus 248. *Yunohamella* Yoshida, 2007 탐라꼬마거미속
737. *Yunohamella lyrica* (Walckenaer, 1841) 서리꼬마거미 [Ha]
738. *Yunohamella subadulta* (Bösenberg & Strand, 1906) 이끼꼬마거미 [J, K, Ru]
   = *Yunohamella subadultus* Kim & Kim, 2010
739. *Yunohamella yunohamensis* (Bösenberg & Strand, 1906) 탐라꼬마거미 [J, K, Ru]

42. Theridiosomatidae Simon, 1881 알망거미과

Genus 249. *Ogulnius* O. Pickard-Cambridge, 1882 산길알망거미속
740. *Ogulnius pullus* Bösenberg & Strand, 1906 산길알망거미 [J, K]

Genus 250. *Theridiosoma* O. Pickard-Cambridge, 1879 알망거미속
741. *Theridiosoma epeiroides* Bösenberg & Strand, 1906 알망거미 [J, K, Ru]

43. Thomisidae Sundevall, 1833 게거미과

Genus 251. *Bassaniana* Strand, 1928 나무껍질게거미속
742. *Bassaniana decorata* (Karsch, 1879) 나무껍질게거미 [C, J, K, Ru]

743. *Bassaniana ora* Seo, 1992 테두리게거미 [K]

Genus 252. *Boliscus* Thorell, 1891 깨알게거미속
744. *Boliscus tuberculatus* (Simon, 1886) 곰보깨알게거미 [C, My to J]

Genus 253. *Coriarachne* Thorell, 1870 꼬마게거미속
745. *Coriarachne fulvipes* (Karsch, 1879) 꼬마게거미 [J, K]

Genus 254. *Diaea* Thorell, 1869 각시꽃게거미속
746. *Diaea subdola* O. Pickard-Cambridge, 1885 각시꽃게거미 [Ru, In, Pk to J]

Genus 255. *Ebelingia* Lehtinen, 2005 곰보꽃게거미속
747. *Ebelingia kumadai* (Ono, 1985) 곰보꽃게거미 [C, J, K, Ru, Ok]

Genus 256. *Ebrechtella* Dahl, 1907 꽃게거미속
748. *Ebrechtella tricuspidata* (Fabricius, 1775) 꽃게거미 [Pa]

Genus 257. *Heriaeus* Simon, 1875 털게거미속
749. *Heriaeus mellotteei* Simon, 1886 털게거미 [C, J, K]

Genus 258. *Lysiteles* Simon, 1895 풀게거미속
750. *Lysiteles coronatus* (Grube, 1861) 남궁게거미 [C, J, K, Ru]
751. *Lysiteles maior* Ono, 1979 고원풀게거미 [Ru, Ne to J]

Genus 259. *Misumena* Latreille, 1804 민꽃게거미속
752. *Misumena vatia* (Clerck, 1757) 민꽃게거미 [Ha]

Genus 260. *Oxytate* L. Koch, 1878 연두게거미속
753. *Oxytate parallela* (Simon, 1880) 중국연두게거미 [C, K]
754. *Oxytate striatipes* L. Koch, 1878 줄연두게거미 [C, J, K, Ru, T]

Genus 261. *Ozyptila* Simon, 1864 곤봉게거미속
755. *Ozyptila atomaria* (Panzer, 1801) 낙성곤봉게거미 [Pa]
756. *Ozyptila gasanensis* Paik, 1985 가산곤봉게거미 [K]
757. *Ozyptila geumoensis* Seo & Sohn, 1997 금오곤봉게거미 [K]
758. *Ozyptila nipponica* Ono, 1985 점곤봉게거미 [C, J, K]
759. *Ozyptila nongae* Paik 1974 논개곤봉게거미 [C, J, K, Ru]

Genus 262. *Phrynarachne* Thorell, 1869 사마귀게거미속
760. *Phrynarachne katoi* Chikuni, 1955 사마귀게거미 [C, J, K]

Genus 263. *Pistius* Simon, 1875 오각게거미속
761. *Pistius undulatus* Karsch, 1879 오각게거미 [It, Ru, Ka, C, J, K]

Genus 264. *Runcinia* Simon, 1875 흰줄게거미속
762. *Runcinia insecta* (L. Koch, 1875) 흰줄게거미 [Af, Ba to J, Ph, Jv, Au]
 = *Rucinia affinis* Kim & Lee, 2012a

Genus 265. *Synema* Simon, 1864 불짜게거미속
763. *Synema globosum* (Fabricius, 1775) 불짜게거미 [Pa]

Genus 266. *Takachihoa* Ono, 1985 애나무결게거미속
764. *Takachihoa truciformis* (Bösenberg & Strand, 1906) 애나무결게거미 [C, J, K, T]

Genus 267. *Thomisus* Walckenaer, 1805 살받이게거미속
765. *Thomisus labefactus* Karsch, 1881 살받이게거미 [C, J, K, T]
766. *Thomisus onustus* Walckenaer, 1805 흰살받이게거미 [Pa]

Genus 268. *Tmarus* Simon, 1875 범게거미속
767. *Tmarus punctatissimus* (Simon, 1870) 한라범게거미 [Pa]
768. *Tmarus koreanus* Paik, 1973 한국범게거미 [C, K]
769. *Tmarus orientalis* Schenkel, 1963 동방범게거미 [C, K]
770. *Tmarus piger* (Walckenaer, 1802) 참범게거미 [Pa]
771. *Tmarus rimosus* Paik, 1973 언청이범게거미 [C, J, K, Ru]

Genus 269. *Xysticus* C. L. Koch, 1835 참게거미속
772. *Xysticus atrimaculatus* Bösenberg & Strand, 1906 점게거미 [C, J, K]
773. *Xysticus concretus* Utochkin, 1968 쌍지게거미 [C, J, K, Ru]
774. *Xysticus cristatus* (Clerck, 1757) 집게관게거미 [Pa]
775. *Xysticus croceus* Fox, 1937 풀게거미 [In, Ne, Bh, C, J, K, T]
776. *Xysticus ephippiatus* Simon, 1880 대륙게거미 [Ru, C-Asia, M, C, J, K]
777. *Xysticus hedini* Schenkel, 1936 쌍창게거미 [Ru, M, C, J, K]
778. *Xysticus insulicola* Bösenberg & Strand, 1906 콩팥게거미 [C, J, K]
779. *Xysticus kurilensis* Strand, 1907 북방게거미 [C, J, K, Ru]
780. *Xysticus lepnevae* Utochkin, 1968 오대산게거미 [K, Ru, Sk, C]
781. *Xysticus pseudobliteus* (Simon, 1880) 등신게거미 [Ru, Ka, M, C, K]
782. *Xysticus saganus* Bösenberg & Strand, 1906 명게거미 [C, J, K, Ru]
783. *Xysticus sicus* Fox, 1937 중국게거미 [C, K, Ru]

44. Titanoecidae Lehtinen, 1967 자갈거미과

Genus 270. *Nurscia* Simon, 1874 자갈거미속
784. *Nurscia albofasciata* (Strand, 1907) 살깃자갈거미 [C, J, K, Ru, T]

Genus 271. *Titanoeca* Thorell, 1870 큰자갈거미속
785. *Titanoeca quadriguttata* (Hahn, 1833) 넉점자갈거미 [Pa]

45. Trachelidae Simon, 1897 괭이거미과

Genus 272. *Cetonana* Strand, 1929 괴물거미속
786. *Cetonana orientalis* (Schenkel, 1936) 보경괴물거미 [C, K]

Genus 273. *Paratrachelas* Kovblyuk & Nadolny, 2009 어리괭이거미속
787. *Paratrachelas acuminus* (Zhu & An, 1988) 한국괭이거미 [C, K, Ru]

Genus 274. *Trachelas* L. Koch, 1872 괭이거미속
788. *Trachelas japonicus* Bösenberg & Strand, 1906 일본괭이거미 [C, J, K, Ru]
789. *Trachelas joopili* Kim & Lee, 2008 김괭이거미 [K]

46. Trochanteriidae Karsch, 1879 홑거미과

Genus 275. *Plator* Simon, 1880 홑거미속
790. *Plator nipponicus* (Kishida, 1914) 홑거미 [C, J, K]

47. Uloboridae Thorell, 1869 응달거미과

Genus 276. *Hyptiotes* Walckenaer, 1837 부채거미속
791. *Hyptiotes affinis* Bösenberg & Strand, 1906 부채거미 [C, J, K, T]

Genus 277. *Miagrammopes* O. Pickard-Cambridge, 1870 손짓거미속
792. *Miagrammopes orientalis* Bösenberg & Strand, 1906 손짓거미 [C, J, K, T]

Genus 278. *Octonoba* Opell, 1979 중국응달거미속
793. *Octonoba sinensis* (Simon, 1880) 중국응달거미 [C, J, K, North Amer]
794. *Octonoba sybotides* (Bösenberg & Strand, 1906) 꼽추응달거미 [C, J, K]
795. *Octonoba varians* (Bösenberg & Strand, 1906) 울도응달거미 [C, J, K]

796. *Octonoba yesoensis* (Saito, 1934) 북응달거미 [Ru, Cauc, Iran to J]

Genus 279. *Philoponella* Mello-Leitão, 1917 각시응달거미속
797. *Philoponella prominens* (Bösenberg & Strand, 1906) 왕관응달거미 [C, J, K, T]

Genus 280. *Uloborus* Latreille, 1806 응달거미속
798. *Uloborus walckenaerius* Latreille, 1806 유럽응달거미 [Pa]

48. Zoropsidae Bertkau, 1882 정선거미과

Genus 281. *Takeoa* Lehtinen, 1967 다케오정선거미속
799. *Takeoa nishimurai* (Yaginuma, 1963) 정선거미 [C, J, K]
 = *Zoropsis coreana* Paik, 1978b

거미 이름 해설

Agelenidae C. L. Koch, 1837
가게거미과

Agelena Walckenaer, 1805 풀거미속[1]

1. *Agelena choi* Paik, 1965
복풀거미 [K]

【학명】인명 cho+i. 조복성(Cho) 선생에게 헌정한 것에서 유래했다.

【국명】조복성(趙福成)의 복(福)자에서 유래한 것으로 추정한다. 복(福)+풀거미.

 *조복성(1905~1971): 동물학자, 교육자.

2. *Agelena jirisanensis* Paik, 1965
지리풀거미 [K]

【학명】지명 jirisan+ensis. 최초 채집지인 지리산(jirisan)에서 유래했다.

【국명】유래는 학명과 같다.

3. *Agelena labyrinthica* (Clerck, 1757)
대륙풀거미 [Pa]

【학명】labyríntheus[-thicus] [라비린투스] 미궁.[2]

【국명】한반도 전역은 물론 일본, 중국, 러시아, 몽골, 유럽 등 구북구에 널리 분포하는 데서 유래했다.

4. *Agelena limbata* Thorell, 1897
들풀거미 [C, K, My, La, J]

【학명】limbátus [림바투스] 술로 꾸며진, 옷단을 장식한. 색이 다른 가장자리가 있다는 영어 'limbate'처럼 학명에서는 측면에 특정 무늬가 나타난 종에 종종 쓰인다.

【국명】들판에서 흔하게 볼 수 있는 것에서 유래했다.

성체(♀)

성체(♂)

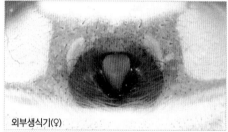
외부생식기(♀)

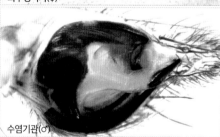
수염기관(♂)

---

1) 들풀거미의 일본명 역시 草蜘蛛(クサグモ)로 국명과 뜻이 통한다.
2) 라비린토스(labyrinthos). 크레타 왕 미노스가 명공 다이달로스에게 명해 지은 것으로, 한 번 들어가면 출구를 찾을 수 없도록 아주 복잡하게 설계되었기 때문에 미궁 또는 미로라는 이름이 붙었다. 대륙풀거미의 복잡한 그물을 라비린토스에 비유한 것으로, 실제로 먹잇감이 한 번 발을 들여놓으면 꼼짝없이 잡아먹힐 수밖에 없다. 아테네는 크레타와의 전쟁에서 패해 크레타에 해마다 소년과 소녀 7명을 공물로 바쳤다. 크레타 왕 미노스는 이들을 라비린토스에 숨어 지내는 반인반우 미노타우로스에게 먹이로 주었다. 따라서 대륙풀거미를 미노타우로스로 비유할 수도 있다.

Allagelena Zhang, Zhu & Song, 2006
타래풀거미속

5. *Allagelena difficilis* (Fox, 1936)
타래풀거미 [C, K]

【학명】difficilis [디피킬리스] 어려운, 힘든, 곤란한. 풀거미 그물에 걸린 먹잇감이 빠져나오기 힘든 상황을 표현한 것으로 추정한다.

【국명】풀거미의 복잡한 그물을 실타래에 비유한 것으로 추측한다.

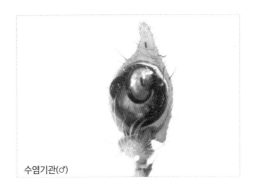
수염기관(♂)

6. *Allagelena donggukensis* (Kim, 1996)
동국풀거미 [J, K]

【학명】학교명 dongguk+ensis. 논문 저자(김주필)가 근무했던 학교명(동국대학교)에서 유래했다.

【국명】유래는 학명과 같다. 그러나 동국풀거미는 동국대학교 주변이 아니라 백령도에서 채집된 종이며, 아래 사진은 소래포구에서 채집된 개체다.

성체(♀)

성체(♂)

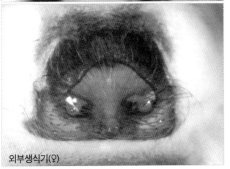
외부생식기(♀)

성체(♀)

성체(♂)

수염기관(♂)

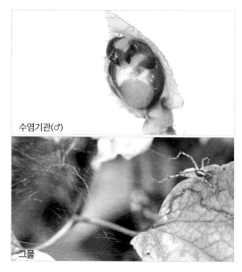

수염기관(♂)

그물

7. *Allagelena koreana* (Paik, 1965)
고려풀거미 [C, K]

【학명】한국의(koreana). 최초 채집지인 한국에서 유래했다.

【국명】한국의 옛 이름(고려)에서 유래했다.

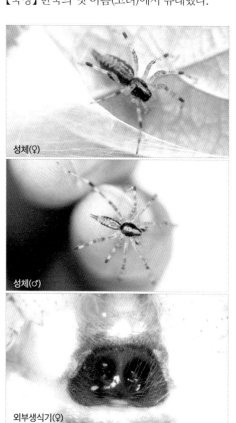

성체(♀)

성체(♂)

외부생식기(♀)

8. *Allagelena opulenta* (L. Koch, 1878)
애풀거미 [C, J, K, T]

【학명】opuléntus [오풀렌투스] 부유한, 풍족한. 여기저기 많이 쳐진 그물에서 유래한 것으로 추정한다. 실제로 애풀거미는 주목나무 한 그루에 10마리 이상이 각자 그물을 치고 집단으로 서식하기도 한다.

【국명】크기가 작은 풀거미인 데서 유래한 것으로 추정한다.

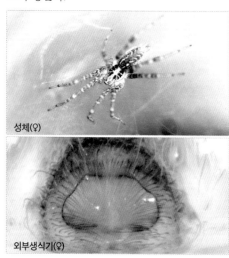

성체(♀)

외부생식기(♀)

Alloclubionoides Paik, 1992
비탈가게거미속[3]

9. *Alloclubionoides bifidus* (Paik, 1976)
민무늬비탈가게거미 [K]

【학명】bifidus [비피두스] 두 조각이 난, 두 갈래가 된. 암컷 외부생식기 모양에서 유래한 것으로 추정한다.[4]

【국명】배에 특별한 무늬가 없는 데서 유래한 것으로 추정한다. 논문 저자가 국명 어원을 밝히지는 않았다. 다만 배에 대해 "Abdomen ovoid: uniformly grayish yellow."와 같이 기술했으며, 남궁준 선생(2003: 393) 역시 배는 "회황색으로 특별한 무늬가 없다."고 기술한 점으로 보아 배에 특별한 무늬가 없다는 뜻의 '민무늬'라고 유추할 수 있다.

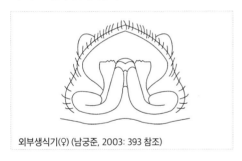

외부생식기(♀) (남궁준, 2003: 393 참조)

10. *Alloclubionoides boryeongensis* Kim & Ye, 2013
보령비탈가게거미 [K]

【학명】지명 boryeong+ensis. 최초 채집지인 보령(boryeong)에서 유래했다.

【국명】유래는 학명과 같다.

11. *Alloclubionoides cochlea* (Kim, Lee & Kwon, 2007)
달팽이비탈가게거미 [K]

【학명】cóchlĕa [코클레아] 달팽이. 수컷 수염기관의 삽입기(embolus)가 돌돌 말린 달팽이처럼 생긴 데서 유래했다.

【국명】유래는 학명과 같다.

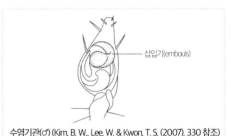

수염기관(♂) (Kim, B. W., Lee, W. & Kwon, T. S. (2007). 330 참조)

12. *Alloclubionoides coreanus* Paik, 1992
한국비탈가게거미 [K]

【학명】한국의(coreanus). 최초 채집지인 한국에서 유래했다.

【국명】유래는 학명과 같다.

성체(♂)

---

3) 비탈가게거미속은 1992년 백갑용 선생이 한국비탈가게거미를 신종 등재하면서 붙인 속이다. 당시에는 한국비탈가게거미(*Alloclubionoides coreanus* Paik, 1992)를 염낭거미과(Clubionoides)로 판단해 그리스어로 새롭다는 뜻인 접두사 allo를 더해 새염낭거미속으로 명명했다(백갑용, 1992e).

4) 논문 저자는 민무늬비탈가게거미 등재 1년 전에 쌍창게거미를 민무늬비탈가게거미와 속명이 같은 *X. bifidus* Paik 1975로 등재했다. 쌍창게거미는 수염기관의 말단돌기가 티(T)자로, 끝이 갈라진 창, 즉 '쌍창'으로 보이는 데서 유래한 것으로 추정한다. 그러나 민무늬비탈가게거미는 최초에 암컷으로 등재된 이후 아직까지도 수컷이 확인되지 않았으며, 암컷 외형에서는 두 갈래라는 뜻의 속명 유래를 추측할 만한 부분을 찾을 수 없다. 다만 외부생식기가 특이하게 두 갈래로 벌어진 모양이기는 하다.

수염기관(♂)

13. *Alloclubionoides dimidiatus* (Paik, 1974)
팔공비탈가게거미 [K]

【학명】dimídia [디미디아] 절반. 암컷 생식기의 가로와 세로 비율이 2:1인 데서 유래했다.

【국명】최초 채집지인 대구 팔공산에서 유래했다.

외부생식기(♀) (남궁준, 2003: 396 참조)

14. *Alloclubionoides euini* (Paik, 1976)
입비탈가게거미 [K]

【학명】인명 euin+i. 채집자인 백의인에서 유래했다.

*백의인(白義人): 입비탈가게거미, 방울비탈가게거미 채집자. 1957, 소백산.

【국명】암컷의 생식기가 입 모양인 데서 유래했다.

외부생식기(♀) (남궁준, 2003: 396 참조)

15. *Alloclubionoides gajiensis* Seo, 2014
가지가게거미 [K]

【학명】지명 gaji+ensis. 최초 채집지인 울산시 울주군 가지산(gaji)에서 유래했다.

【국명】유래는 학명과 같다.

16. *Alloclubionoides* geumensis Seo, 2014
금산가게거미 [K]

【학명】지명 geum+ensis. 최초 채집지인 남해 금산(geum)에서 유래했다.

【국명】유래는 학명과 같다.

17. *Alloclubionoides jaegeri* (Kim, 2007)
오대산비탈가게거미 [K]

【학명】인명 jaeger+i. 논문 저자가 Dr. Peter Jäger에게 헌정한 데서 유래했다.

【국명】최초 채집지인 오대산에서 유래했다.

18. *Alloclubionoides jirisanensis* Kim, 2009
지리비탈가게거미 [K]

【학명】지명 jirisan+ensis. 최초 채집지인 지리산(jirisan)에서 유래했다.

【국명】유래는 학명과 같다.

19. *Alloclubionoides kimi* (Paik, 1974)
용기비탈가게거미 [K]

【학명】인명 kim+ i. 김용기 선생의 성씨(Kim)에서 유래했다.

*김용기(金龍沂): 논문 저자(백갑용)가 활발하게 연구할 당시 울릉도 중학교 교사로 근무하면서 함께 연구를 많이 했다.

【국명】유래는 학명과 같다. 용기(龍沂)+비탈가게거미.

20. *Alloclubionoides lunatus* (Paik, 1976)
속리비탈가게거미 [K]

【학명】lunátus [루나투스] 반달 모양의. 암컷의 외부생식기가 반달 모양인 데서 유래했다.

【국명】최초 채집지인 속리산에서 유래했다.

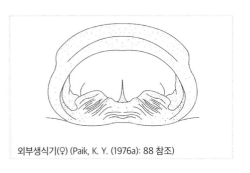

외부생식기(♀) (Paik, K. Y. (1976a): 88 참조)

21. *Alloclubionoides naejangensis* Seo, 2014
내장가게거미 [K]

【학명】지명 naejang+ensis. 최초 채집지인 내장산(naejang)에서 유래했다.

【국명】유래는 학명과 같다.

22. *Alloclubionoides namhaensis* Seo, 2014
남해가게거미 [K]

【학명】지명 namhae+ensis. 최초 채집지인 남해(namhae)에서 유래했다.

【국명】유래는 학명과 같다.

23. *Alloclubionoides ovatus* (Paik, 1976)
방울비탈가게거미 [K]

【학명】ovátus [오바투스] 알 모양의, 타원형의. 알 모양인 배에서 유래한 것으로 추정한다.

【국명】논문 저자는 방울비탈가게거미의 몸길이가 다른 가게거미의 2/3라고 했다. 실제로 방울비탈가게거미는 몸길이가 8.5㎜ 내외로 다른 가게거미보다 작다. 따라서 작고 앙증맞다는 뜻으로 방울이라는 국명을 부여한 것으로 보인다.

*참고: 모식산지는 소백산이다.

24. *Alloclubionoides paikwunensis* (Kim & Jung, 1993)
백운비탈가게거미 [K]

= *Coelotes samaksanensis* Namkung, 2002

【학명】지명 paikwun+ensis. 최초 채집지인 백운계곡(paikwun)에서 유래했다.

【국명】유래는 학명과 같다.

*참고: 춘천 삼악산이 모식산지인 삼악가게거미(*C. samaksanensis*)가 백운비탈가게거미의 동종이명으로 밝혀졌다. 백운비탈게거미는 전국에 분포하며 비교적 흔히 볼 수 있는 종이다.

성체(♀)

성체(♂)

외부생식기(♀)

25. *Alloclubionoides persona* Kim & Ye, 2014
가면비탈가게거미 [K]

【학명】persóna [페르소나] (광대의) 탈, 가면. 암컷 생식기가 가면 모양인 데서 유래했다.

【국명】유래는 학명과 같다.

26. *Alloclubionoides quadrativulvus* (Paik, 1974)
모비탈가게거미 [K]

【학명】quadrus [콰드루스] 네모난, 정사각형의+vulva [불바] 음문(陰門), 외음(外陰). 생식기 모양이 네모인 데서 유래했다.

【국명】암컷 외부생식기 모양이 사다리꼴(Paik, 1974b: 175)로 모난 데서 유래했다.

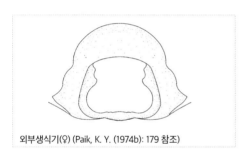

외부생식기(♀) (Paik, K. Y. (1974b): 179 참조)

27. *Alloclubionoides solea* Kim & Kim, 2012
편자비탈가게거미 [K]

【학명】sólěa [솔레아] 샌들, 말굽. 수염기관의 삽입기(embolus) 끝이 씨(C)자로, 편자(말굽)를 닮은 데서 유래했다.

【국명】유래는 학명과 같다.

삽입기(embolus)

수염기관과 삽입기(♂) (Kim, B. W. & Kim, J. P. (2012(1)): 2395 참조)

28. *Alloclubionoides terdecimus* (Paik, 1978)
거제비탈가게거미 [K]

【학명】terdécĭmus [테르데치무스] 13번째의. 한국에서 13번째로 등록된 비탈가게거미속 거미인 데서 유래했다.

【국명】최초 채집지인 거제에서 유래했다.

29. *Alloclubionoides wolchulsanensis* Kim, 2009
월출비탈가게거미 [K]

【학명】지명 wolchulsan+ensis. 최초 채집지인 월출산(wolchulsan)에서 유래했다.

【국명】유래는 학명과 같다.

30. *Alloclubionoides woljeongensis* Ye & Kim, 2014
오대산흰비탈가게거미 [K]

【학명】지명 woljeong+ensis. 최초 채집지인 오대산 월정사(woljeong)에서 유래했다.

【국명】오대산 월정사와 온몸에 흰빛이 많이 도는 데서 유래했다.

31. *Alloclubionoides yangyangensis* Seo, 2014
양양가게거미 [K]

【학명】지명 yangyang+ensis. 최초 채집지인 양양(yangyang)에서 유래했다.

【국명】유래는 학명과 같다.

Coelotes Blackwall, 1841
어리가게거미속

32. *Coelotes exitialis* L. Koch, 1878
어리가게거미 [J, K]

【학명】exitiá(bǐ)lis [엑시치아빌리스] 불행한, 파

멸적인, 가공할, 위험한. 거미의 공격성에서 유
래한 것으로 추정한다.
【국명】원래는 가게거미과(Agelenidae) 가게거
미속(Coelotes)이었다. 가게거미과를 자세히 분
류하는 과정에서 여러 가지 접두사를 더한 새로
운 속이 생겨 소속이 바뀌었다. 어리가게거미속
과 어리가게거미는 가게거미과의 주류인 비탈
가게거미속과 비슷하다는 뜻에서 유래한 것으
로 추정한다. '어리'는 ~과 비슷하다는 뜻의 접
두사이다.

33. Coelotes kimi Kim & Park, 2009
김가게거미 [K]
【학명】인명 kim+i. 논문 공동저자이자 제자인
박진호가 공동저자이자 지도교수인 김주필 박
사를 기린 것으로 추정한다.
【국명】유래는 학명과 같다. 김(Kim)+가게거미.

Coras Simon, 1898 설악가게거미속

34. Coras seorakensis Seo, 2014
설악가게거미 [K]
【학명】지명 seorak+ensis. 최초 채집지인 설악
산(seorak)에서 유래했다.
【국명】유래는 학명과 같다.

Draconarius Ovtchinnikov, 1999
기수가게거미속[5)]

35. Draconarius coreanus (Paik & Yaginuma, 1969)
고려기수가게거미 [J, K]
【학명】한국의(coreanus). 최초 채집지인 한국
(제주도 성굴)에서 유래했다.
【국명】한국의 옛 이름(고려)에서 유래했다.

성체(♀)

성체(♂)

외부생식기(♀)

수염기관(♂)

---

5) 보병부대의 기수를 뜻한다. 수컷 수염기관의 지시기(conductor)가 기수의 기(旗)처럼 낫 모양으로 휘었다. 암컷 생식기 역시 스프링 모양
의 독특한 spermathecal stalk가 발달했으며, 생식기 가운데 부분 양 끝에 뾰족한 이빨 모양의 epignal teeth가 나타나 다른 속과 쉽게 구
별할 수 있다.

36. *Draconarius hallaensis* Kim & Lee, 2007
한라기수가게거미 [K]
【학명】지명 halla+ensis. 최초 채집지인 한라산 (halla)에서 유래했다.
【국명】유래는 학명과 같다.

37. *Draconarius kayasanensis* (Paik, 1972)
가야기수가게거미 [K]
【학명】지명 kayasan+ensis. 최초 채집지인 가야산(kayasan)에서 유래했다.
【국명】유래는 학명과 같다.

Iwogumoa Kishida, 1955
얼룩가게거미속[6]

38. *Iwogumoa insidiosa* (L. Koch, 1878)
얼룩가게거미 [J, K, Ru]
【학명】insidiósus [인시디오수스] 위험한. 거미의 공격성을 표현한 것으로 추정한다.
【국명】등면의 얼룩무늬에서 유래했다.

39. *Iwogumoa interuna* (Nishikawa, 1977)
꼬마얼룩가게거미 [J, K]
【학명】inter [인테르] 가운데에, 사이에 (서)+ūnus [우누스] ~중 하나. '얼룩가게거미속 중 하나'라는 의미로 추측한다.
【국명】얼룩가게거미와 비슷하지만 크기가 더 작은 데서 유래했다.
*참고: 일본명(ヒメシモフリヤチグモ)은 작고(ヒメ)+흰(シモフリ)+습지(ヤチ)+거미(グモ)라는 뜻이다.

40. *Iwogumoa songminjae* (Paik & Yaginuma, 1969)
민자얼룩가게거미 [C, K, Ru]
【학명】인명 songminja+i. 논문 저자인 백갑용 선생의 당시(1969년) 제자였던 경북대학교 대학원생 송민자(Song Minja)에서 유래했다.
【국명】유래는 학명과 같다.

성체(♀)

성체(♂)

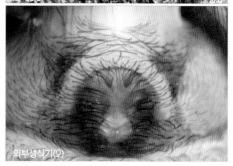
외부생식기(♀)

---

6) 몸 전체에 얼룩무늬가 많다. 머리가슴등면에 어두운 방사무늬가 음각으로 나타나 다른 속과 쉽게 구별된다. 암컷의 생식기 위쪽에는 맹수의 뾰족한 윗니 같은 epignal teeth와 창자처럼 굵은 spermathecal stalk가 나타난다. 같은 속의 암컷은 공통적으로 생식기 가운데에서 생식구(genital opening)가 나타난다.

Pireneitega Kishida, 1955
깔때기거미속[7)

41. *Pireneitega luctuosa* (L. Koch, 1878)
안경깔때기거미 [Ru, C-Asia, C, J, K]
【학명】 luctuósus [룩튀수스] 슬픈, 비통한. 몸
색깔이 검은 데서 유래한 것으로 추정한다.
【국명】 암컷의 외부생식기가 안경 같은 데서 유
래한 것으로 추정한다. 한국의 경우 울릉도에서
만 서식하는 것으로 알려지지만, 일본에서는 한
국의 한국깔때기거미만큼 흔하다고 해서 왜깔
때기거미로도 불렸다.

수염기관(♂)

성체(♀)

성체(♂)

외부생식기(♀)

42. *Pireneitega spinivulva* (Simon, 1880)
한국깔때기거미 [C, K, Ru]
【학명】 spīna [스피나] 가시+vulva [불바] 생식
기. 암컷 생식기 가운데에 긴 가시 모양 조직이
드리워진 데서 유래했다.
【국명】 한국의 흔한(vulgáris) 깔때기거미라
는 뜻이다. 최초 한국깔때기거미의 학명은
Coras vulgaris Paik, 1971이었으나, 지금은 *P.
spinivulva*와 동종이명으로 처리되었다.
*참고: vulgáris [불가리스] 평범한, 흔한.

성체(♀)

성체(♂)

---

7) 위는 넓고, 아래는 좁아지는 깔때기 모양 그물을 치는 데서 유래했다.

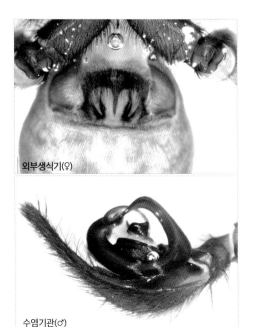

외부생식기(♀)

수염기관(♂)

Tegecoelotes Ovtchinnikov, 1999
덮개비탈거미속

43. *Tegecoelotes secundus* (Paik, 1971)
가야덮개비탈거미 [C, J, K, Ru]
【학명】secúndus [세쿤두스] 둘째의, 제2의. 집
가게거미속(*Tegenaria*)의 2번째 거미인 데서
유래했다. 지금은 덮개비탈거미속으로 분류되
지만 1971년 당시에는 집가게거미(*Tegenaria domestica* (Clerck, 1757)) 다음으로 등록된 종
이 가야덮개비탈거미(당시에는 오대산가게거
미)다.
【국명】가야산에서 유래했다. 1964년 논문 저자
가 직접 오대산에서 채집한 거미를 1976년 오대
산가게거미(*Coelotes bicaucatus* Paik, 1976)로
명명했으나, 이후 가야산에서 최초로 채집된 가
야덮개비탈거미(*Tegecoelotes secundus* Paik,
1971)의 동종이명으로 처리되었다.

Tegenaria Latreille, 1804
집가게거미속

44. *Tegenaria daiamsanesis* Kim, 1998
대암산집가게거미 [K]
【학명】지명 daiamsan+ensis. 최초 채집지인 대
암산(daiamsan)에서 유래했다.
【국명】유래는 학명과 같다.

45. *Tegenaria domestica* (Clerck, 1757)
집가게거미 [Co]
【학명】dŏméstĭcus [도메스티쿠스] 집의, 국내
의, 내부의. 집에서 흔히 볼 수 있는 가게거미인
데서 유래한 것으로 추정한다.
【국명】유래는 학명과 같다.

성체(♂) (공상호, 2013: 344)

Amaurobiidae Thorell, 1870
비탈거미과

Callobius Chamberlin, 1947
비탈거미속

46. *Callobius koreanus* (Paik, 1966)
반도비탈거미 [K]
【학명】한국의(koreanus). 한국 고유종인 데서
유래했다. 경북 영양군 일월산이 모식산지이다.

【국명】한국의 다른 이름 한반도에서 유래했다.

47. *Callobius woljeongensis* Kim & Ye, 2013
월정비탈거미 [K]
【학명】지명 woljeong+ensis. 최초 채집지인 오대산 월정사(woljeong)에서 유래했다.
【국명】유래는 학명과 같다.

Anapidae Simon, 1895
도토리거미과

Comaroma Bertkau, 1889
갑옷도토리거미속

48. *Comaroma maculosa* Oi, 1960
갑옷도토리거미 [C, J, K]
【학명】maculósus [마쿨로수스] 얼룩덜룩한, 반점이 많은. 등면에 점무늬가 여러 개인 데서 유래했다.
*참고: 배는 단단한 적갈색 키틴질로 덮여 있고, 등면은 끝에 가는 털이 있는 점무늬 여러 개로 곰보가 져 있다(남궁준, 2003: 146).
【국명】'갑옷'은 단단한 적갈색 키틴질로 덮인 배에서 유래한 것으로 추정한다. 일본명(ヨロイヒメグモ)도 비슷한 의미로, ヨロイ는 갑옷을 뜻한다.

Conculus Komatsu, 1940
도토리거미속

49. *Conculus lyugadinus* Komatsu, 1940
도토리거미 [C, J, K]
【학명】lyugadinus: 모들뜨기. 거미의 눈이 서로 접한 데서 유래했다. 눈은 4개 또는 8개로, 앞줄 가운데눈이 소실되는 경향이 있으며, 뒷줄 가운데눈은 서로 접해 있다(남궁준, 2003: 144).
*참고: 일본명(ヨリメグモ)도 모들뜨기를 의미한다.
【국명】생김새에서 유래한 것으로 추정한다.

50. *Conculus simboggulensis* Paik, 1971
심복굴도토리거미 [K]
【학명】지명 simboggul+ensis. 최초 채집지인 심복굴(simboggul)에서 유래했다.
【국명】최초 채집지인 심복굴+도토리에서 유래했다. 발견 당시 도토리거미로 명명되었으나 현재 도토리거미(*C. lyugadinus*)의 동종이명으로 처리되면서 국명을 잃었다가 심복굴도토리거미로 재분류되었다.

Anyphaenidae Bertkau, 1878
팔공거미과

Anyphaena Sundevall, 1833
팔공거미속

51. *Anyphaena pugil* Karsch, 1879
팔공거미 [J, K, Ru]
【학명】pŭgil [푸길] 권투선수. 수컷 수염기관의 방패판(tegulum)이 특히 도톰한 데서 유래한 것으로 추측한다.
【국명】최초 채집지인 대구 팔공산에서 유래했다.

Araneidae[8] Clerck, 1757
왕거미과

Acusilas Simon, 1895 잎왕거미속

52. *Acusilas coccineus* Simon, 1895
잎왕거미 [C to Moluccas]

【학명】coccíněus [코치네우스] 진홍색의. 몸 색
깔에서 유래한 것으로 추정한다.

【국명】가랑잎 속에서 숨어 지내는 생태 습성에
서 유래한 것으로 보인다. 가랑잎꼬마거미로도
불렸다.

*참고: 햇볕이 직접 쬐지 않는 나무 밑이나 풀
숲 사이에 불규칙한 둥근 그물을 치며, 그 위쪽
에 가랑잎을 매달고 그 속에 숨어 있다가, 먹
이가 그물에 걸리면 좇아 나와 잡아다가 가랑
잎 집 속으로 가져가 잡아먹는다(남궁준, 2003:
257).

무늬가 다양한 성체(♀)

무늬가 다양한 성체(♀)

무늬가 다양한 성체(♀)

Alenatea Song & Zhu, 1999
중국왕거미속

53. *Alenatea fuscocolorata* (Bösenberg & Strand, 1906)
먹왕거미 [C, J, K, T]

【학명】fusco [푸스코] 검게 하다, 갈색으로 만
들다+cŏlōrátus [콜로라투스] 색칠한, 색채를
띤. 어두운 몸 색깔에서 유래했다.

【국명】유래는 학명과 같다. 먹(墨)+왕거미.

Arachnura Vinson, 1863
긴꼬리왕거미속

54. *Arachnura logio* Yaginuma, 1956
긴꼬리왕거미 [C, J, K]

【학명】logio: 미분류종. 명명 당시(1956년)에 분
류가 어려워 붙은 것으로 추정한다.

【국명】꼬리가 긴 데서 유래했다.

*참고: 중국명(双峰尾园蛛)처럼 꼬리 끝에 돌
기가 1쌍 있다. 영어명은 Scorpion-tailed spider
이다.

---

8) Araneidae는 거미, 거미줄이라는 뜻이다. 라틴어 거미는 아라크네(Aráchne)에서 유래했다. 아라크네는 베 짜는 기술이 뛰어났지만, 이 재
능 때문에 아테나(로마신화의 미네르바, 지혜와 전쟁의 여신)의 노여움을 사 거미가 되었다.

Araneus Clerck, 1757 왕거미속

55. *Araneus acusisetus* Zhu & Song, 1994
어리먹왕거미 [C, J, K]
【학명】ăcus [아쿠스] 바늘, 핀+seta(sæta) [세타]
짐승의 빳빳한 털. 바늘 같은 가시털에서 유래했
다. 다리는 황갈색으로 암갈색 고리무늬와 긴 가
시털이 줄지어 나 있다(남궁준, 2003: 255).
【국명】먹왕거미를 닮은 데서 유래했다. '어리'
는 비슷하다는 뜻의 접두사이다.

56. *Araneus angulatus* Clerck, 1757
모서리왕거미 [Pa]
【학명】angŭlátus [앙굴라투스] 각진. 어깨가 융
기해 각진 모습에서 유래했다.
【국명】유래는 학명과 같다.

57. *Araneus ejusmodi* Bösenberg & Strand, 1906
노랑무늬왕거미 [C, J, K]
【학명】ejúsmŏdi [에유스모디] 이러한, 그러한.
속명 *Araneus*를 수식해 '이런 왕거미'라는 뜻으
로, 생김새나 성질 등을 표현한 것으로 추정한다.
【국명】배가장자리와 정중부에 커다란 노란색
물결무늬가 있는 데서 유래했다.

성체(♀)

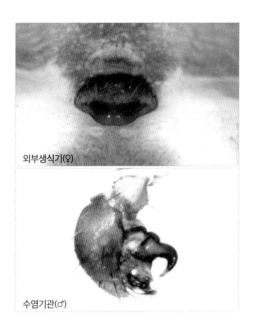
외부생식기(♀)

수염기관(♂)

58. *Araneus ishisawai* Kishida, 1920
부석왕거미 [J, K, Ru]
【학명】인명 ishisawa+i. Ishisawa에서 유래했으
나, 인물 기록은 전하지 않는다.
【국명】1972년 지리산 거미상 조사 과정에서 발
견한 종이다. 국명은 지리산과 가까운 부석마을
(전북 남원시 송동면)에서 유래한 것으로 추정
한다.

59. *Araneus marmoreus* Clerck, 1757
마불왕거미 [Ha]
【학명】marmórěus [마르모레우스] 대리석의,
대리석으로 만든. 등면에 대리석 같은 마블링이
나타나는 데서 유래했다.
【국명】유래는 학명과 같다.

60. *Araneus mitificus* (Simon, 1886)
미녀왕거미 [In to Ph, J, NG]
【학명】mitificus [미티피쿠스] 양순한, 온화한.

논문 저자가 받은 거미 인상에서 유래한 것으로 추정한다.

【국명】 등면이 콧수염 난 사람 얼굴처럼 보여 '미녀'라는 이름과는 어울리지 않는다. 다만 몸 전체에 흰색이 지배적이라는 점과 '선녀', '각시' 등의 이름이 붙은 왕거미가 많다는 점에서 이 국명 역시 아름다운 여인에서 비롯한 것으로 보인다.

성체(♀)

61. *Araneus nordmanni* (Thorell, 1870)
반야왕거미 [Ha]

【학명】 인명 nordmann+i. Nordmann은 핀란드 동물학자로 추정한다.

【국명】 1972년 지리산 거미상 조사 과정에서 발견한 종으로, 국명도 지리산 반야봉에서 유래했다.

62. *Araneus pentagrammicus* (Karsch, 1879)
선녀왕거미 [C, J, K, T]

【학명】 pentas [펜타스] 다섯+grámmĭcus [그람미쿠스] 선의, 줄의. 등면 가운데 부분에서부터 배끝 사이에 가로줄무늬가 몇 개 있는데, 학명은 여기에서 유래한 것으로 보인다.

【국명】 왕거미를 선녀에 비유한 것으로 추정한다. 이름에 '미녀', '각시' 등의 단어가 붙은 왕거미가 많다는 점에서 '선녀왕거미'라는 이름 역시 비슷한 이유에서 비롯한 것으로 보인다.

성체(♀)

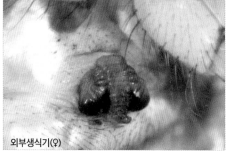

외부생식기(♀)

63. *Araneus pinguis* (Karsch, 1879)
점왕거미 [C, J, K, Ru]

【학명】 pinguis [핑귀스] 살찐, 투실투실한, 비대한. 왕거미 종류는 기본적으로 배가 통통한다. 학명은 이 점에서 유래한 것으로 보인다.

【국명】 등면에 난 흰색 점무늬에서 유래했다.

성체(♀)

성체(♂)

점무늬(♀)

외부생식기(♀)

64. *Araneus rotundicornis* Yaginuma, 1972
등뿔왕거미 [J, K]
【학명】rotúndus [로툰두스] 둥근, 각 지지 않은 +córnis [코르니스] 뿔이 있는. 배어깨가 융기해서 생긴 둥근 뿔에서 유래했다.
【국명】유래는 학명과 같다.

65. *Araneus seminiger* (L. Koch, 1878)
이끼왕거미 [J, K]
= *Araneus tartaricus* Kim & Kim, 2002
【학명】semi- [세미] 반쯤, 다소+nǐger [니제르] 검은. 등면 무늬에서 유래했다.

【국명】청록색과 어두운 색이 섞인, 기와이끼를 닮은 무늬에서 유래했다. 실제로 이끼류 속에 숨어 살기도 한다.

66. *Araneus stella* (Karsch, 1879)
뿔왕거미 [C, J, K, Ru]
【학명】stēlla [스텔라] 별. 어깨가 뾰족하게 융기해 별 같은 데서 유래한 것으로 추정한다.
【국명】배어깨 돌기를 뿔에 비유한 데서 유래했다.

성체(♀)

성체(♂)

67. *Araneus triguttatus* (Fabricius, 1793)
방울왕거미 [Pa]
【학명】tri-: 셋+guttátus [구타투스] 반점 있는. 양쪽 배어깨와 그 사이에 흰색 반점이 3개인 데서 유래했다. 하지만 실제로는 무늬나 색상 변이가 많아 모든 개체에서 흰색 무늬가 3개인 것은 아니다.
【국명】흰색 무늬를 '물방울무늬'로 해석했거나 크기가 작은 거미의 이름에 붙는 '방울'에서 유래한 것으로 추정한다.

68. *Araneus tsurusakii* Tanikawa, 2001
어리당왕거미 [J, K]

= *Araneus viperifer* Namkung, 2002

【학명】 인명 tsurusaki+i. 논문 저자가 채집자인 Dr. Nobuo Tsurusaki(Tottori University)에게 헌정한 데서 유래했다.

【국명】 당왕거미와 닮았다는 뜻이다. 과거에는 어리당왕거미도 당왕거미로 불렸으나 현재는 분리되었다.

성체(♀)

성체(♂)

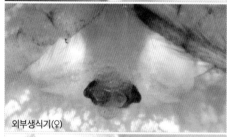
외부생식기(♀)

수염기관(♂)

69. *Araneus uyemurai* Yaginuma, 1960
탐라산왕거미 [J, K, Ru]

【학명】 인명 uyemura+i. 최초 논문이 공개되지 않아 Uyemura가 누구인지는 정확하지 않다.

【국명】 최초 채집지인 제주도의 옛 이름(탐라도)에서 유래했다.

70. *Araneus variegatus* Yaginuma, 1960
비단왕거미 [C, J, K, Ru]

【학명】 variegatus: 여러 가지로 변화하는, 변화된. 등면 무늬가 매우 화려하고 다양한 데서 유래했다.

【국명】 일본명(ニシキオニグモ) 영향을 받은 것으로 추정한다. ニシキ는 비단이라는 뜻이다.

71. *Araneus ventricosus* (L. Koch, 1878)
산왕거미 [C, J, K, Ru, T]

【학명】 ventricosus=ventr(i)ósus [벤트리오수스] 배불뚝이의, 배가 나온. 배가 커다란 데서 유래했다. 중국명(大腹园蛛)도 의미가 같다.

【국명】 산을 닮은 배 모양이나 주요 서식처에서 유래한 것으로 추정한다.

*참고: 배는 갈색 내지 흑갈색으로, 어릴 때는 삼각형이나 성숙하면 둥글어지고, 어깨돌기가 있다. 산지, 평원, 인가 근처 등에 널리 분포한다 (남궁준, 2003: 241).

성체(♀)

성체(♂·♀)

성체(♀)

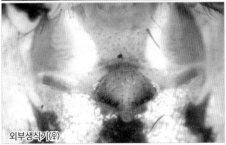

외부생식기(♀)

72. *Araneus viperifer* Schenkel, 1963
당왕거미 [C, J, K]

【학명】vípĕra [비페라] 살무사, 독사. 암컷 외부
생식기 배면에 나타나는 살무사 모양 기관에서
유래한 것으로 보인다.
【국명】최초 채집지가 중국 저장(Zhejiang) 성
인 데서 유래했다. 당(唐)+왕거미.

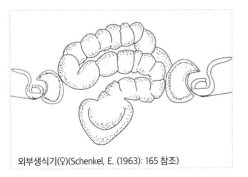

외부생식기(♀)(Schenkel, E. (1963): 165 참조)

Araniella Chamberlin & Ivie, 1942
꽃왕거미속

73. *Araniella coreana* Namkung, 2002
고려꽃왕거미 [K]

【학명】한국의(coreana). 최초 채집지인 한국
(국립광릉수목원 뒷산 소리봉)에서 유래했다.
【국명】한국의 옛 이름(고려)에서 유래했다.

74. *Araniella cucurbitina* (Clerck, 1757)
참꽃왕거미 [Pa]

【학명】cŭcurbĭtínus [쿠쿠르비티누스] 호박처
럼 생긴. 배가 초록색인 데서 유래한 것으로 추
측한다.
【국명】꽃왕거미 중의 꽃왕거미라는 뜻에서 유
래했다.
*참고: 영어명은 Cucumber(green) spider이다.

75. *Araniella displicata* (Hentz, 1847)
각시꽃왕거미 [Ha]

【학명】dísplĭco [디스플리코] 펴다. 동사
(dísplĭco)를 분사(displĭcata)로 만들어 '펴진'이
라는 뜻이다. 참꽃왕거미에 비해 각시꽃왕거미
는 암컷 생식기의 현수체가 펴져 있다. 학명은
현수체 모양에서 유래한 것으로 추정한다.
*참고: 참꽃왕거미와 닮았으나 암수 생식기관
의 구조가 다르다(남궁준, 2003: 279).
【국명】예쁜 생김새를 들어 왕거미 종류의 이름

에는 '선녀', '미녀' 등과 같은 표현이 곧잘 붙는다. 같은 의미에서 '각시'에 비유한 것으로 추정한다. 배끝 앞 좌우에 검은 점무늬가 3~4쌍 나타나기도 해서 최초로 채집해 발표할 당시(1988)에는 학명 미상의 '육점박이왕거미'로 발표되기도 했다(Kim, J. M. & Kim, J. P., 2002: 174).

76. *Araniella yaginumai* Tanikawa, 1995
부리꽃왕거미 [C, J, K, Ru, T]
【학명】인명 yaginuma+i. 일본 거미학자인 Takeo Yaginuma(八木沼健夫, 1916~1995)에게 헌정한 데서 유래했다.
【국명】수컷의 수염기관에 부리 모양 말단돌기가 2개인 데서 유래했다.

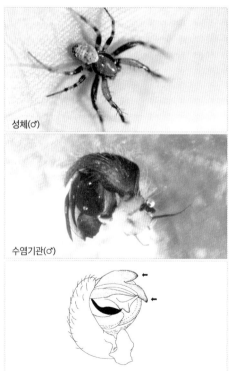

성체(♂)

수염기관(♂)

부리 모양 말단돌기(♂)(Tanikawa, A. (2009): 440 참조)

Argiope[9] Audouin, 1826
호랑거미속

77. *Argiope amoena* L. Koch, 1878
호랑거미 [C, J, K, T]
【학명】amoena=amœna [아메나] 경치 좋은 곳. 유래는 전하지 않는다.
【국명】호랑이처럼 줄무늬가 나타나는 데서 유래했다.

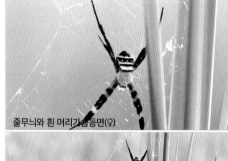

줄무늬와 흰 머리가슴등면(♀)

성체와 그물

78. *Argiope boesenbergi* Levi, 1983
레비호랑거미 [C, J, K]
【학명】인명 Bösenberg+i. 독일 거미학자인 W. Bösenberg에게 헌정한 데서 유래했다.
【국명】논문 저자(Levi)의 이름에서 유래했다.

79. *Argiope bruennichi* (Scopoli, 1772)
긴호랑거미 [Pa]
【학명】인명 brünnich+i. 덴마크 동물학자인

---

9) Argiope [아르기오페]는 그리스어로 얼굴이 흰 여자라는 뜻이다. 실제로 호랑거미속은 머리가슴등면이 희다.

Morten Thrane Brünnich(1737~1827)에게 헌정한 데서 유래했다.
【국명】호랑거미에 비해 배가 긴 데서 유래했다.

성체♀·♂(왼쪽♀)

80. *Argiope minuta* Karsch, 1879
꼬마호랑거미 [Ba, East Asia]
【학명】minútus [미누투스] 작은. 크기가 작은 데서 유래했다.
【국명】학명처럼 작은 호랑거미라는 뜻이다.

줄무늬와 흰 머리가슴등면(♀)

성체♀·♂(아래 ♀)

Chorizopes O. Pickard-Cambridge, 1870
머리왕거미속

81. *Chorizopes nipponicus* Yaginuma, 1963
머리왕거미 [C, J, K]
【학명】일본의(nippon). 최초 채집지인 일본에서 유래했다.
【국명】구형으로 크게 융기한 머리부분에서 유래했다. 머리부분에 비해 가슴부분은 상대적으로 작다.
*참고: 사냥 방식도 독특하다. 수풀 사이를 배회하다 다른 거미가 친 그물에 침입해 원래 주인인 거미를 잡아먹는다.

금빛백금왕거미를 사냥하는 모습(♀)

먹이활동을 마친 모습(♀)

Cyclosa Menge, 1866 먼지거미속[10]

82. *Cyclosa argenteoalba* Bösenberg & Strand, 1906
은먼지거미 [C, J, K, Ru, T]
【학명】ărgéntĕus [아르젠테우스] 은의, 은으로

---

10) 일본명(塵蜘蛛)도 먼지라는 뜻을 포함한다.

만든+albus [알부스] 흰, 은백색의, 회백색의. 등면이 은백색인 데서 유래했다.

【국명】은먼지거미는 먹이활동 후 찌꺼기를 일(1)자로 가지런히 걸어두고 그 가운데에 몸을 숨긴 채 생활한다. '먼지'는 이 먹이 찌꺼기에서, '은'은 학명에서 유래했다.

성체(♀)

성체(♂)

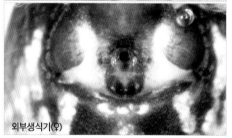

외부생식기(♀)

83. *Cyclosa atrata* Bösenberg & Strand, 1906
울도먼지거미 [C, J, K, Ru]
【학명】ātrátus [아트라투스] 검어진. 배가 검은 데서 유래했다.

【국명】최초 채집지인 인천광역시 옹진군 덕적면 울도리에서 유래한 것으로 추정한다.[11]

성체(♀)

성체(♂)

84. *Cyclosa confusa* Bösenberg & Strand, 1906
백령섬먼지거미 [C, J, K, T]
【학명】confúsa [콘푸사] 혼란. 등면의 무늬는 나름대로 규칙이 있지만 색상은 혼란스럽다. 학명은 이 특징에서 유래한 것으로 추정한다.

【국명】최초 채집지인 인천광역시 옹진군 백령면에서 유래했다.

85. *Cyclosa ginnaga* Yaginuma, 1959
장은먼지거미 [C, J, K, T]
【학명】ginnaga: 일본명(銀長, ぎんなが)이다. 銀(ぎん) 은+長(なが) 긴. 길고 은색인 배에서 유래한 것으로 추정한다.

---

11) 울도는 울릉도의 옛 지명에서 유래한 것으로도 추정할 수 있으나 저자의 울릉도 거미상 조사(2016. 7. 26~ 28) 결과, 울릉도에서 가장 흔한 먼지거미는 섬먼지거미(*C. omonaga*)였다.

【국명】 일본명에서 유래했다. 장은(長銀)+먼지거미.

86. *Cyclosa japonica* Bösenbcrg & Strand, 1906
복먼지거미 [C, J, K, Ru, T]

【학명】 일본의(japonica). 최초 채집지인 일본에서 유래했다.

【국명】 조복성(趙福成)의 '복'자에서 유래한 것으로 추정한다.

*참고: 한국 거미 중 '복'자가 붙은 것은 복먼지거미와 복풀거미 2종뿐이다. 복먼지거미는 한국에서는 1962년에 최초로 채집되었고, 복풀거미는 비슷한 시기인 1965년에 등재되었다.

87. *Cyclosa kumadai* Tanikawa, 1992
어리장은먼지거미 [J, K, Ru]

【학명】 인명 kumada+i. 최초 채집자인 Mr. Kenichi Kumada(Yokohama)에서 유래했다.

【국명】 '어리'는 비슷하다는 뜻의 접두사로, 장은먼지거미와 닮았다는 뜻에서 유래했다.

88. *Cyclosa laticauda* Bösenberg & Strand, 1906
여섯혹먼지거미 [C, J, K, T]

【학명】 lātus [라투스] (폭이) 넓은+cauda [카우다] 꼬리, 꽁지. 배끝에 혹 4개가 몰려 뒤가 왕관 모양으로 넓은 데서 유래한 것으로 추정한다.

【국명】 기다란 등면 앞쪽에 1쌍, 뒤 끝에 4개의 돌기가 나타나는 데서 유래했다.

89. *Cyclosa monticola* Bösenberg & Strand, 1906
셋혹먼지거미 [C, J, K, Ru, T]

【학명】 montícŏla [몬티콜라] 산사람, 화전민. 주요 시식처에서 유래한 것으로 추정한다.

【국명】 길쭉한 배 뒤 끝에 돌기가 3개 나타나는 데서 유래했다.

90. *Cyclosa octotuberculata* Karsch, 1879
여덟혹먼지거미 [C, J, K, T]

【학명】 octo [옥토] 여덟+tubércŭlum [투베르쿨룸] 작은 종기, 사마귀, 혹. 등면 앞쪽에 2개, 뒤쪽에 6개의 원뿔꼴 돌기가 있다. 즉 혹이 8개인 데서 유래했다.

【국명】 유래는 학명과 같다.

성체(♀)

성체(♂)

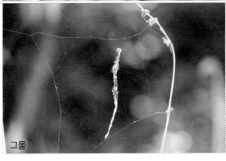
그물

외부생식기(우)

91. *Cyclosa okumae* Tanikawa, 1992
해안먼지거미 [J, K, Ru]
【학명】인명 okuma+e. 최초 채집자인 Dr. Chiyoko Okuma(Kyushu University)에서 유래했다.
【국명】해안에 서식한다는 뜻에서 유래했다. 실제로 백령도 해안 절벽과 바위틈 주변에서 채집해 등재한 종이다.

92. *Cyclosa omonaga* Tanikawa, 1992
섬먼지거미 [C, J, K, T]
【학명】omonaga: 일본어(おもなが)로 얼굴이 길다는 뜻이다. 섬먼지거미는 머리가슴이 길다(Tanikawa, A. 1992b: 22).
【국명】과거 학명과 주요 서식지에서 유래했다. 1989년 Chikuni가 *Cyclosa insulana* (Costa, 1834)로 등재했다가 Tanikawa가 지금 학명으로 등재하면서 바뀌었다.
*참고: insulánus [인술라누스] 섬에 사는, 섬나라의.

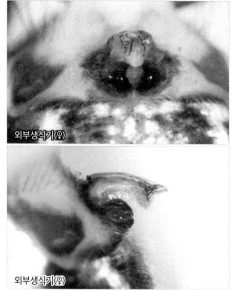
외부생식기(우)

외부생식기(우)

93. *Cyclosa sedeculata* Karsch, 1879
넷혹먼지거미 [C, J, K]
【학명】sedécŭla [세데쿨라] 작은 걸상. 유래는 전하지 않는다.
【국명】배 뒤 끝에 돌기가 4개인 데서 유래했다.

성체(우)

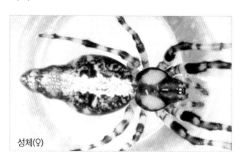
성체(우)

성체(우)

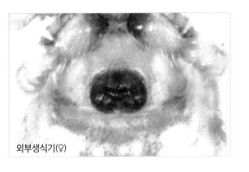

외부생식기(♀)

【국명】새똥거미 중 가장 대형인 데서 유래했다.

성체(♀)

94. *Cyclosa vallata* (Keyserling, 1886)
녹두먼지거미 [C, J, K, T to Au]

【학명】vallo [발로] 성채를 구축하다, 성벽으로 방어하다. vallata는 vallo의 분사형. 따뜻한 지방의 섬이나 해안의 초목, 풀숲 사이에 수평 또는 수직의 둥근 그물을 치고, 중앙에 먹이 찌꺼기, 알주머니, 그 밖에 부착물을 염주 모양으로 길게 달고 있다(남궁준, 2003: 304). 이러한 생태 습성을 성체를 구축한 것에 비유한 것으로 추정한다.

【국명】먹이 찌꺼기, 알주머니 등을 염주 모양으로 길게 달아 놓은 것을 녹두 꼬투리에 비유한 것으로 추정한다. 일본명과 중국명도 각각 マルゴミグモ(둥근쓰레기거미), 圓腹塵蛛(둥근배면지거미)로 그 뜻이 같다.

Cyrtarachne Thorell, 1868
새똥거미속

95. *Cyrtarachne akirai* Tanikawa, 2013
큰새똥거미 [C, J, K, T]

【학명】인명 akira+i. 새똥거미속 거미의 그물을 연구하던 Mr. Akira Shinkai에서 유래했다.

*참고: 2013년 이전에는 *Cyrtarachne inaequalis* Thorell 1895로 알려졌으나 암컷 생식기의 현수체 길이와 모양이 서로 다르다는 점을 들어 분리했다(Tanikawa, A. (2013b)).

96. *Cyrtarachne bufo* (Bösenberg & Strand, 1906)
민새똥거미 [C, J, K]

【학명】būfo [부포] 두꺼비. 거미 생김새가 새똥 같기도 하지만 웅크린 두꺼비 같기도 한 데서 유래한 것으로 추정한다.

【국명】큰새똥거미에 비해 어깨돌기가 크지 않고, 어깨돌기의 고리무늬 역시 완전하지 않은 데서 유래한 것으로 추정한다.

97. *Cyrtarachne nagasakiensis* Strand, 1918
거문새똥거미 [C, J, K]

【학명】지명 nagasaki+ensis. 최초 채집지인 일본 나가사키(nagasaki)에서 유래했다.

【국명】한국 최초 채집지인 거문도에서 유래했다. 어깨와 어깨를 잇는 띠무늬가 있어 '흰띠새똥거미'로 불리기도 했다.

98. *Cyrtarachne yunoharuensis* Strand, 1918
붉은새똥거미 [C, J, K]

【학명】지명 yunoharu+ensis. 최초 채집지인 일본 구마모토 현의 지명에서 유래했다.

【국명】전반적으로 몸 색깔이 붉은 데서 유래했다.

Gasteracantha Sundevall, 1833
가시거미속

99. Gasteracantha kuhli C. L. Koch, 1837
가시거미 [In to J, Ph]

【학명】인명 kühl+i. 독일 동물학자로 추정되는 Kühl에서 유래했다.

【국명】가시돌기가 배 양옆으로 2쌍, 뒤쪽으로 1쌍 나타나는 데서 유래했다.

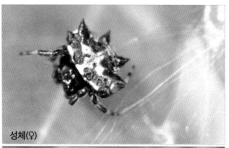

성체(♀)

그물

Gibbaranea Archer, 1951
혹왕거미속

100. Gibbaranea abscissa (Karsch, 1879)
층층왕거미 [C, J, K, Ru]

【학명】abscísus [압시수스] 잘라진, 절단된. 배 모양이 타원형이 아니라 배어깨 부분에서 앞쪽을 자른 것처럼 일(一)자인 데서 유래했다.

【국명】배는 황갈색으로 앞쪽에 가벼운 어깨돌기가 있고, 그 융기선 뒤쪽으로 잎사귀무늬가 계단식으로 층을 이루고 있어 특징이 된다(남궁준, 2003: 258). 즉 등면의 계단식 층에서 유래했다.

Hypsosinga Ausserer, 1871
높은애왕거미속

101. Hypsosinga pygmaea (Sundevall, 1831)
넉점애왕거미 [Ha]

【학명】pygmǽi [피그메이] 두루미와 싸워 멸망했다는 전설 속 왜인족(키가 35cm 가량이었다고 전해짐). 크기가 작은 데서 유래했다.

【국명】등면은 황백색 바탕에 검은 반점이 2쌍 있으나 성숙하면 전체가 갈색인 것, 중앙과 양 측면에 검은 줄무늬를 가지는 것 등 변이가 많다(남궁준, 2003: 284). 즉 학명과 마찬가지로 크기가 작고(애), 등면에 점이 4개(넉점)인 데서 유래했다.

102. Hypsosinga sanguinea (C. L. Koch, 1844)
산짜애왕거미 [Pa]

【학명】sánguǐno [상귀노] 피가 나다, 핏빛이 되다. 적갈색인 몸 색깔을 표현한 것이지만, 실제로는 색채 변이가 다양하게 나타난다.

【국명】외부생식기의 양 어깨가 말린 산(山)자인 데서 유래했다.

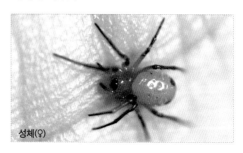

성체(♀)

성체(♂)

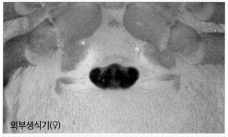
외부생식기(♀)

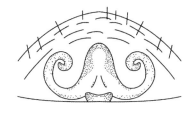
산 모양 외부생식기(♀)(남궁준, 2003: 285 참조)

수염기관(♂)

Larinia Simon, 1874
비금어리왕거미속

103. *Larinia onoi* Tanikawa, 1989
비금어리왕거미 [J, K]

【학명】인명 ono+i. Dr. Hirotsugu Ono(岸田久吉, 1888~1968)에서 유래했다.
【국명】비금도에서 채집한 데서 유래했다.

Lariniaria Grasshoff, 1970
어리호랑거미속

104. *Lariniaria argiopiformis* (Bösenberg & Strand, 1906)
어리호랑거미 [C, J, K, Ru]
【학명】argiope [아르기오페] 얼굴이 흰 여자, 호랑거미속+forma [포르마] 모양, 외견. 즉 머리가 슴등면이 흰 호랑거미속(*Argiope*)과 닮았다는 뜻이다.
【국명】학명과 마찬가지로 호랑거미를 닮은 데서 유래했다. '어리'는 비슷하다는 의미의 접두사이다.

Larinioides Caporiacco, 1934
기생왕거미속

105. *Larinioides cornutus* (Clerck, 1757)
기생왕거미 [Ha]
【학명】cornútus [코르누투스] 뿔이 있는, 뿔처럼 생긴. 길게 뻗은 수컷 수염기관의 중부돌기 (median apophysis)가 끝이 갈라진 뿔 모양인 데서 유래한 것으로 추측한다.
*참고: 기생왕거미속은 공통적으로 중부돌기가 발달했다. 실제로 기생왕거미속의 중부돌기는 한쪽은 아주 가늘고 다른 한쪽은 넓게 갈라져 뿔보다는 벙어리장갑처럼 보인다. 기생왕거미속의 종을 구별할 때 중부돌기 모양은 중요한 동정 요소가 된다. 기생왕거미의 중부돌기는 갈라진 끝

의 작은 뿔이 아주 가늘다.

【국명】주로 벼과 식물의 잎이나 줄기 끝에 기생하는 데서 유래한 것으로 추정한다.

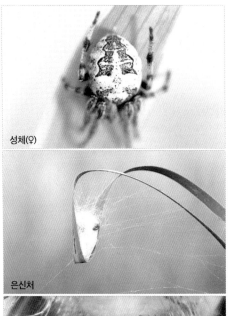

성체(♀)

은신처

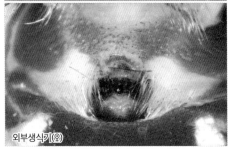

외부생식기(♀)

106. *Larinioides jalimovi* (Bakhvalov, 1981)
골목왕거미 [K, Ru]
 = *Larinioides sclopetarius* Namkung, 2002
【학명】인명 jalimov=Dzhalimov. 러시아인 Dzhalimov에서 유래했다.
【국명】건축물의 처마 밑이나 골목 담장, 교량, 때로는 물가, 초목 사이에서도 발견되나, 근래에는 감소 현상이 있는 듯하다(남궁준, 2003: 260). 즉 골목 어디에서나 볼 수 있는 흔한 왕거미인

데서 유래한 것으로 보인다.

*참고: 기존의 골목왕거미 *L. sclopetarius* (Clerck, 1757)는 기생왕거미 *L. cornutus* (Clerck, 1757)의 동종이명으로 처리되었다. 기생왕거미속의 다른 종과 달리 *L. jalimovi*는 암컷 외부생식기가 하트 모양이며, 벙어리장갑처럼 두 가닥으로 갈라진 중부돌기의 끝 중 넓은 뿔의 길이가 짧고, 좁은 뿔의 길이가 더 길다 (Šestáková, A., Marusik, Y. M. & Omelko, M. M., 2014 참조).

107. *Larinioides sericatus* Clerck, 1757
비단골목왕거미 [Nearctic and Western Pa]
 = *Larinioides sclopetarius* Kim & Kim, 2002
【학명】sericátus [세리카투스] 명주(비단) 옷을 입은. 배갑 무늬를 명주에 비유했다.
【국명】2012년도에 골목왕거미(*L. sclopetarius*)로 등재했던 것이 기존의 골목왕거미와는 다른 것으로 밝혀져 비단골목왕거미(*L. sericatus*)로 명명되었다. 비단골목왕거미의 수염기관 중부돌기의 넓은 뿔에는 작은 돌출부(spur)가 있다.

Mangora O. Pickard-Cambridge, 1889
귀털거미속

108. *Mangora crescopicta* Yin *et al.*, 1990
무당귀털거미 [C, K]
【학명】crēsco [크레스코] 무엇으로 변하다, 무엇이 되다+pictus [픽투스] 그려진, 여러 가지 빛깔로 장식된, 화려한. 즉 crescopictus는 무늬가 변한다는 뜻이다. 외부 자극에 따라 몸 색깔이 변하는 성질을 빗댄 것이다.
【국명】뒷다리에 귀털이 많이 돋아 귀털거미이

며, 미성숙체 시기에 무당거미 유체와 비슷해서
무당귀털거미로 명명되었다.

109. *Mangora herbeoides* (Bösenberg & Strand, 1906)
귀털거미 [C, J, K]
【학명】hérbĕo [에르베오] 풀이 나다, 풀밭이
되다. *Epeira herbea* (Thorell, 1890)를 닮은
(-oides) 데서 유래했다. 풀은 뒷다리의 귀털에
서 유래했다.
【국명】뒷다리에 귀털이 많은 데서 유래했다.

Neoscona Simon, 1864 어리왕거미속

110. *Neoscona adianta* (Walckenaer, 1802)
각시어리왕거미 [Pa]
【학명】adian'tum: 그리스어 adiantos로 a: 부
정+diantos: 젖은. 물에 젖지 않는다는 뜻으로,
식물 학명에 주로 쓰인다. 학명대로라면 각시어
리왕거미는 물이 튀어도 몸이 젖지 않는다는 의
미다.
【국명】거미의 예쁜 모습에서 유래한 것으로 추
정한다. 논문 저자인 Walckenaer(1771~1852)는
adianta의 어원에 대해서는 언급하지 않았다. 다
만 매우 예쁜 종(très-jolio espèce)이라고는 했으
며, 이는 국명과 잘 어울린다.

성체(♀)

111. *Neoscona holmi* (Schenkel, 1953)
들어리왕거미 [C, K]
　　= *Neoscona doenitzi* Kim, 1998a
【학명】인명 holm+i. Holm이라는 인물에 대한
기록은 없다.
【국명】들판에서 흔히 볼 수 있다는 뜻이다.
*참고: 들어리왕거미는 각시어리왕거미의 동
종이명으로 처리되었다(白·金 1994)가 *N.
doenizi*(1998년 당시의 들어리왕거미이자 현재
*N. holmi*의 동종이명)와 같은 종으로 다시 분리
되었다. Yaginuma는 각시어리왕거미는 들어리
왕거미(*N. doenitzi*)보다 훨씬 작고, 외부생식기
의 수직폭도 넓으며 외형이 전혀 다르다고 했다
(Kim, J. P., 1998a: 4).

112. *Neoscona mellotteei* (Simon, 1895)
점연두어리왕거미 [C, J, K, T]
【학명】인명 mellottée+i. 프랑스인 A. Mellottée
에서 유래했다.
【국명】암컷 생식기 현수체 양옆에 검은 점이 1
쌍 있는 데서 유래했다. 배가장자리에 검은 띠무
늬가 있어 검은테연두어리왕거미로도 불렸다.

성체(♀)

성체(♀)

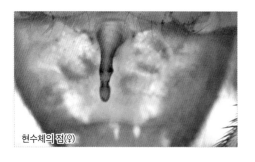
현수체의 점(♀)

외부생식기 측면(♀)

수염기관(♂)

113. *Neoscona multiplicans* (Chamberlin, 1924)
아기지이어리왕거미 [C, J, K]

【학명】multus [물투스] 많은+plĭco [플리코] 접다, 개키다, 포개다. multiplicare의 현재분사로 여러 겹이라는 뜻이다. 등면을 자세히 보면 마디가 있는 것처럼 등면을 가로지르는 고리무늬가 여러 겹 나타난다. 따라서 학명은 이 고리무늬에서 유래한 것으로 추정한다.

【국명】동종이명 처리된 과거 학명(*N. minorischlla* Yin *et al.* 1990)에서 유래했다. 아기(minor)+지이어리왕거미(*N. shcylla*).

114. *Neoscona nautica* (L. Koch, 1875)
집왕거미 [Circumtropical]

【학명】náutĭcus [나우티쿠스] 바다의, 항해의. 항해 중인 배나 해안 등에서 발견된 데서 유래했다. 영어명(Brown sailor spider)과도 뜻이 통하며, 그래서인지 범세계종(Circumtropical)이다.

【국명】인가 주변에서 쉽게 볼 수 있다는 뜻이다. 실제로 야간에 불 켜진 음식점이나 편의점, 지하주차장 입구 등에 집단으로 서식한다.

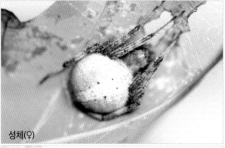
성체(♀)

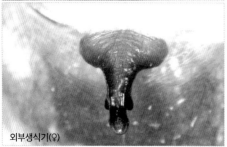
외부생식기(♀)

등면(♀)

은신처에 있는 모습

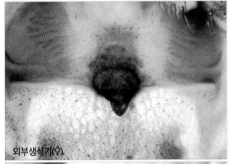

외부생식기(♀)

수염기관(♂)

115. *Neoscona pseudonautica* Yin *et al.*, 1990
어리집왕거미 [C, K]

【학명】 -pseudo: 닮은+집왕거미(*Neoscona nautica*). 집왕거미와 닮은 데서 유래했다.
【국명】 유래는 학명과 같다. 비슷하다는 뜻의 접두사 어리+집왕거미.

116. *Neoscona punctigera* (Doleschall, 1857)
적갈어리왕거미 [Réunion to J]

【학명】 púnctĭo [풍티오] 찌름, (벌 따위가) 쏨 +ger: 가진다+a. 몸 전체에 발달한 가시털에서 유래한 것으로 추정한다.
【국명】 몸이 적갈색인 데서 유래했다.

117. *Neoscona scylla* (Karsch ,1879)
지이어리왕거미 [C, J, K, Ru]

【학명】 scylla [스킬라] 그리스 신화에 나오는 바다 괴물.[12] 거미를 그 괴물에 비유한 것으로 추정한다.
【국명】 최초 채집지인 지리산(智異山, 지이산)에서 유래했다.

은신 중(♀)

은신 중(♀)

---

12) 스킬라는 오디세우스가 10년간의 트로이 전쟁을 마치고 집으로 돌아갈 때 메시나 해협 암벽에서 마주친 괴물이다. 허리 위는 여성의 모습이지만, 아래로는 개 여섯 마리가 붙어 있다. 원래 스킬라는 아름다운 바다 요정이었다. 바다의 신 글라우코스는 스킬라를 짝사랑하고 있었으나 마음을 얻지 못해 키르케를 찾아가 도움을 요청했다. 하지만 키르케는 남몰래 글라우코스를 짝사랑하고 있었기에 스킬라에게 질투와 분노를 느껴 스킬라가 목욕하는 곳에 약을 풀어 놓았다. 스킬라는 그곳에 몸을 담갔다가 하반신이 흉측한 모습으로 변하고 말았다.

수염기관(♂)

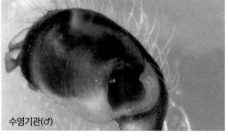

수염기관(♂)

118. *Neoscona scylloides* (Bösenberg & Strand, 1906)
연두어리왕거미 [C, J, K, T]
【학명】 scylla+oides: '스킬라'와 비슷하다는 뜻이다. 생식기가 지이어리왕거미(*N. scylla*)와 닮은 데서 유래했다.
【국명】 몸이 연두색인 데서 유래했다.

성체(♀)

성체(♂)

119. *Neoscona semilunaris* (Karsch, 1879)
삼각무늬왕거미 [C, J, K]
【학명】 semilunáris [세밀루나리스] 반달 모양의. 배 앞쪽에 있는 무늬를 반달에 비유한 것으로 추측한다.
【국명】 배 앞쪽에 있는 무늬를 삼각무늬로 본 데서 유래했다.

성체(♀)

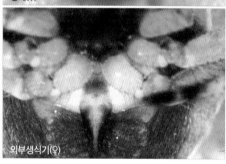

외부생식기(♀)

120. *Neoscona subpullata* (Bösenberg & Strand, 1906)
분왕거미 [C, J, K]
【학명】 -sub+*Epeira pullata* Thorell(이후 집왕거미의 동종이명으로 처리됨). 집왕거미와 닮았다는 뜻이다. pullátus [풀라투스] 상복을 입은, 때 묻은 옷을 입은. 등면의 희끗한 부분을 상복에 비유한 것으로 추정한다.
【국명】 등면에 나타나는 희끗한 부분을 얼굴에 바르는 분에 비유한 것으로 추측한다.

성체(♀)

외부생식기(♀)

외부생식기(♀)

수염기관(♂)

121. *Neoscona theisi* (Walckenaer, 1841)
석어리왕거미 [In, C to Pacific Is.]
【학명】인명 theis+i. 프랑스인 Theis에서 유래했다. 인물 정보는 불명확하다.
【국명】유래를 알 수 없다.

122. *Neoscona tianmenensis* Yin *et al.*, 1990
천문어리왕거미 [C, K]
【학명】지명 tianmen+ensis. 중국 후베이 성에 있는 톈먼(tianmen, 天門) 시를 의미한다. 톈먼산(천문산, 天門山)에서 채집된 데서 유래했다.
【국명】유래는 학명과 같다. 천문(天門)+어리왕거미.

Ordgarius Keyserling, 1886
뿔가시왕거미속

123. *Ordgarius sexspinosus* (Thorell, 1894)
여섯뿔가시거미 [In to J, Id]
【학명】sex [섹스] 여섯+spinósus [스피노수스] 가시 돋은. 가시가 6개인 데서 유래했다.
【국명】유래는 학명과 같다.

Paraplectana Brito Capello, 1867
점박이새똥거미속

124. *Paraplectana sakaguchii* Uyemura, 1938
주황흰점박이새똥거미 [C, J, K]
【학명】인명 sakaguchi+i. 1937년 오키나와에서 이 거미를 최초로 채집한 Soichiro Sakaguchi에서 유래했다.
【국명】주황색 몸 색깔과 흰색 점에서 유래했다.

성체(♀)

Plebs Joseph & Framenau, 2012
일벌왕거미속

125. *Plebs astridae* (Strand, 1917)
어깨왕거미 [C, J, K, T]
【학명】astrum [아스트룸] 천체, 별. astridae: 별의. 양 어깨가 뾰족하게 융기해 별 같은 데서 유래한 학명으로 추측한다.
【국명】발달한 어깨돌기에서 유래했다.

성체(♀)

126. *Plebs sachalinensis* (Saito, 1934)
북왕거미 [C, J, K, Ru]
【학명】지명 sachalin+ensis. 최초 채집지인 사할린(sachalin)에서 유래했다.
【국명】최초 채집지가 북방인 사할린인 데서 유래했다.

성체(♀)

127. *Plebs yebongsanensis* Kim, Ye & Lee, 2014
예봉산왕거미 [K]

【학명】지명 yebongsan+ensis. 최초 채집지인 예봉산(yebongsan)에서 유래했다.
【국명】유래는 학명과 같다.

Pronoides Schenkel, 1936 콩왕거미속

128. *Pronoides brunneus* Schenkel, 1936
콩왕거미 [C, J, K, Ru]
【학명】brunneus: 갈색. 몸이 전체적으로 갈색인 데서 유래한 것으로 보인다.
【국명】크기가 작은 데서 유래한 것으로 추정한다. 한때 *Pronous minutus* (Saito 1939)로 불린 적이 있었으나 *P. brunneus*의 동종이명으로 밝혀졌다.
*참고: minútus [미누투스] 작은.

Singa C. L. Koch, 1836 애왕거미속

129. *Singa hamata* (Clerck, 1757)
천짜애왕거미 [Pa]
【학명】hamátus [하마투스] 낚시 모양의, 갈고리 모양의. 등면 정중부 무늬에 살깃무늬가 나타나는데, 이것이 낚시 모양 같아 보여 붙은 것으로 추정한다.
【국명】등면의 흰 띠무늬에서 유래한 것으로 추정한다. 정중부의 띠무늬는 변이가 많다. 어떤 개체는 살깃무늬가 나타나고, 어떤 개체는 살깃무늬 없이 일(1)자 줄무늬만 나타나기도 한다. 배 양쪽 가장자리와 정중부의 흰색 일(1)자 줄무늬를 천(川)자에 비유한 것으로 추정한다. 높은 애왕거미속(*Hypsosinga*)의 산짜애왕거미와 명명 방식이 비슷하다.

Yaginumia Archer, 1960 그늘왕거미속

130. *Yaginumia sia* (Strand, 1906)
그늘왕거미 [C, J, K, T]

【학명】 sia: 히브리어로 아이 보는 사람이라는 뜻이다. 인명으로도 자주 쓰인다. 학명 유래는 전하지 않는다.

【국명】 인가의 처마 밑, 역 구내, 다리 난간 등에 둥근 그물을 치고 숨어 있다(남궁준, 2003: 305). 즉 그늘에 서식하는 생태 습성에서 유래한 것으로 추정한다. 중국명(黑頭鬼蛛)과 일본명(ズグロオニグモ, 頭黑鬼蜘蛛)은 머리가 검은 귀신거미라는 의미로 뜻이 같다. 국명도 거미의 어두운(黑) 색깔을 표현했다는 점에서 어느 정도 뜻이 통한다.

성체(♂)

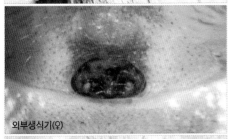
외부생식기(♀)

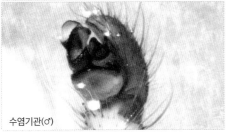
수염기관(♂)

Atypidae Thorell, 1870
땅거미과

Atypus Latreille, 1804 땅거미속

131. *Atypus coreanus* Kim, 1985
한국땅거미 [K]

【학명】 한국의(coreanus). 최초 채집지인 한국에서 유래했다.

【국명】 유래는 학명과 같다.

132. *Atypus magnus* Namkung, 1986
광릉땅거미 [K, Ru]

【학명】 magnus [마그누스] 큰, 대량의. 크기에서 유래한 것으로 추정한다. 땅거미는 몸길이가 18mm 내외까지 자라는 대형종이다.

【국명】 최초 채집지인 광릉에서 유래했다. 경기 북부 지역에 대량으로 서식한다.

성체(♀)

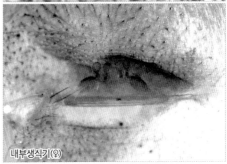
내부생식기(♀)

133. *Atypus minutus* Lee et al., 2015
정읍땅거미 [K]
【학명】 minútus [미누투스] 작은. 크기가 작은 데서 유래했다.
【국명】 최초 채집지인 정읍에서 유래했다.

134. *Atypus quelpartensis* Namkung, 2002
한라땅거미 [K]
【학명】 지명 quelpart+ensis. 최초 채집지인 제주도의 별칭(quelpart)에서 유래했다.
【국명】 제주도 한라산에서 유래했다.

135. *Atypus sternosulcus* Kim, Jung, Kim & Lee, 2006
안동땅거미 [K]
【학명】 sternum [스테르눔] 흉판, 복판+sulcus [술쿠스] 홈. 땅거미 종류는 대부분 가슴에 특유의 홈이 나타나며, 학명은 이러한 특성에서 유래했다.
【국명】 최초 채집지인 안동에서 유래했다.

136. *Atypus suwonensis* Kim, Jung, Kim & Lee, 2006
수원땅거미 [K]
【학명】 지명 suwon+ensis. 최초 채집지인 수원(suwon)에서 유래했다.
【국명】 유래는 학명과 같다.

Calommata Lucas, 1837 고운땅거미속

137. *Calommata signata* Karsch, 1879
고운땅거미 [C, J, K]
【학명】 signátus [시냐투스] 표시된. 어원 sīgnum [시그눔]은 점을 뜻하기도 한다. 등면의

밝은 점 또는 노란색 반원무늬에서 유래한 것으로 추정한다.
【국명】 모양, 생김새, 행동거지 따위가 산뜻하고 아름다운 데서 유래했다.

성체(우)

성체(우)

Clubionidae Wagner, 1887
염낭거미과

Clubiona Latreille, 1804 염낭거미속

138. *Clubiona bakurovi* Mikhailov, 1990
사할린염낭거미 [Ru, C, North K]
【학명】 인명 bakurov+i. 연구에 도움을 준 논문 저자의 제자 V. D. bakurov에서 유래했다.
【국명】 최초 채집지인 사할린에서 유래했다.

139. *Clubiona bandoi* Hayashi, 1995
소금강염낭거미 [J, K]
【학명】 인명 bando+i. 최초 채집자인 Mr.

Haruo Bando에서 유래했다.
【국명】한국 최초 채집지인 소금강에서 유래했다.

140. *Clubiona coreana* Paik, 1990
한국염낭거미 [C, K, Ru]
【학명】한국의(coreana). 최초 채집지인 한국에서 유래했다.
【국명】유래는 학명과 같다. 수컷은 공주시에서 채집했지만, 암컷은 황악산 등 여러 지역에 흔히 서식한다.

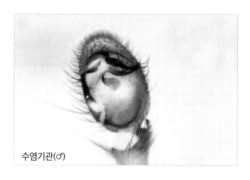
수염기관(♂)

141. *Clubiona corrugata* Bösenberg & Strand, 1906
주름염낭거미 [Ru, C, T, J, K, Tha]
【학명】corrúgo [코루고] 주름지게 하다, 쪼글쪼글하게 하다. 분사형으로 주름졌다는 뜻이다. 등면 주름에서 유래한 것으로 추정한다.
【국명】유래는 학명과 같다.

142. *Clubiona diversa* O. Pickard-Cambridge, 1862
천마염낭거미 [Pa]
【학명】diversa: 반대, 다름. 1862년 영국의 랭커셔(lancashire)에서 천마염낭거미를 처음 발견했을 때 *Clubiona trivialis* C. L. Koch, 1843으로 생각했으나, 수컷 수염기관 경절돌기 끝이 *C. trivialis*처럼 둥글지 않고 뾰족해 다른(diversa) 종으로 구별한 데서 유래했다.
【국명】한국 최초 채집지인 천마산(남양주)에서 유래했다.

143. *Clubiona haeinsensis* Paik, 1990
해인염낭거미 [C, J, K, Ru]
【학명】지명 haein+ensis. 최초 채집지인 해인사(haein)에서 유래했다.
【국명】유래는 학명과 같다.

성체(♀)

성체(♂)

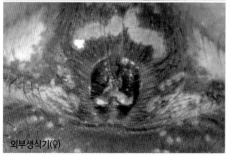
외부생식기(♀)

144. *Clubiona hummeli* Schenkel, 1936
중국염낭거미 [C, K, Ru]
【학명】인명 hummel+i. Dr. Dayicl Hummel(1927~1930)에서 유래했다.
【국명】최초 채집지인 중국에서 유래했다.

145. *Clubiona hwanghakensis* Paik, 1990
황학염낭거미 [K]
【학명】지명 hwanghak+ensis. 최초 채집지인 황학산(hwanghak)에서 유래했다.
【국명】유래는 학명과 같다.

146. *Clubiona irinae* Mikhailov, 1991
이리나염낭거미 [C, K, Ru]
【학명】인명 irinae+i. 논문 저자인 미하일로프(Mikhailov)의 부인 이름(Irina)에서 유했다.
【국명】유래는 학명과 같다. 이리나(Irina)+염낭거미.

147. *Clubiona japonica* L. Koch, 1878
왜염낭거미 [C, J, K, Ru, T]
【학명】일본의(japonica). 최초 채집지인 일본에서 유래했다.
【국명】일본의 다른 이름(왜)에서 유래했다.

148. *Clubiona japonicola* Bösenberg & Strand, 1906
노랑염낭거미 [Ru to Ph, Id]
【학명】일본의(japonica). 최초 채집지인 일본에서 유래했다.
【국명】담황색인 몸 색깔에서 유래했다.

성체(♀)

외부생식기(♀)

149. *Clubiona jucunda* (Karsch, 1879)
살깃염낭거미 [C, J, K, Ru, T]
【학명】jucúndus [유쿤두스] 유쾌한, 즐거운, 마음에 드는. 채집 당시 논문 저자의 기분에서 유래한 것으로 추정한다.
【국명】등면의 살깃무늬[13]에서 유래했다.

성체(♀)

---

13) 빗금(\ 또는 /)무늬, 팔(八)자무늬, 산(∧)무늬(chevorn) 등이 조합돼 화살 깃털과 같은 모양을 띠는 것을 '살깃무늬'라고 한다(공상호, 2013: 34).

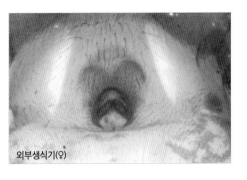

외부생식기(♀)

150. *Clubiona kasanensis* Paik 1990
가산염낭거미 [J, K]

【학명】 지명 kasan+ensis. 최초 채집지인 칠곡군 가산면(kasan)에서 유래했다.

【국명】 유래는 학명과 같다.

151. *Clubiona kimyongkii* Paik, 1990
김염낭거미 [C, K, Ru]

【학명】 인명 kimyongki+i. 채집자인 김용기 (Kim Yongki) 선생에서 유래했다. 채집지는 강원도 철원.

【국명】 유래는 학명과 같다.

152. *Clubiona komissarovi* Mikhailov, 1992
천진염낭거미 [Ru, North K]

【학명】 인명 komissarov+i. 논문 저자와 채집을 함께한 분자유전학자 Komissarov에서 유래했다.

【국명】 북한 함경도 청진 천마산(N Hamgyong Prov., Chonjin, Chonma Mt.)에서 채집된 데서 유래했다. 이 기록에서 Chonjin(천진)은 함경도 청진으로 추정한다.

153. *Clubiona kulczynskii* Lessert, 1905
양강염낭거미 [Ha]

【학명】 인명 kulczynski+i. 폴란드 거미학자 Władysław Jan KULCZYŃSKI (1854~1919)에서 유래했다.

【국명】 한반도에서는 백두산 양강 지역에서 최초로 수컷 1마리가 채집되었고, 국명은 여기서 유래했다.

154. *Clubiona kurilensis* Bösenberg & Strand, 1906
각시염낭거미 [Ru, C, T, J, K]

【학명】 지명 kuril+ensis. 최초 채집지인 쿠릴 (kuril)열도에서 유래했다.

【국명】 예쁜 생김새를 각시에 비유한 것에서 유래했다.

성체(♀)

성체(♂)

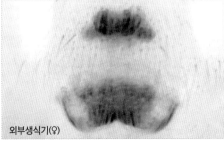

외부생식기(♀)

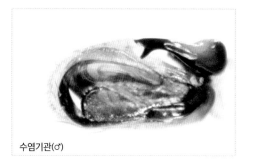

수염기관(♂)

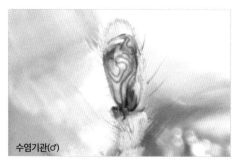

수염기관(♂)

155. *Clubiona lena* Bösenberg & Strand, 1906
솔개빛염낭거미 [C, J, K]
【학명】 lena: 하와이말로 노란색이라는 뜻이다. 몸 색깔에서 유래한 것으로 추정한다.
【국명】 몸 색깔이 솔개 빛인 데서 유래했다. 솔개 빛은 학명에 종종 쓰이는 단어로, 담적갈색을 뜻한다.

156. *Clubiona lutescens* Westring, 1851
갈색염낭거미 [Ha]
【학명】 lutescens: 황색으로 변한다는 뜻이다. 몸 색깔에서 유래했다.
【국명】 유래는 학명과 같다.

157. *Clubiona mandschurica* Schenkel, 1953
만주염낭거미 [C, J, K, Ru]
【학명】 만주의(mandschurica). 최초 채집지인 만주에서 유래했다.
【국명】 유래는 학명과 같다.

성체(♂)

158. *Clubiona mayumiae* Ono, 1993
북녘염낭거미 [J, K, Ru]
【학명】 인명 mayumi+ae. 논문 저자의 부인 이름(Mayumi)에서 유래했다.
【국명】 일본의 북쪽 지방인 홋카이도에서 최초로 발견된 것에서 유래했다.

159. *Clubiona microsapporensis* Mikhailov, 1990
함경염낭거미 [Ru, North K]
【학명】 micro: 작다는 뜻이다. 북방염낭거미 (*Clubiona sapporensis* Hayashi, 1986)보다 작은 데서 유래했다.
【국명】 한반도 최초 채집지인 함경도 경상(N Hamgyong Prov., Kyongsang)에서 유래했다.

160. *Clubiona neglectoides* Bösenberg & Strand, 1906
공산염낭거미 [C, J, K]
【학명】 negléctus [네글렉투스] 부주의, 소홀, 태만. *Clubiona neglecta* O. Pickard-Cambridge, 1862와 닮았다(-ides)는 뜻에서 유래했다. negléctus는 최초의 거미 *Clubiona neglecta* O. Pickard-Cambridge, 1862와 관련이 있을 뿐이므로 별 의미는 없다.
【국명】 한국 최초 채집지인 팔공산의 옛 이름

(공산)에서 유래했다.

불렸다.

161. *Clubiona odesanensis* Paik, 1990
오대산염낭거미 [C, K, Ru]

【학명】지명 odesan+ensis. 최초 채집지인 오대산(odesan)에서 유래했다.

【국명】유래는 학명과 같다.

162. *Clubiona orientalis* Mikhailov, 1995
금강산염낭거미 [North K]

【학명】동양에서 나는(orientalis). 최초 채집지인 금강산을 동양으로 본 데서 유래했다.

【국명】한반도 최초 채집지인 금강산에서 유래했다.

163. *Clubiona papillata* Schenkel, 1936
월정염낭거미 [C, K, Ru]

【학명】papillátus [파필라투스] 젖꼭지 모양의. 외부생식기 아래 부분이 위바깥홈 방향으로 돌출한 데서 유래했다.

【국명】과거 학명에서 유래했다. 처음에는 오대산 월정사에서 채집되어 *C. wolchongwensis* Paik 1990으로 등록되었다. 이후 *C. papillata*의 동종이명으로 처리되었지만 국명은 그대로 남았다.

164. *Clubiona paralena* Mikhailov, 1995
묘향염낭거미 [North K]

【학명】para-: 다른+lena(솔개빛염낭거미 *C. lena* Bösenberg & Strand, 1906). 솔개빛염낭거미에 비해 경절돌기가 좀 더 짧고, 지시기가 더 길다. 즉 학명은 솔개빛염낭거미와 다르다는 뜻이다.

【국명】최초 채집지인 묘향산 근처의 금강굴에서 유래했다. 이 때문에 금강염낭거미로도

165. *Clubiona phragmitis* C. L. Koch, 1843
늪염낭거미 [Pa]

【학명】phragmitis: 그리스어 phragma(울타리)에서 유래했다. 갈대(*Phragmites communis*)의 속명과 일치하며, 학명은 서식처에서 유래했다. *참고: *Phragmites*는 그리스명의 'phragma(울타리)'로 냇가에서 울타리 모양으로 자라는 데서 유래했다(하순혜, 2006).

【국명】주요 서식지에서 유래했다.

166. *Clubiona propinqua* L. Koch, 1879
쌍궁염낭거미 [Ru, North K]

【학명】propínquus [프로핀쿠우스] 가까운, 인근의. 같은 속인 *Clubiona pallidula* (Clerck, 1757)과 닮았다는 의미에서 유래했다.

【국명】지금의 강동염낭거미(*C. pseudogermanica*) 암컷 외부생식기가 쌍궁(雙弓) 모양으로 보이는 데서 유래한 것으로 추정한다. 최초(1990)에 쌍궁염낭거미는 *C. hummeli* Schenkel 1937에 부여된 국명이었지만, 이후(1987) 버들염낭거미(*C. salictum*)로 동종이명 처리되었다. 그리고 지금은 강동염낭거미(*C. pseudogermanica*)의 동종이명으로 분류되었다. 쌍궁염낭거미는 북한의 묘향산 인근 강둑에서 채집되었다.

167. *Clubiona proszynskii* Mikhailov, 1995
평양염낭거미 [North K]

【학명】인명 proszynski+i. 거미학자인 Jerzy Proszynski에서 유래했다.

【국명】한반도 최초 채집지인 평양시 소재의 왕릉에서 발견된 데서 유래했다.

168. *Clubiona pseudogermanica* Schenkel, 1936
강동염낭거미 [C, J, K, Ru]

【학명】 pseudo- [프세우도] 위(僞), 가(假)라는 뜻의 접두사+*C. germanica* Thorell, 1871. 즉 학명은 *C. germanica* Thorell, 1871과 비슷한 데서 유래했다.

【국명】 쌍궁염낭거미(*C. propinqua*)의 한국 최초 채집지인 경북 월성군 강동면에서 유래했다. 처음에는 가로수인 버드나무 잠복소(潛伏巢)에서 떼 지어 월동하는 모습에서 버들염낭거미(*C. salictum*)로 등록했다(1987년)가, 1990년 백갑용 선생이 강동염낭거미(*C. propinqua*)로 새롭게 명명했다. 그러나 현재는 *C. pseudogermanica*의 동종이명으로 처리되었으며 *C. propinqua*는 쌍궁염낭거미로 국명이 달라졌다. 결과적으로 강동염낭거미(*C. pseudogermanica*)의 국명은 지금의 쌍궁염낭거미(*C. propinqua*) 최초 채집지에서 유래했다.

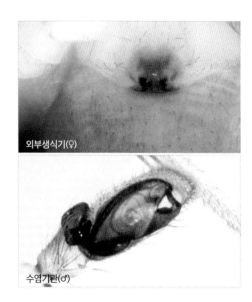
외부생식기(♀)

수염기관(♂)

169. *Clubiona rostrata* Paik, 1985
부리염낭거미 [C, J, K, Ru]

【학명】 rostrátus [로스트라투스] 부리 모양으로 굽은. 암컷 외부생식기가 부리 모양으로 굽은 데서 유래했다.

【국명】 유래는 학명과 같다.

성체(♀)

성체(♂)

성체(♀)

성체(♂)

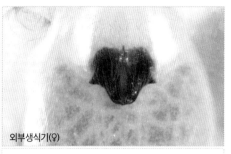
외부생식기(♀)

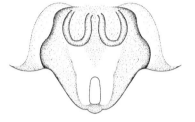
부리 모양 외부생식기(♀)(Paik, K. Y. (1985b): 10 참조)

수염기관(♂)

170. *Clubiona sapporensis* Hayashi, 1986
북방염낭거미 [J, K, Ru]

【학명】 지명 sappor+ensis. 일본 삿포로 (sappor)에 서식하는 데서 유래했다.

【국명】 일본의 삿포로, 북한, 시베리아 등 북방에 서식하는 데서 유래했다.

171. *Clubiona sopaikensis* Paik, 1990
소백염낭거미 [K, Ru]

【학명】 지명 sopaik+ensis. 최초 채집지인 소백산(sopaik)에서 유래했다.

【국명】 유래는 학명과 같다.

172. *Clubiona subtilis* L. Koch, 1867
표주박염낭거미 [Pa]

【학명】 subtílis [숩틸리스] 가늘게 짠, 섬세한, 품위 있는. 가늘게 짠 거미 그물에서 유래한 것으로 추정한다.

【국명】 암컷 외부생식기 모양에서 유래한 것으로 추정한다.

173. *Clubiona venusta* Paik, 1985
예쁜이염낭거미 [C, K]

【학명】 venústus [베누스투스] 매력 있는, 어여쁜, 고운. 생김새가 예쁜 데서 유래했다.

【국명】 유래는 학명과 같다.

174. *Clubiona vigil* Karsch, 1879
붉은가슴염낭거미 [J, K, Ru]

【학명】 vīgil [비질] 잠자지 않는, 깨어 있는. 채집 당시 겨울잠을 자지 않고 깨어 있던 모습에서 유래한 것으로 추정한다.

【국명】 적갈색 가슴판에서 유래했다.

175. *Clubiona zacharovi* Mikhailov, 1991
보광염낭거미 [K, Ru]

【학명】 인명 zacharov+i. 채집자인 곤충학자 Boris P. Zacharov에서 유래했다.

【국명】 한국 최초 채집지인 경기 가평군 명지산 보광사에서 유래한다.

Corinnidae Karsch, 1880
코리나거미과

Castianeira **Keyserling, 1879**
나나니거미속

176. *Castianeira shaxianensis* Gong, 1983
대륙나나니거미 [C, J, K]
【학명】 지명 shaxian+ensis. 최초 채집지인 중국 사현(shaxian)에서 유래했다.
【국명】 최초 채집지인 중국의 다른 이름(대륙)에서 유래했다. 과거에는 황띠나나니거미(*C. flavimaculata*)로도 불렸으나 대륙나나니거미의 동종이명으로 밝혀졌다.

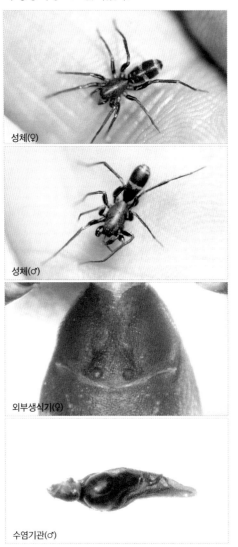

성체(♀)

성체(♂)

외부생식기(♀)

수염기관(♂)

Ctenidae Keyserling, 1877
너구리거미과

Anahita Karsch, 1879 너구리거미속

177. *Anahita fauna* Karsch, 1879
너구리거미 [C, J, K, Ru]
【학명】 유래는 전하지 않는다.[14]
【국명】 논문 저자인 백갑용 선생의 직관에 따른 단순 비유로 추측한다. 백갑용 선생은 1978년 『한국동식물도감』에서 너구리거미과, 오소리거미과 등과 같이 포유동물에 빗댄 거미 명칭을 새롭게 발표했다.
*참고: 대만과 중국에서는 각각 梳足蛛와 黃豹櫛蛛와 같이 너구리거미 앞다리에 줄지어 선 가시털을 빗에 비유했다.

성체(♀)

성체(♂)

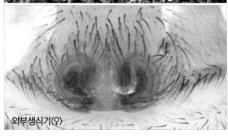

외부생식기(♀)

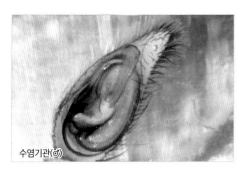

수염기관(♂)

178. *Anahita samplexa* Yin, Tang & Gong, 2000
망사너구리거미 [C, K]

【학명】유래는 전하지 않는다. 다만 samplex는 언어유희로 추정한다. samplex=simplex [심플렉스] 단순한. 너구리거미(*A. fauna*)보다 생식기 내부의 정낭이나 수정관이 훨씬 단순하다. 망사너구리거미의 중국명(簡安蛛)도 단순하다는 뜻이다.

【국명】등면의 빗금무늬에서 유래한 것으로 추정한다.

Cybaeidae Banks, 1892
굴뚝거미과

Argyroneta Latreille, 1804 물거미속

179. *Argyroneta aquatica* (Clerck, 1757)
물거미 [Pa]

【학명】ăquátĭcus [아콰티쿠스] 물속이나 물 주

위에 사는, 물에서 나는. 물속에서 생활하며 겨울에는 물 밖으로 나와 주변에서 동면하는 생태 습성에서 유래했다.

【국명】유래는 학명과 같다.

Cybaeus L. Koch, 1868 굴뚝거미속[15]

180. *Cybaeus aratrum* Kim & Kim, 2008
쟁기굴뚝거미 [K]

【학명】ărátrum [아라트룸] 쟁기. 수컷 수염기관의 지시기(conductor)가 쟁기의 보습처럼 뒤틀린 데서 유래했다.

【국명】유래는 학명과 같다.

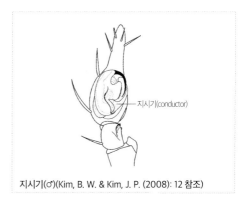

지시기(conductor)

지시기(♂)(Kim, B. W. & Kim, J. P. (2008): 12 참조)

181. *Cybaeus cappa* Kim, Ye & Yoo, 2014
모자굴뚝거미 [K]

【학명】cappa [카파] 두건, 모자. 암컷 외부생식기가 모자처럼 생긴 데서 유래했다.

【국명】유래는 학명과 같다.

---

14) 종명에 쓰인 파우나(fauna)는 로마 신화에 등장하는 여신으로 헤라클레스와의 사이에서 라티누스를 낳았다고 전해진다. 5세기 무렵 로마 작가인 마크로비오스(Macrobius)는 파우나 여신의 이름이 호의를 뜻하는 파베오(faveo)나 양육을 뜻하는 파베레(favere)에서 비롯했다고 보았다. 파우나 여신은 모든 생명을 보살피고 양육하는 좋은 여신으로 여겨졌기 때문이다.

15) 와이(Y)자 굴을 만들어 위 양쪽에 입구를 내고 아래에 몸을 숨긴다. 이때 와이(Y)자 굴을 굴뚝 모양으로 본 데서 유래한다.

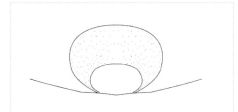

지시기(♀)(Kim, J. P., Ye, S. H. & Yoo, H. S. (2014): 141 참조)

성체(♂)

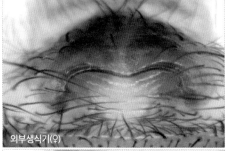

외부생식기(♀)

182. *Cybaeus longus* Paik, 1966
왕굴뚝거미 [K]

【학명】longus [롱구스] 기다란. 몸이 매우 긴데서 유래했다. 논문 저자에 따르면 일본의 *Cybaeus magnus* Yaginuma, 1958과 비슷한 크기이며, 외부생식기 모양은 다르다.
【국명】유래는 학명과 같다.

183. *Cybaeus mosanensis* Paik & Namkung, 1967
모산굴뚝거미 [K]

【학명】지명 mosan+ensis. 최초 채집지인 경북 문경시 모산굴(mosan)에서 유래했다.
【국명】유래는 학명과 같다. 1966년 암컷만 채집해 각시굴뚝거미(*C. nipponicus*)로 최초 등재했으나, 1977년 모산굴에서 채집한 수컷을 확인해 본 결과 *C. nipponicus*와 다른 종으로 밝혀져 모산굴뚝거미로 명명되었다.

성체(♀)

수염기관(♂)

184. *Cybaeus nodongensis* Kim, Sung & Chae, 2012
노동굴뚝거미 [K]

【학명】지명 nodong+ensis. 최초 채집지인 강원 평창군 용평면 노동리(nodong)에서 유래했다.
【국명】유래는 학명과 같다.

185. *Cybaeus triangulus* Paik, 1966
삼각굴뚝거미 [K]

【학명】triángŭlus [트리앙굴루스] 삼각의, 세모

진. 암컷 외부생식기의 생식구가 삼각형인 데서 유래했다.
【국명】유래는 학명과 같다.

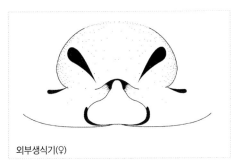
외부생식기(♀)

186. *Cybaeus whanseunensis* Paik & Namkung, 1967
환선굴뚝거미 [K]
【학명】지명 whanseun+ensis. 최초 채집지인 강원 삼척시 신기면 환선굴(whanseun)에서 유래했다.
【국명】유래는 학명과 같다.

Desidae Pocock, 1895 갯가게거미과

Paratheuma Bryant, 1940 갯가게거미속

187. *Paratheuma shirahamaensis* (Oi, 1960)
갯가게거미 [J, K]
【학명】지명 shirahama+ensis. 최초 채집지인 일본 와카야마현 시라하마(shirahama)에서 유래했다.
【국명】바닷가 바위틈에서 그물을 치고 생활하는 데서 유래했다. 한국 최초 채집지는 울릉도다.

Dictynidae O. Pickard-Cambridge, 1871 잎거미과

Blabomma Chamberlin & Ivie, 1937 굴잎거미속

188. *Blabomma uenoi* Paik & Yaginuma, 1969
굴잎거미 [K]
【학명】인명 ueno+i. S. Ueno에서 유래했으나 논문에는 인물 정보가 없다.
【국명】거미를 굴(용연굴)에서 채집한 데서 유래했다.

Brommella Tullgren, 1948 칠보잎거미속

189. *Brommella punctosparsa* (Oi, 1957)
칠보잎거미 [C, J, K]
【학명】punctus [풍투스] 점+sparsus [스파르수스] (여기저기) 뿌려진, 흩어진, 퍼진. 등면에 검은 점이 많은 데서 유래한다.
【국명】등면에 여러 겹으로 있는 기하학적 줄무늬가 칠보무늬인 데서 유래한다.

Cicurina Menge, 1871 두더지거미속

190. *Cicurina japonica* (Simon, 1886)
두더지거미 [J(Eur, introduced), K]
【학명】일본의(japonica). 최초 채집지인 일본에서 유래했다.
【국명】단순 비유이거나 굴에서 많이 채집된 데서 유래한 것으로 추정한다.

*참고: 일본명(コタナグモ)은 작은 가게거미라는 뜻이다.

191. *Cicurina kimyongkii* Paik, 1970
금두더지거미 [K]

【학명】인명 kimyongki+i. 최초 채집자인 김용기 선생에서 유래했다.

【국명】황갈색(일종의 금색)인 등면 색깔과 김용기 선생의 성씨에서 유래한 것으로 추정한다.

192. *Cicurina phaselus* Paik, 1970
콩두더지거미 [K]

【학명】phasél(l)us [파셀루스] 완두콩, 강낭콩, 콩. 외부생식기가 완두콩 모양인 데서 유래했다.

【국명】유래는 학명과 같다.

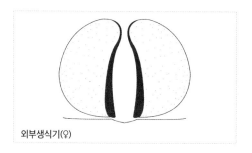

외부생식기(♀)

Dictyna Sundevall, 1833 잎거미속[16)]

193. *Dictyna arundinacea* Linnaeus, 1758
갈대잎거미 [Ha]

【학명】arundináceus [아룬디나케우스] 갈대와 같은. 갈대에 서식하는 데서 유래한 것으로 추정한다.

【국명】주요 서식처에서 유래했다.

194. *Dictyna felis* Bösenberg & Strand, 1906
잎거미 [C, J, K, Ru]

【학명】felis: 고양이. 거미를 고양이에 비유한 것에서 유래한 것으로 추정한다.

*참고: 일본명(ネコハグモ)도 고양이(ネコ)+잎(ハ)+거미(グモ)이다.

【국명】주로 잎에서 생활하는 데서 유래했다.

195. *Dictyna foliicola* Bösenberg & Strand, 1906
아기잎거미 [C, J, K, Ru]

【학명】fólĭum [폴리움] 잎+cola: ~에 사는. 잎에 사는 거미라는 뜻으로 생태 습성에서 유래했다.

【국명】잎거미(*D. felis*)에 비해 작다는 뜻에서 유래했다.

Lathys Simon, 1884 마른잎거미속[17)]

196. *Lathys dihamata* Paik, 1979
쌍갈퀴마른잎거미 [J, K]

【학명】di: 2+hamátus [하마투스] 낚시 모양의, 갈고리 모양의. 수컷 더듬이다리의 종아리마디에 갈퀴 모양 돌기가 2개인 데서 유래했다.

【국명】유래는 학명과 같다.

갈퀴 모양 돌기(♂)(Paik, K. Y. (1979b): 13 참조)

---

16) 잎거미는 활엽수 잎사귀 위 등에 작은 천막 모양의 집을 짓고 그 밑에 숨어 산다(남궁준, 2003: 382).

17) 잎거미속과 달리 낙엽 층과 같은 마른 잎 밑에서도 서식해 붙인 이름이다.

197. *Lathys maculosa* (Karsch, 1879)
마른잎거미 [J, K]
【학명】maculósus [마쿨로수스] 얼룩덜룩한, 반점이 많은. 등면에 얼룩덜룩한 반점이 많은 데서 유래했다.
【국명】주로 낙엽 층과 같은 마른 잎 밑에서 서식하는 것에서 유래했다.

198. *Lathys sexoculata* Seo & Sohn, 1984
육눈이마른잎거미 [J, K]
【학명】sex [섹스] 여섯+óculus [오쿨루스] 눈(眼). 눈이 6개인 데서 유래했다.
【국명】유래는 학명과 같다.

199. *Lathys stigmatisata* (Menge, 1869)
공산마른잎거미 [Pa]
【학명】stigmátïas [스티그마티아스] (어깨에) 낙인찍힌 노예. stigmatisata는 낙인이 찍혔다는 뜻이다. 등면에 흰색 반점이 많은 데서 유래한 것으로 추정한다.
【국명】최초 채집지인 팔공산의 옛 이름(공산)에서 유래했다.

Sudesna Lehtinen, 1967 흰잎거미속

200. *Sudesna hedini* (Schenkel, 1936)
흰잎거미 [C, K]
【학명】인명 hedin+i. 스웨덴 지리학자이자 탐험가인 Sven Anders Hedin(1865~1952)에서 유래한 것으로 추정한다. Hedin은 중앙아시아, 러시아, 중국, 일본 등을 여행했다.
【국명】흰색 배와 머리가슴 가장자리의 흰 띠 그리고 주요 서식처에서 유래했다.

Dysderidae C. L. Koch, 1837
돼지거미과

Dysdera Latreille, 1804 돼지거미속

201. *Dysdera crocata* C. L. Koch, 1838
돼지거미 [Co]
【학명】crŏcus [크로쿠스] 사프란, 사프란 빛. 사프란 빛이 난다는 의미로, 몸이 진한 오렌지색인 데서 유래한 것으로 보인다.
【국명】일본명(イノシシグモ, 멧돼지거미) 영향을 받은 것으로 추정한다.

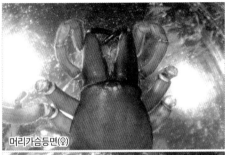
머리가슴등면(♀)

머리가슴배면(♀)

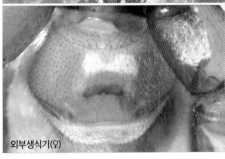
외부생식기(♀)

Eresidae C. L. Koch, 1845
주홍거미과

Eresus Walckenaer, 1805 주홍거미속

202. *Eresus kollari* Rossi, 1846
주홍거미 [Eur to C-Asia, C, K]
【학명】인명 kollar+i. 오스트리아 곤충학자인 Vincenz Kollar(1797~1860)에서 유래했다.
【국명】수컷 몸 색깔에서 유래했다. 수컷은 성체가 되면 몸 색깔이 암회색에서 주홍색으로 변한다.

성체(♀)

성체(♂)

수염기관(♂)

Eutichuridae Lehtinen, 1967
장다리염낭거미과

Cheiracanthium C. L. Koch, 1839
어리염낭거미속

203. *Cheiracanthium brevispinum* Song, Feng & Shang, 1982
짧은가시어리염낭거미 [C, K]
【학명】brĕvis [브레비스] 짧은+spīnus [스피누스] 가시. 온몸에 짧은 털이 덥수룩한 데서 유래했다.
【국명】유래는 학명과 같다.

204. *Cheiracanthium erraticum* (Walckenaer, 1802)
북방어리염낭거미 [Pa]
【학명】errátĭcus [에라티쿠스] 방랑하는, 떠도는. 숲을 배회하는 모습에서 유래한 것으로 추정한다.
【국명】북쪽 지방에 해당하는 구북구에 서식하는 데서 유래했다.

205. *Cheiracanthium japonicum* Bösenberg & Strand, 1906
애어리염낭거미 [C, J, K]
【학명】일본의(japonicum). 최초 채집지인 일본에서 유래했다.
【국명】일본명(樺黃小町蜘蛛)의 '小'에서 영향을 받았거나, 산실을 나와 흩어지기 전에 애거미가 어미를 먹고 성장하는 생태 습성에서 유래한 것으로 추정한다. 보통 '애' 혹은 '아기'는 같은 속의 다른 종에 비해 크기가 작은 종에 붙지만, 애어리염낭거미는 크기도 크고 독성도 강하다.

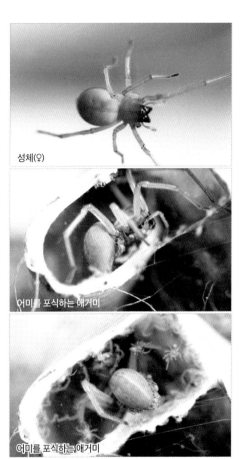

성체(♀)

어미를 포식하는 애거미

어미를 포식하는 애거미

206. *Cheiracanthium lascivum* Karsch, 1879
큰머리장수염낭거미 [C, J, K, Ru]

【학명】lascívus [라시부스] 명랑한, 흥겨워하는, 뛰노는. 채집 당시 거미의 행동에서 유래한 것으로 추정한다.

*참고: 중국명(活潑紅螯蛛)에 포함된 '活潑'도 학명과 뜻이 같다.

【국명】전체적으로 크기가 크며(장수), 머리가 슴부가 상대적으로 큰 데서 유래했다.

207. *Cheiracanthium taegense* Paik, 1990
대구어리염낭거미 [C, K]

【학명】지명 taegu+ense. 최초 채집지인 대구(taegu)에서 유래했다.

【국명】유래는 학명과 같다.

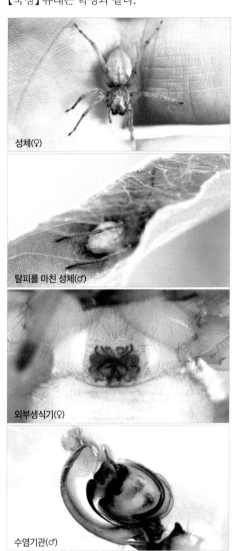

성체(♀)

탈피를 마친 성체(♂)

외부생식기(♀)

수염기관(♂)

208. *Cheiracanthium uncinatum* Paik, 1985
갈퀴혹어리염낭거미 [C, K]

【학명】uncinátus [웅치나투스] 안으로 굽은, 갈고리 모양으로 된. 엄니 끝부분 바깥쪽 측면에

갈퀴 모양 혹이 있는 데서 유래했다.
【국명】유래는 학명과 같다.

성체(♀)

성체(♂)

외부생식기(♀)

수염기관(♂)

209. *Cheiracanthium unicum* Bösenberg & Strand, 1906
긴어리염낭거미 [C, J, K, La]
【학명】únĭcum [우니쿰] 유일. 최초 채집 당시 수컷 한 마리만 채집한 데서 유래한 것으로 추정한다.
【국명】첫째다리가 매우 긴 데서 유래했다.

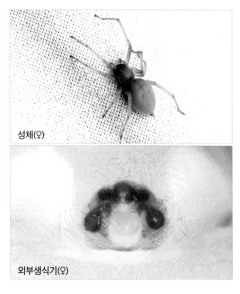

성체(♀)

외부생식기(♀)

210. *Cheiracanthium zhejiangense* Hu & Song, 1982
중국어리염낭거미 [C, K]
【학명】지명 zhejiang+ensis. 최초 채집지인 중국 저장(zhejiang) 성에서 유래했다.
【국명】최초 채집지인 중국에서 유래했다.

Gnaphosidae Pocock, 1898
수리거미과

Callilepis Westring, 1874 도끼거미속

211. *Callilepis schuszteri* (Herman, 1879)
쌍별도끼거미 [Pa]
【학명】인명 schuszter+i. Schuszter에서 유래했으나, 논문에는 인물 정보가 없다.

【국명】 등면 중앙에 흰색 무늬가 1쌍 있는 데서 유래했다. 가끔 흰색 무늬 1쌍이 서로 붙어 일 (一)자로 나타나기도 한다.

성체(♀)

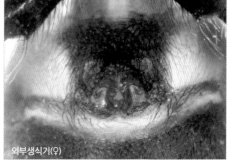

외부생식기(♀)

Cladothela[18] **Kishida, 1928**
갈래꼭지거미속

212. *Cladothela oculinotata* (Bösenberg & Strand, 1906)
흑갈래꼭지거미 [C, J, K]
【학명】 óculus [오쿨루스] 눈(眼)+nŏto [노토] 표시를 하다. 학명은 보기에 따라 외부생식기가 눈(oculus) 모양, 표식(noto)으로 보인다는 뜻에서 유래했다(백갑용 1992e).
【국명】 거미의 흑갈색 몸 색에서 유래했다.

외부생식기(♀)(Kamura, T. (2009): 489 참조)

213. *Cladothela tortiembola* Paik, 1992
나사갈래꼭지거미 [K]
【학명】 tórtĭo [토르티오] 비트는 것+émbŏlus [엠볼루스] 색전물, 삽입물, 피스톤. 거미 중에는 삽입기(embolus)가 회전해(tortio) 꼬여 있기도 한데 나사갈래꼭지거미는 이 부분을 이름에 반영했다(백갑용 1992).
【국명】 삽입기가 나사처럼 회전한다는 의미로, 학명과 유래가 같다.

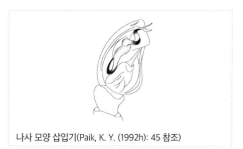

나사 모양 삽입기(Paik, K. Y. (1992h): 45 참조)

Coreodrassus **Paik, 1984**
한국수리거미속

214. *Coreodrassus lancearius* (Simon, 1893)
한국수리거미 [Ka, C, J, K]
【학명】 lanceárĭus [랑케아리우스] 창기병. 수컷 더듬이다리의 기다란 경절돌기에서 유래한 것

---

18) clado: 가지+thele: 젖꼭지. 가운데실젖이 분기된 데서 유래했다(백갑용 1992e).

으로 추정한다.

【국명】 한국수리거미의 최초 학명(*C. coreanus* Paik, 1984)에서 유래했으나, 이후 *C. lancearius* 의 동종이명으로 밝혀지면서 국명만 남았다.

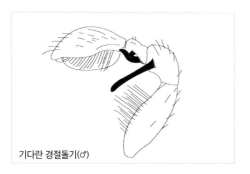

기다란 경절돌기(♂)

Drassodes Westring, 1851 수리거미속

215. *Drassodes lapidosus* (Walckenaer, 1802)
부용수리거미 [Pa]

【학명】 lapidósus [라피도수스] 돌이 많은. 영어명(Stone spider)에서도 알 수 있듯이 서식지 환경에서 유래했다.

【국명】 지명(부용산)에서 유래한 것으로 추정되지만, 구체적인 내용은 전하지 않는다.

216. *Drassodes serratidens* Schenkel, 1963
톱수리거미 [C, J, K, Ru]

【학명】 serrátus [세라투스] 톱날 같은, 톱니가 있는+dens [덴스] 이빨. 수컷 더듬이다리 종아리마디의 돌기 말단부가 톱니 모양인 데서 유래했다.

【국명】 유래는 학명과 같다.

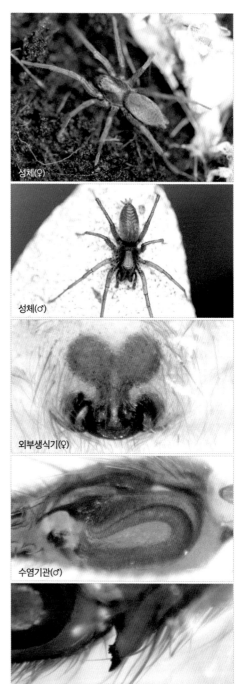

성체(♀)

성체(♂)

외부생식기(♀)

수염기관(♂)

톱니 모양 경절돌기 말단부(♂)

217. *Drassodes taehadongensis* Paik, 1995
태하동수리거미 [K]
【학명】지명 taehadong+ensis. 최초 채집지인
울릉도 태하동(taehadong)에서 유래했다.
【국명】유래는 국명과 같다.

Drassyllus Chamberlin, 1922
참매거미속[19]

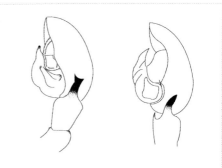

절두참매거미 절두형 말단돌기(왼쪽), 쌍방울참매거미
말단돌기(남궁준, 2003 참조)

218. *Drassyllus biglobus* Paik, 1986
쌍방울참매거미 [K, Ru]
= *Drassyllus truncatus* Paik, 1992i
【학명】bïs [비스] 두 번, 둘+globósus [글로보수
스] 구형의, 둥근. 암컷 외부생식기의 수정낭이
쌍방울을 닮은 데서 유래했다.
【국명】유래는 학명과 같다.
*참고: 수컷 더듬이다리의 종아리마디 돌기의
말단부가 일(一)자인 절단형(truncatus)이라 한
때 절두참매거미(*D. truncatus*)로 불렸으나 *D. biglobus*의 동종이명으로 처리되었다.

219. *Drassyllus coreanus* Paik, 1986
고려참매거미 [C, K]
【학명】한국의(coreanus). 최초 채집지인 한국
에서 유래했다.
【국명】한국의 옛 이름(고려)에서 유래했다.

220. *Drassyllus sanmenensis* Platnick &
Song, 1986
삼문참매거미 [C, J, K, Ru]
【학명】지명 sanmen+ensis. 최초 채집지인 중
국 싼먼(sanmen, 三門, 삼문)에서 유래했다.
【국명】유래는 학명과 같다.

221. *Drassyllus sasakawai* Kamura, 1987
뇌참매거미 [J, K]
【학명】인명 sasakawa+i. Dr. Mitsuhiro
Sasakawa에서 유래했으나, 논문에 인물 정보는
없다.
【국명】주요 서식처(산지)에서 유래했다.

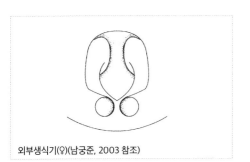

외부생식기(♀)(남궁준, 2003 참조)

19) 참매거미속(*Drassyllus*)은 염라거미속(*Zelotes*), 가시염라거미속(*Urozelotes*), 팁석부리염라거미속(*Trachyzelotes*), *Camillina* 등과 함
께 Zelotine(또는 Zeoltes complex)라는 군을 이룬다. 이들에게는 3번다리와 4번다리 발바닥마디의 끝 아랫면에 빗털(櫛毛, preening
comb)이라는 특이한 강모열이 있어 수리거미과(Gnaphosidae)의 다른 속과 구별된다. 또한 참매거미속은 염라거미속과 매우 닮았으나
뒷가운데눈이 매우 크고, 서로 거의 접근하거나 또는 맞닿아 있으며, 수컷은 더듬이다리 끝의 말단돌기(terminal apophysis)가 중앙에 위
치하고 둘로 나뉜 점 등에서 구별된다(백갑용, 1986a: 3).

222. *Drassyllus shaanxiensis* Platnick & Song, 1986
중국참매거미 [C, J, K, Ru]
【학명】지명 shaanxi+ensis. 최초 채집지인 중국 산시(shaanxi) 성에서 유래했다.
【국명】최초 채집지인 중국에서 유래했다.

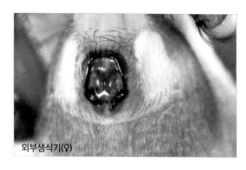

외부생식기(♀)

성체(♀)

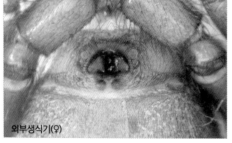

외부생식기(♀)

223. *Drassyllus vinealis* (Kulczyński, 1897)
포도참매거미 [Pa]
【학명】vineális [비네알리스] 포도밭. 채집 당시 서식처였던 포도밭에서 유래했다.
【국명】유래는 학명과 같다.

성체(♀)

224. *Drassyllus yaginumai* Kamura, 1987
야기누마참매거미 [J, K]
【학명】인명 yagimuma+i. 일본 거미학자 Takeo Yagimuma(1916~1995)에서 유래했다.
【국명】유래는 학명과 같다. 야기누마(Yaginuma)+참매거미.

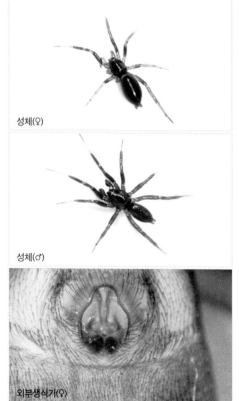

성체(♀)

성체(♂)

외부생식기(♀)

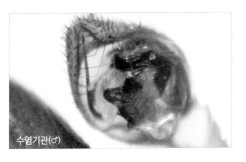

수염기관(♂)

Gnaphosa Latreille, 1804
넓적니거미속[20]

225. *Gnaphosa hastata* Fox, 1937
창넓적니거미 [C, K]
【학명】hastátus [하스타투스] 창으로 무장한. 외부생식기의 가운데 격벽(septum) 끝 모양이 넓은 창끝 모양인 데서 유래했다.
【국명】유래는 학명과 같다.

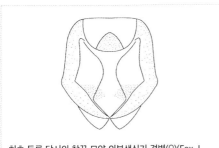

최초 등록 당시의 창끝 모양 외부생식기 격벽(♀)(Fox, I. (1937a): 248)

226. *Gnaphosa kamurai* Ovtsharenko, Platnick & Song, 1992
가무라넓적니거미 [J, K]
【학명】인명 kamura+i. 일본거미학자 Takahide Kamura(加村隆英)에서 유래했다.

【국명】유래는 학명과 같다. 가무라(kamura)+ 넓적니거미.

227. *Gnaphosa kansuensis* Schenkel, 1936
감숙넓적니거미 [C, K, Ru]
【학명】지명 kansu+ensis. 최초 채집지인 중국 간쑤(kansu, 甘肅, 감숙) 성에서 유래했다.
【국명】유래는 학명과 같다. 감숙(甘肅)+넓적니거미.

228. *Gnaphosa kompirensis* Bösenberg & Strand, 1906
넓적니거미 [C, J, K, Ru, T, V]
【학명】지명 kompira+ensis. 최초 채집지인 일본 나가사키에 소재하는 산(kompira)에서 유래했다.
【국명】넓적니거미는 앞두덩니 2개와 뒷두덩니를 대신하는, 끝이 톱니 모양인 널판 돌기(박판)가 있다. 국명은 여기에서 유래했다.

성체(♀)

성체(♂)

---

20) 이가 넓다는 의미다.

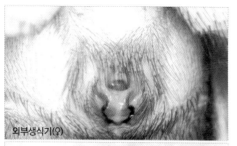

외부생식기(♀)

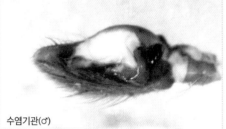

수염기관(♂)

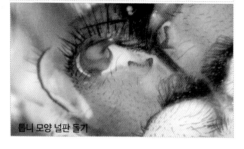

톱니 모양 널판 돌기

229. *Gnaphosa licenti* Schenkel, 1953
리센트넓적니거미 [Ka, Ru, M, C, K]
【학명】인명 licent+i. 영국 예수회 수사 Émile Licent(1876~1952)에서 유래했다.
【국명】유래는 학명과 같다. 리센트(Licent)+넓적니거미.

230. *Gnaphosa potanini* Simon, 1895
포타닌넓적니거미 [Ru, M, C, J, K]
【학명】인명 potanin+i. Potanin이라는 인물 이름에서 유래했으나, 논문에는 인물 정보가 없다.
【국명】유래는 학명과 같다. 포타닌(Potanin)+넓적니거미.

성체(♂)

수염기관(♂)

231. *Gnaphosa similis* Kulczyński, 1926
무포넓적니거미 [Far East Pa]
 = *Gnaphosa muscorum* Namkung, 2002
【학명】símilis [시밀리스] 비슷한, 닮은, 같은. *Gnaphosa muscorum* L. Koch, 1866과 닮았다는 뜻에서 유래했다.
*참고: muscus [무스쿠스] 이끼. 넓적니거미 종류는 이끼가 낀 습한 곳에 많이 서식한다.
【국명】최초 채집지인 무포(茂浦)에서 유래했다. 무포는 백두산 동쪽에 있는 개울이다.

성체(♀)

성체(♂)

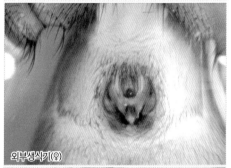

외부생식기(♀)

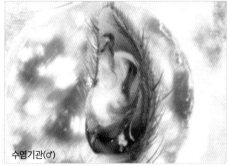

수염기관(♂)

232. *Gnaphosa sinensis* Simon, 1880
중국넓적니거미 [C, K]
【학명】sinensis: chinese의 라틴어 표기이다. 최초 채집지인 중국에서 유래했다.
【국명】유래는 학명과 같다.

Haplodrassus Chamberlin, 1922
새매거미속

233. *Haplodrassus kulczynskii* Lohmander, 1942
큰수염새매거미 [Pa]
【학명】인명 kulczynski+i. 폴란드 동물학자였던 Władysław Kulczyński(1854~1919)에서 유래했다.
【국명】수컷의 수염기관이 유난히 큰 데서 유래했다.

234. *Haplodrassus mayumiae* Kamura, 2007
황갈새매거미 [J, K]
【학명】인명 mayumi+ae. Mayumi Matsuda에서 유래했다.
【국명】몸이 황갈색인 데서 유래했다.

235. *Haplodrassus montanus* Paik & Sohn, 1984
산새매거미 [C, K, Ru]
【학명】montánus [몬타누스] 산의, 산맥의. 주요 서식지에서 유래했다.
【국명】최초 채집지가 산(경북 구미 최정산)인 데서 유래했다.

236. *Haplodrassus pargongsanensis* Paik, 1992
팔공새매거미 [K]
【학명】지명 pargongsan+ensis. 최초 채집지인 대구 팔공산(pargongsan)에서 유래했다.
【국명】유래는 학명과 같다.

237. *Haplodrassus pugnans* (Simon, 1880)
갈새매거미(가칭) [Pa]
【학명】pugnans [푸그난스] 싸우는, 전투원, 전투부대. 호전적인 거미의 특성에서 유래한 것으로 추정한다.

【국명】몸이 갈색인 데서 유래했다.

성체(♀)

성체(♂)

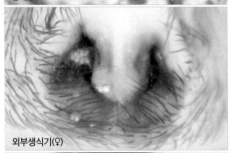
외부생식기(♀)

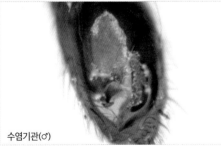
수염기관(♂)

238. *Haplodrassus signifer* (C. L. Koch, 1839)
표지새매거미 [Ha]
【학명】sígnǐfer [시니페르] 황도 12궁, 군기수,

지휘자 등. 어원 sīgnum [시그눔] 자국(흔적), 표지, 성좌, 점. 즉 학명은 등면의 점무늬에서 유래한 것으로 추정한다.
【국명】학명의 여러 가지 뜻 가운데 '표지'를 선택한 것이며 실제로 밝은 색 자국이 등면을 따라 나란히 나타난다.

239. *Haplodrassus taepaikensis* Paik, 1992
태백새매거미 [K, Ru]
【학명】지명 taepaik+ensis. 최초 채집지인 강원 태백시(taepaik)에서 유래했다.
【국명】유래는 학명과 같다.

Herpyllus **Hentz, 1832 조롱이거미속**

240. *Herpyllus coreanus* Paik, 1992
한국조롱이거미 [K]
【학명】한국의(coreana). 조롱이거미속 최초의 한국 종인 데서 유래했다.
【국명】최초 채집지인 한국에서 유래했다.

Hitobia **Kamura, 1992 외줄솔개거미속**

241. *Hitobia unifascigera* (Bösenberg & Strand, 1906)
외줄솔개거미 [C, J, K]
【학명】uni: 1+fascis [파시스] 묶음, 다발, 꾸러미. fascis는 학명에서 다발을 묶는 '줄'의 의미로도 자주 사용된다. 즉 여기서는 한 줄이라는 뜻이다. 외줄솔개거미는 배 가운데에 가로 방향으로 흰 띠무늬가 나타나고, 학명도 이 특징에서 유래했다.
【국명】유래는 학명과 같다.

Kishidaia Yaginuma, 1960
기시다솔개거미속

242. *Kishidaia coreana* (Paik, 1992)
한국솔개거미 [K]
【학명】한국의(coreana). 기시다솔개거미속 최초의 한국 종인 데서 유래했다.
【국명】최초 채집지에서 유래했다.

Micaria Westring, 1851 영롱거미속[21]

243. *Micaria dives* (Lucas, 1846)
소천영롱거미 [Pa]
【학명】dives: 많은, 풍부한 또는 윤택한. 아마 어디서나 흔히 볼 수 있는 종이라는 의미에서 붙인 것 같다(백갑용, 1992e: 169).
【국명】한국 최초 채집지인 경북 봉화군 소천면에서 유래했다(백갑용, 1992e: 169).

성체(♀)

244. *Micaria japonica* Hayashi, 1985
세줄배띠영롱거미 [J, K, Ru]

【학명】일본의(japonica). 최초 채집지인 일본에서 유래했다.
【국명】등면에 가로 방향으로 흰색 띠무늬 3줄이 특징적으로 나타나는 데서 유래했다.

Odontodrassus Jézéquel, 1965
이빨매거미속[22]

245. *Odontodrassus hondoensis* (Saito, 1939)
중리이빨매거미 [C, J, K, Ru]
【학명】지명 hondo+ensis. 최초 발견지인 일본 구마모토 현 혼도(hondo) 시에서 유래했다.
【국명】한국 최초 채집지인 대구시 서구 중리동에서 유래했다.

Poecilochora Westring, 1874
솔개거미속

246. *Poecilochora joreungensis* Paik, 1992
조령솔개거미 [K]
【학명】지명 joreung+ensis. 최초 채집지인 조령(joreung, 경북 문경새재의 다른 이름)에서 유래했다.
【국명】유래는 학명과 같다.

247. *Poecilochora taeguensis* Paik, 1992
대구솔개거미 [K]
【학명】지명 taegu+ensis. 최초 채집지인 대구

---

21) 속명 *Micaria*는 빵부스러기, 작은 조각이란 뜻으로, 아마 이 속의 거미 몸집이 작은 데서 유래한 것 같다. 이 속의 중국명(Tu & Zhu, 1965)은 小蟻蛛屬, 즉 작은개미거미속으로 되어 있으나, 논문 저자(백갑용)는 독일명(Schillerspinnen, 무지개빛거미 또는 오색거미), 일본명(艶蜘蛛, 곱게 빛나는 거미)과 같이 오색 영롱한 거미라는 뜻을 줄여 영롱거미속으로 했다.

22) 속명 *Odontodrassus*의 odonto는 이빨을 가리키는 toothed 또는 tooth를 의미하고, drassu는 drassomi, 즉 움켜진다는 뜻이다. 지금까지 수리거미과(Gnaphosidae)의 속명을 조류(鳥類) 매목(Falconida)의 이름에서 따온 관례에 따라 '이빨(odonto)+매+거미' 즉 이빨매거미속으로 작명했다(백갑용, 199e2: 163).

(taegu)에서 유래했다.
【국명】유래는 학명과 같다.

Sanitubius Kamura, 2001
동방조롱이거미속

248. *Sanitubius anatolicus* (Kamura, 1989)
동방조롱이거미 [C, J, K]
【학명】anatolicus [아나톨리쿠스] 동방(그리스
어). 최초 발견지가 서양의 관점에서 동쪽인 일
본인 데서 유래했다.
【국명】학명에서 유래했다.

Sergiolus Simon, 1891 별솔개거미속

249. *Sergiolus hosiziro* (Yaginuma, 1960)
흰별솔개거미 [C, J, K]
【학명】hosiziro: 일본명(ホシジロ, Hoshijiro)의
라틴어 표기에서 유래한 것으로 추정한다.
【국명】검은 바탕인 등면 중앙에 1쌍, 앞쪽, 뒤쪽
에 각 1개씩 모두 4개의 흰무늬가 나타나는 데
서 유래했다. 중국명(星白丝蛛)과 일본명(ホシ
ジロトンビグモ) 그리고 국명은 모두 흰 별을 뜻
한다. 특히 일본명은 '흰별(ホシジロ)+솔개(トン
ビ)+거미(グモ)'로 국명과 정확하게 일치한다.

Sernokorba Kamura, 1992
톱니매거미속

250. *Sernokorba pallidipatellis* (Bösenberg
& Strand, 1906)
석줄톱니매거미 [C, J, K, Ru]

【학명】pállĭdus [팔리두스] 색이 바랜+patélla
[파텔라] 종지뼈, 슬개골. 넓적다리마디는 암갈
색인데 반해 무릎마디는 노란색이라 마치 색이
바랜 것처럼 보이는 데서 유래했다.
【국명】등면의 흰색 삼(三)자 띠무늬에서 유래
했다. 띠무늬 가장자리에는 톱니무늬가 나타난
다. 외부생식기가 엑스(X)자라 엑스표염라거미
(*Z. pallidipatellis*)로 불리기도 했다.

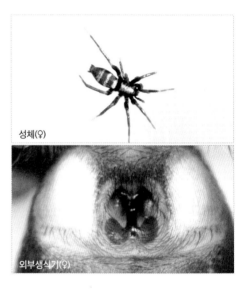

성체(♀)

외부생식기(♀)

Shiragaia Paik, 1992 백신거미속

251. *Shiragaia taeguensis* Paik, 1992
대구백신거미 [K]
【학명】지명 taegu+ensis. 최초 채집지인 대구
(taegu)에서 유래했다.
【국명】유래는 학명과 같다.

Trachyzelotes Lohmander, 1944
텁석부리염라거미속

252. *Trachyzelotes jaxartensis* (Kroneberg, 1875)
멋쟁이염라거미 [Ha, Se, Eastern Asia, Hw]
【학명】지명 jaxartes+ensis. 최초 채집지인 중앙아시아 시드라이야 강의 옛 그리스 식 이름에서 유래했다.
【국명】생김새에서 유래했다. 처음 멋장이염라거미라는 국명은 *Z. cavaleriei* Schenkel 1963에 부여되었으나 이후 *T. jaxartensis*의 동종이명으로 처리되면서 국명만 그대로 쓰이고 있다.

Urozelotes **Mello-Leitão, 1938**
가시염라거미속

253. *Urozelotes rusticus* (L. Koch, 1872)
주황염라거미 [Co]
【학명】rústĭcus [루스티쿠스] 시골의, 농촌의. 주요 서식지에서 유래한 것으로 추정한다.
【국명】지배적인 색채(주황색)에서 유래했다.

Zelotes **Gistel, 1848 염라거미속**

254. *Zelotes asiaticus* (Bösenberg & Strand, 1906)
아시아염라거미 [Eastern Asia]
【학명】asiátĭcus [아시아티쿠스] 아시아의. 최초 발견지가 아시아인 일본인 데서 유래했다.
【국명】유래는 학명과 같다.

255. *Zelotes davidi* Schenkel, 1963
다비드염라거미 [C, J, K]
【학명】인명 david+i. 오스트레일리아 거미학자 David B. Hirst에서 유래했다.

【국명】유래는 학명과 같다. 다비드(david)+염라거미.

256. *Zelotes exiguus* (Müller & Schenkel, 1895)
쌍방울염라거미 [Pa]
【학명】exígŭus [엑시구우스] 작은. 같은 속의 다른 염라거미보다 특히 작은 데서 유래했다.
【국명】쌍방울 모양 외부생식기에서 유래했다.

257. *Zelotes keumjeungsanensis* Paik, 1986
금정산염라거미 [C, K]
【학명】지명 keumjeungsan+ensis. 최초 채집지인 금정산(keumjeungsan)에서 유래했다.
【국명】유래는 학명과 같다.

258. *Zelotes kimi* Paik, 1992
용기염라거미 [K]
【학명】인명 kim+i. 최초 채집자인 김용기 선생의 성씨에서 유래했다.
【국명】김용기 선생의 이름에서 유래했다. 용기+염라거미.

259. *Zelotes kimwhaensis* Paik, 1986
김화염라거미 [J, K]
【학명】지명 kimwha+ensis. 최초 채집지인 강원 철원군 김화(kimwha)에서 유래했다.
【국명】유래는 학명과 같다.

성체(♀)

외부생식기(♀)

260. *Zelotes potanini* Schenkel, 1963
포타닌염라거미 [C, J, K, Ka, Ru]

【학명】인명 potanin+i. Potanin에서 유래했으나, 논문에 인물 정보는 없다.

【국명】유래는 학명과 같다. 포타닌(Potanin)+염라거미.

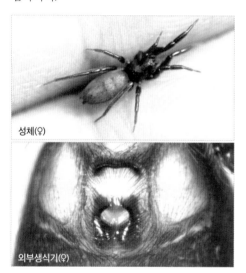

성체(♀)

외부생식기(♀)

261. *Zelotes tortuosus* Kamura, 1987
나사염라거미 [J, K]

【학명】tortuósus [토르튀수스] 꼬불꼬불한, 울퉁불퉁한. 수컷 수염기관의 복잡한 생김새에서 유래했다.

【국명】유래는 학명과 같다. 다만 일본명(クロケムリグモ)와 뜻이 비슷한 '검은염라거미'로도

불린다.

*참고: <한국산 거미의 종 목록>(2015년도 개정)에는 '나사염라거미'로 표기되어 있지만 학회지(Lee, S. Y., Kim, S. T., Lee, J. H., Yoo, J. S., Jung, J. K. & Lim, J. W. (2014))에서는 '검은염라거미'로 표기되어 있다.

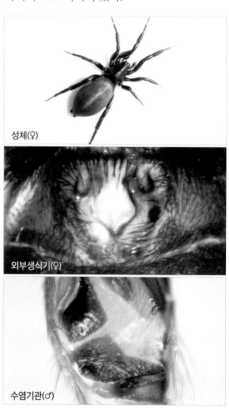

성체(♀)

외부생식기(♀)

수염기관(♂)

262. *Zelotes wuchangensis* Schenkel, 1963
자국염라거미 [C, K]

【학명】지명 wuchang+ensis. 최초 채집지인 중국의 우창(wuchang)에서 유래했다.

【국명】유래는 정확하지 않다. 다만 미기록종 등재 당시 근점이 3쌍 나타난다는 것을 명시한 것으로 보아 근점 자국에서 유래한 것으로 추정한다.

Hahniidae Bertkau, 1878
외줄거미과[23)]

Hahnia C. L. Koch, 1841 외줄거미속

263. *Hahnia corticicola* Bösenberg &
Strand, 1906
외줄거미 [C, J, K, Ru, T]
【학명】 cortex [코르텍스] 나무껍질, 피층의 어
간 cortic+-cola: ~에 사는. 나무껍질에 서식하는
생태 습성에서 유래했다.
【국명】 실젖 6개가 1열로 늘어선 데서 유래한
것으로 추정한다.

성체(♀)

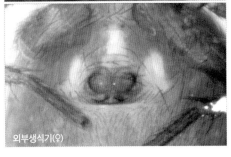

외부생식기(♀)

264. *Hahnia nava* (Blackwall, 1841)
가산외줄거미 [Pa]
【학명】 nāvus [나부스] 악착같은, 끈기 있는. 논
문 저자가 끈기 있게 관찰한 데서 유래한 것으

로 추정한다.
【국명】 한국 최초 채집지인 경북 칠곡군 가산에
서 유래했다.

Neoantistea Gertsch, 1934
제주외줄거미속

265. *Neoantistea quelpartensis* Paik, 1958
제주외줄거미 [C, J, K, Ru]
【학명】 지명 quelpart+ensis. 최초 채집지인 제
주의 다른 이름(quelpart)에서 유래했다.
【국명】 최초 채집지인 제주에서 유래했다.

Leptonetidae Simon, 1890
잔나비거미과

Leptoneta Simon, 1872 잔나비거미속

266. *Leptoneta coreana* Paik & Namkung,
1969
고려잔나비거미 [K]
【학명】 한국의(coreana). 최초 채집지인 한국에
서 유래했다.
【국명】 한국의 옛 이름(고려)에서 유래했다.

267. *Leptoneta handeulgulensis* Namkung,
2002
한들잔나비거미 [K]
【학명】 지명 handeulgul+ensis. 최초 채집지인
제주 한들굴(handeulgul)에서 유래했다.

---

23) Comb-tailed spiders

【국명】유래는 학명과 같다.

268. *Leptoneta hogyegulensis* Paik & Namkung, 1969
호계잔나비거미 [K]

【학명】지명 hogyegul+ensis. 최초 채집지인 문경 호계굴(hogyegul)에서 유래했다.
【국명】유래는 학명과 같다.

269. *Leptoneta hongdoensis* Paik, 1980
홍도잔나비거미 [K]

【학명】지명 hongdo+ensis. 최초 채집지인 전남 신안군 흑산면 홍도(hongdo)에서 유래했다.
【국명】유래는 학명과 같다.

270. *Leptoneta hwanseonensis* Namkung, 1987
환선잔나비거미 [K]

【학명】지명 hwanseon+ensis. 최초 채집지인 강원 삼척시 환선굴(hwanseon)에서 유래했다.
【국명】유래는 학명과 같다.

271. *Leptoneta jangsanensis* Seo, 1989
장산잔나비거미 [K]

【학명】지명 jangsan+ensis. 최초 채집지인 부산 해운대 장산(jangsan)에서 유래했다.
【국명】유래는 학명과 같다.

272. *Leptoneta kwangreungensis* Kim et al., 2004
광릉잔나비거미 [K]

【학명】지명 kwangreung+ensis. 최초 채집지인 경기 포천시 광릉(kwangreung)에서 유래했다.
【국명】유래는 학명과 같다.

273. *Leptoneta namhensis* Paik & Seo, 1982
남해잔나비거미 [K]

【학명】지명 namhe+ensis. 최초 채집지인 경남 남해군(namhe)에서 유래했다.
【국명】유래는 학명과 같다.

274. *Leptoneta namkungi* Kim et al., 2004
남궁잔나비거미 [K]

【학명】인명 namkung+i. 거미 연구가 남궁준 선생의 성(Namkung)에서 유래했다.
【국명】유래는 학명과 같다.

275. *Leptoneta paikmyeonggulensis* Paik & Seo, 1984
백명잔나비거미 [K]

【학명】지명 paikmyeonggul+ensis. 최초 채집지인 경남 남해군 금산 백명굴(paikmyeonggul)에서 유래했다.
【국명】유래는 학명과 같다.

276. *Leptoneta secula* Namkung, 1987
마귀잔나비거미 [K]

【학명】sécŭla [세쿨라] 낫. 수컷 더듬이다리의 낫 모양 경절돌기(tibial process)에서 유래했다.
【국명】최초 채집지인 마귀할미굴(강원 강릉시 옥계면)에서 유래했다.

낫 모양 경절돌기(♂)(Namkung, J. (1987): 89)

277. *Leptoneta simboggulensis* Paik, 1971
심복잔나비거미 [K]
【학명】지명 simboggul+ensis. 최초 채집지인 충북 괴산군 연풍 심복굴(simboggul)에서 유래했다.
【국명】유래는 학명과 같다.

278. *Leptoneta soryongensis* Paik & Namkung, 1969
소룡잔나비거미 [K]
【학명】지명 soryong+ensis. 최초 채집지인 전남 곡성군 옥과면 소룡굴(soryong)에서 유래했다.
【국명】유래는 학명과 같다.

279. *Leptoneta spinipalpus* Kim, Lee & Namkung, 2004
가시잔나비거미 [K]
【학명】spīnus [스피누스] 가시나무, 가시+palpus: 수컷 더듬이다리. 무릎마디(fermer)에 강한 가시털(spinus)이 발달한 데서 유래했다.
【국명】유래는 학명과 같다.

280. *Leptoneta taeguensis* Paik, 1985
대구잔나비거미 [K]
【학명】지명 taegu+ensis. 최초 채집지인 대구(taegu)에서 유래했다.
【국명】유래는 학명과 같다.

281. *Leptoneta waheulgulensis* Namkung, 1991
와흘잔나비거미 [K]
【학명】지명 waheulgul+ensis. 최초 채집지인 제주시 조천읍 와흘굴(waheulgul)에서 유래했다.
【국명】유래는 학명과 같다.

282. *Leptoneta yebongsanensis* Kim, Lee & Namkung, 2004
예봉잔나비거미 [K]
【학명】지명 yebongsan+ensis. 최초 채집지인 경기 남양주시 예봉산(yebongsan)에서 유래했다.
【국명】유래는 학명과 같다.

283. *Leptoneta yongdamgulensis* Paik & Namkung, 1969
용담잔나비거미 [K]
【학명】지명 yongdamgul+ensis. 최초 채집지인 강원 영월군 김삿갓면 용담굴(yongdamgul)에서 유래했다.
【국명】유래는 학명과 같다.

284. *Leptoneta yongyeonensis* Seo, 1989
용연잔나비거미 [K]
【학명】지명 yongyeon+ensis. 최초 채집지인 대구 달성군 비슬산 용연사(yongyeon)에서 유래했다.
【국명】유래는 학명과 같다.

Linyphiidae Blackwall, 1859
접시거미과[24)]

Agyneta Hull, 1911 꼬마접시거미속

---

24) 접시거미과는 다른 종에 비해 거미집의 형태(시트형)와 수염기관의 부배엽(paracynbium)으로 다른 종과 구별할 수 있다(이윤경 외, 2009). 접시형 그물을 친다. 일본명(サラグモ科)도 뜻이 같다.

285. *Agyneta nigra* (Oi, 1960)
검정꼬마접시거미 [Ru, M, C, J, K]
 = *Meioneta nigra* Seo, 1993b
【학명】nǐger [니게르] 검은. 몸 색깔이 검은 데
서 유래했다.
【국명】유래는 학명과 같다.

286. *Agyneta palgongsanensis* (Paik, 1991)
팔공꼬마접시거미 [C, K, Ru]
【학명】지명 palgongsan+ensis. 최초 채집지인
팔공산(palgongsan)에서 유래했다.
【국명】유래는 학명과 같다.

287. *Agyneta rurestris* (C. L. Koch, 1836)
꼬마접시거미 [Pa]
 = *Meioneta rurestris* Paik, 1965a
【학명】rūrestris: 시골의. 최초 발견지에서 유래
한 것으로 추정한다.
*참고: 중국명(乡间侏儒蛛)도 시골(乡间)을 뜻
한다.
【국명】같은 접시거미과나 꼬마접시거미속의
다른 종보다 작은 데서 유래했다.

Allomengea Strand, 1912
입술접시거미속

288. *Allomengea beombawigulensis* Namkung, 2002
범바위입술접시거미 [K]
【학명】지명 beombawigul+ensis. 최초 채집
지인 강원 강릉시 옥계면 범바위굴(beombawi
gul)에서 유래했다.
【국명】유래는 학명과 같다.

289. *Allomengea coreana* (Paik & Yaginuma, 1969)
입술접시거미 [K]
【학명】한국의(coreana). 최초 채집지인 한국에
서 유래했다.
【국명】암컷의 외부생식기가 입술을 닮은 데서
유래했다.

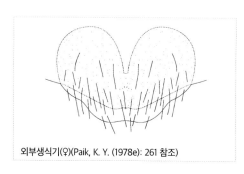

외부생식기(♀)(Paik, K. Y. (1978e): 261 참조)

Anguliphantes Saaristo & Tanasevitch, 1996
각접시거미속

290. *Anguliphantes nasus* (Paik, 1965)
코접시거미 [C, K]
【학명】nasus [나수스] 코. 암컷 외부생식기가
코(nasus)처럼 생긴 것에서 유래했다.
【국명】유래는 학명과 같다.

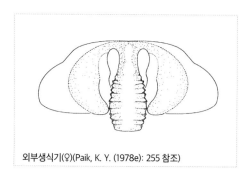

외부생식기(♀)(Paik, K. Y. (1978e): 255 참조)

Aprifrontalia Oi, 1960
곱등애접시거미속

291. *Aprifrontalia mascula* (Karsch, 1879)
곱등애접시거미 [K, Ru, T, J]
【학명】másc̆ulus [마스쿨루스] 사내의, 남성의 (수컷의). 수컷의 더듬이다리에 유난히 큰 갈고리 모양 경절돌기가 있는데 이 때문에 생긴 학명으로 추정한다.
【국명】곱등이처럼 등이 융기한 것에서 유래했다.

Arcuphantes Chamberlin & Ivie, 1943
나사접시거미속

292. *Arcuphantes ephippiatus* Paik, 1985
안장나사접시거미 [K]
【학명】ĕphippĭátus [에피피아투스] 말안장을 놓고 올라탄. 보통 등면에 넓은 무늬가 있는 동물에게 자주 붙는 이름이다. 그러나 안장나사접시거미는 외부생식기의 돌출부 밑 부분이 말안장 모양인 데서 유래했다.
【국명】유래는 학명과 같다.

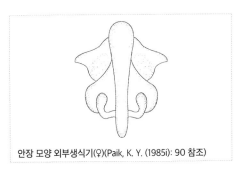

안장 모양 외부생식기(♀)(Paik, K. Y. (1985i): 90 참조)

293. *Arcuphantes juwangensis* Seo, 2006
주왕나사접시거미 [K]

【학명】지명 juwang+ensis. 최초 채집지인 경북 청송군 주왕산(juwang)에서 유래했다.
【국명】유래는 학명과 같다.

294. *Arcuphantes keumsanensis* Paik & Seo, 1984
금산나사접시거미 [K]
【학명】지명 keumsan+ensis. 최초 채집지인 경남 남해군 금산(keumsan)에서 유래했다.
【국명】유래는 학명과 같다.

295. *Arcuphantes longipollex* Seo, 2013
긴나사접시거미 [K]
【학명】longus [롱구스] 긴+pollex [폴렉스] 엄지손가락. 수컷 수염기관의 삽입기(emblous)를 엄지손가락에 비유한 것으로 삽입기가 긴 데서 유래했다.
【국명】유래는 학명과 같다.

296. *Arcuphantes namhaensis* Seo, 2006
남해나사접시거미 [K]
【학명】지명 namhae+ensis. 최초 채집지인 남해(namhae)에서 유래했다.
【국명】유래는 학명과 같다.

297. *Arcuphantes pennatus* Paik, 1983
날개나사접시거미 [K]
【학명】pennátus [펜나투스] 깃털처럼 생긴. 암컷 생식기의 날개 모양 기부 측면 돌출부에서 유래했다.
【국명】날개나사접시거미는 공산나사접시거미 (*A. pulchellus*)와 비슷하게 보이나, 암컷 생식기 돌출부 기부에 무지상돌기(拇指狀突起, 엄지손가락 모양 돌기)가 없고, 돌출부 기부의 측팽출(側膨出)이 뿔 모양이 아니고, 새 날개 모양이다

(백갑용, 1983b).

날개 모양 돌출부(우)(백갑용, 1983b: 84쪽 참조)

298. *Arcuphantes profundus* Seo, 2013
가시나사접시거미 [K]

【학명】profúndus [프로푼두스] 밀집한. 수염기관의 pseudolamella라는 조직 끝 부분에 작은 가시가 밀집한 데서 유래했다.

【국명】학명에서 유래했다.

299. *Arcuphantes pulchellus* Paik, 1978
공산나사접시거미 [K]

【학명】pulchéllus [풀켈루스] 예쁜장한. 생김새에서 유래했다.

【국명】최초 채집지인 팔공산의 옛 이름(공산)에서 유래했다.

300. *Arcuphantes rarus* Seo, 2013
민나사접시거미 [K]

【학명】rārus [라루스] 성긴. 가시나사접시거미(A. profundus)에 비해 수염기관의 pseudolamella라는 조직 끝 부분의 작은 가시가 드물게 난 것에서 유래했다.

【국명】유래는 학명과 같다.

301. *Arcuphantes scitulus* Paik, 1974
까막나사접시거미 [K]

【학명】scítulus [시툴루스] 세련된, 기품 있는. 채집 당시 거미에게서 받은 느낌을 표현한 것으로 추정한다.

【국명】등면의 흰색 반점이 타일처럼 배열되어 있지만 전체적으로 바탕은 검은 데서 유래한 것으로 추정한다.

302. *Arcuphantes trifidus* Seo, 2013
갈래나사접시거미 [K]

【학명】trífidus [트리피두스] 끝이 셋 있는, 세쪽으로 갈라진. 수염기관의 pseudolamella라는 조직의 끝이 3갈래(cleft into three)로 나뉜 데서 유래했다.

【국명】유래는 학명과 같다.

303. *Arcuphantes uhmi* Seo & Sohn, 1997
엄나사접시거미 [K]

【학명】인명 uhm+i. Uhm이라는 인물에 대한 정보가 없다.

【국명】유래는 학명과 같다. 엄(Uhm)+나사접시거미.

Bathyphantes Menge, 1866
긴손접시거미속

304. *Bathyphantes gracilis* (Blackwall, 1841)
각시긴손접시거미 [Ha]

【학명】grácilis [그라칠리스] 가늘고 긴. 긴 다리에서 유래했다.

【국명】예쁜 생김새와 작은 크기에서 유래한 것으로 추정한다.

305. *Bathyphantes robustus* Oi, 1960
검정긴손접시거미 [J, K]

【학명】robústus [로부스투스] 강한. 긴손접시거미속(*Bathyphantes*)은 공통적으로 수염기관의 부배엽(paracynbium)이 발달했다. 학명은 강하게 휜 가늘고 긴 부배엽에서 유래한 것으로 보인다.
【국명】검은 몸 색깔에서 유래했다. 머리가슴은 검고 가장자리에 띠무늬가 나타나며 복부에도 폭넓은 3겹 검은색 가로띠무늬가 나타난다.

Centromerus Dahl, 1886
가우리접시거미속

306. *Centromerus sylvaticus* (Blackwall, 1841)
가우리접시거미 [Ha]
【학명】silvátĭcus [실바티쿠스] 숲의, 나무의. 주요 서식지에서 유래했다.
【국명】가우리는 가오리의 전라도 방언으로, 암컷 외부생식기가 가오리를 닮은 데서 유래한 것으로 추정한다.

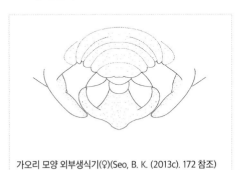

가오리 모양 외부생식기(♀)(Seo, B. K. (2013c). 172 참조)

Ceratinella Emerton, 1882
껍질애접시거미속[25]

307. *Ceratinella brevis* (Wider, 1834)
껍질애접시거미 [Pa]
【학명】brĕvis [브레비스] 짧은, 작은. 크기가 작은 데서 유래했다.
*참고: 세계적으로 종명이 *brevis*인 거미가 10종 이상 있을 만큼 학명에 자주 쓰이는 단어다.
【국명】껍질애접시거미속의 특징인 인갑(鱗甲), 즉 배 표면에 작은 돌기가 발달한 데서 유래했다.

Ceratinopsis Emerton, 1882
해변애접시거미속

308. *Ceratinopsis setoensis* (Oi, 1960)
해변애접시거미 [J, K]
【학명】지명 seto+ensis. 논문 저자가 근무한 세토해양생물연구소(Seto Marine Biological Laboratory of Kyoto University)에서 유래했다.
【국명】주요 서식지에서 유래했다. 해변애접시거미는 만조 시기에 바닷물이 차오르는 지점의 조약돌 사이에서 서식한다(Ryoji, 1960a).

Collinsia O. Pickard-Cambridge, 1913
언덕애접시거미속

---

25) 껍질애접시거미속(*Ceratinella* Emerton, 1882)은 한국에서는 2011년에 처음 보고되었다(Seo, 2011b). 이들은 대부분 몸 빛깔이 짙은 회색이나 갈색이며, 난형인 배갑과 둥글고 커다란 배, 크게 튀어나온 실젖이 있다. 수컷의 배갑 형태가 크게 변형되지 않고, 배 표면은 인갑으로 덮여 있어 단단하고 작은 돌기가 많이 나 있는 것이 다른 애접시거미들과는 다른 주요 특징이다(Cokendolpher *et al*, 2007). 껍질애접시거미속은 세계적으로 29종이 보고되었으며(Platnick, 2014), 한국에는 껍질애접시거미(*Ceratinella brevis* (Wider, 1834))의 수컷이 한국산 접시거미과 미기록속 미기록종으로 처음 기재된 이후 껍질애접시거미 1종만이 보고되었다(2014, 김주필 외).

309. *Collinsia inerrans* (O. Pickard-Cambridge, 1885)
언덕애접시거미 [Pa]
【학명】 inérrans [이네란스] 방황하지(떠돌아다니지) 않는. 한 곳에 정착해 서식하는 정주성 거미라는 뜻이다.
【국명】 채집 당시의 서식처이거나 주요 서식처인 언덕에서 유래했다.

성체(♀)

외부생식기(♀)

Cresmatoneta Simon, 1929
개미접시거미속

310. *Cresmatoneta mutinensis* (Canestrini, 1868)
개미접시거미 [Pa]
【학명】 지명 mutin+ensis. mutin은 최초 채집지인 이탈리아 모데나(modena)에서 유래했다.
【국명】 개미를 닮은 데서 유래했다.

311. *Cresmatoneta nipponensis* Saito, 1988
왜개미접시거미 [J, K]
【학명】 지명 nippon+ensis. 최초 채집지인 일본에서 유래했다.
【국명】 최초 채집지인 일본(왜)에서 유래했다. 속명처럼 생김새는 개미를 닮았다.

Crispiphantes Tanasevitch, 1992
뿔접시거미속

312. *Crispiphantes biseulsanensis* (Paik, 1985)
비슬산접시거미 [C, K]
【학명】 지명 biseulsan+ensis. 최초 채집지인 대구 달성군 비슬산(biseulsan)에서 유래했다.
【국명】 유래는 학명과 같다.

313. *Crispiphantes rhomboideus* (Paik, 1985)
마름모꼬마접시거미 [K, Ru]
【학명】 rhomboídes [롬보이데스] 마름모꼴. 암컷 외부생식기가 긴 마름모꼴인 데서 유래했다.
【국명】 유래는 학명과 같다.

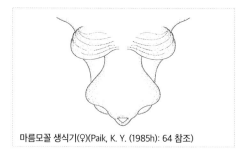
마름모꼴 생식기(♀)(Paik, K. Y. (1985h): 64 참조)

Diplocephaloides Oi, 1960
흰배애접시거미속

314. *Diplocephaloides saganus* (Bösenberg & Strand, 1906)
흰배애접시거미 [J, K]
【학명】지명 saga+nus. 최초 채집지인 일본 사가(saga) 현에서 유래했다.
【국명】전반적으로 적황색이지만 등면에 흰색 등 밝은 털이 나타나는 데서 유래한 것으로 추정한다.

Doenitzius Oi, 1960 땅접시거미속

315. *Doenitzius peniculus* Oi, 1960
용접시거미 [J, K]
【학명】penícŭlus [페니쿨루스] 작은 꼬리, 화필. 꼬리(붓) 모양인 암컷 생식기 현수체에서 유래한 것으로 추정한다.
*참고: 일본명(デーニッツサラグモ)은 속명과 같은 되니쓰접시거미라는 뜻이다.
【국명】당시 활동했던 거미 연구가 김용기 선생을 의미하는 것으로 추정한다.

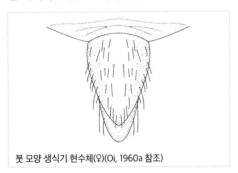

붓 모양 생식기 현수체(♀)(Oi, 1960a 참조)

316. *Doenitzius pruvus* Oi, 1960
땅접시거미 [C, J, K, Ru]
【학명】pruvus=parvus [파르부스] 작은, 꼬마의, 소형의. parvus의 언어유희에서 유래한 것으로 추정한다.

*참고: 일본명(コデーニッツサラグモ)은 작은(コ)+되니쓰접시거미(デーニッツサラグモ)라는 뜻이다.
【국명】지면 가까이서 접시그물을 치고 서식하는 데서 유래한 것으로 추정한다.

Eldonnia Tanasevitch, 2008
가야접시거미속

317. *Eldonnia kayaensis* (Paik, 1965)
가야접시거미 [J, K, Ru]
【학명】지명 kaya+ensis. 최초 채집지인 경남 합천군 가야산(kaya)에서 유래했다.
【국명】유래는 학명과 같다.

Entelecara Simon, 1884
상투애접시거미속

318. *Entelecara dabudongensis* Paik, 1983
다부동상투애접시거미 [C, J, K, Ru]
【학명】지명 dabudong+ensis. 최초 채집지인 경북 칠곡 다부동(dabudong)에서 유래했다.
【국명】수컷의 머리끝이 융기한 모양이 상투를 닮은 데서 유래했다. 암컷도 융기하기는 했으나 수컷만큼 높지는 않다.

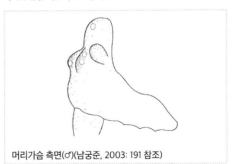

머리가슴 측면(♂)(남궁준, 2003: 191 참조)

Erigone Audouin, 1826
톱날애접시거미속[26]

319. *Erigone atra* Blackwall, 1833
긴톱날애접시거미 [Ha]
【학명】āter [아테르] 검은, 어두운. 암갈색인 몸 색깔에서 유래했다.
【국명】톱날애접시거미보다 몸이 긴 데서 유래했다.

320. *Erigone koshiensis* Oi, 1960
톱날애접시거미 [C, J, K, T]
【학명】지명 koshi+ensis. 최초 채집지인 일본 고시(koshi) 시에서 유래했다.
【국명】배갑가장자리, 수염기관 삽입기 (embolus), 수염기관 종아리마디 등에 톱날 돌기가 나타나는 데서 유래했다.

321. *Erigone prominens* Bösenberg & Strand, 1906
흑갈톱날애접시거미 [Cameroon to J, Nz]
【학명】prómĭnens [프로미넨스] 돌출한. 머리 부분이 높게 융기한 데서 유래했다.
【국명】흑갈색 몸과 배갑가장자리, 수컷의 위턱, 수염기관 삽입기 등의 톱니형 돌기에서 유래했다.

의 방패판 말단부가 못처럼 뾰족한 데서 유래했다.
【국명】학명에 쓰인 못+최초 채집지인 금오산에서 유래했다.

성체(♀)

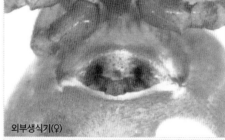
외부생식기(♀)

못 모양 방패판 발단부(♂)(남궁준, 2003: 200 참조)

Eskovina Kocak & Kemal, 2006
에스코브접시거미속

322. *Eskovina clava* (Zhu & Wen, 1980)
못금오접시거미 [C, K, Ru]
【학명】clāva [클라바] 못, 곤봉. 수컷 수염기관

Floronia Simon, 1887 꽃접시거미속[27]

323. *Floronia exornata* (L. Koch, 1878)
꽃접시거미 [J, K]
【학명】exornata: exórno의 분사형으로 '꾸민'

---

26) 배갑가장자리, 수염기관 삽입기(embolus), 수염기관 종아리마디 등에 톱날무늬가 나타난다.
27) florósus [플로로수스] 꽃이 만발한.

이라는 뜻이다. 거미의 화려한 생김새에서 유래한 것으로 추정한다.
【국명】 일본명(ハナサラグモ)에서 유래한 것으로 추정한다. 꽃(ハナ)+접시(サラ)+거미(グモ).

Gnathonarium Karsch, 1881
턱애접시거미속

324. *Gnathonarium dentatum* (Wider, 1834)
황갈애접시거미 [Pa]
【학명】 dentatus [덴타투스] 이 모양의. 턱애접시거미속의 수컷은 엄니두덩니 외에 덧니 같은 독특한 이빨 돌기가 양쪽 엄니에 1개씩 있다. 이빨 돌기는 두덩니보다 훨씬 크다. 즉 학명은 크게 돌출한 이빨 돌기에서 유래했다.
【국명】 황갈색 다리에서 유래했다.

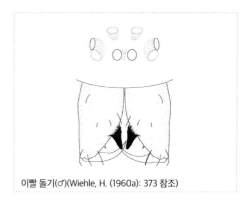

이빨 돌기(♂)(Wiehle, H. (1960a): 373 참조)

325. *Gnathonarium gibberum* Oi, 1960
혹황갈애접시거미 [C, J, K, Ru]
【학명】 gibber [지베르] 혹이 난. 수컷 머리에 둥글고 큰 혹이 있는 데서 유래했다.
【국명】 유래는 학명과 같다.

Gonatium Menge, 1868
가시다리애접시거미속[28]

326. *Gonatium arimaense* Oi, 1960
황적가시다리애접시거미 [J, K]
【학명】 지명 arima+ense. 최초 채집지인 일본 효고현 고베 시에 있는 도시 아리마(arima)에서 유래했다.
【국명】 황적색 배와 다리에 난 가시에서 유래했다. 실제로 다리 배면에 가시털이 많으며, 배는 황적색이다. 일본명(アリマケズネグモ)도 국명과 공통적으로 다리에 가시가 있다(ケズネ)는 뜻을 내포한다.

327. *Gonatium japonicum* Simon, 1906
왜가시다리애접시거미 [C, J, K, Ru]

성체(♀)

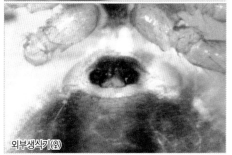

외부생식기(♀)

---

28) 일본명(ケズネグモ)과 의미가 비슷하다. ケズネ는 다리에 가시가 많다는 뜻이다.

【학명】 일본의(japonicum). 최초 채집지인 일본에서 유래했다.
【국명】 최초 채집지인 일본(왜)에서 유래했다.

Herbiphantes Tanasevitch, 1992
비단가시접시거미속

임신체(♀)

328. *Herbiphantes cericeus* (Saito, 1934)
비단가시접시거미 [J, K, Ru]
【학명】 serícĕus [세리체우스] 명주의, 비단으로 만든. cericeus는 sericeus의 다른 표기이다. 등면 무늬에서 유래한 것으로 추정한다.
【국명】 학명과 일본명(キヌキリグモ)에서 유래했다. キヌ는 비단이라는 뜻이다.

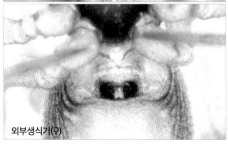
외부생식기(♀)

Hylyphantes Simon, 1884
숲애접시거미속

329. *Hylyphantes graminicola* (Sundevall, 1830)
흑갈풀애접시거미 [Pa, My, La, Tha, V]
【학명】 grāmen [그라멘] 풀+-cola: ~에 사는. 풀에 산다는 뜻으로, 학명은 주요 서식처에서 유래했다.
【국명】 흑갈색 몸에서 유래했다.

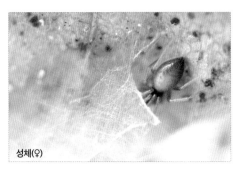
성체(♀)

Jacksonella Millidge, 1951
육눈이애접시거미속

330. *Jacksonella sexoculata* Paik & Yaginuma, 1969
육눈이애접시거미 [K]
【학명】 sex [섹스] 여섯+oculátus [오쿨라투스] 눈이 있는. 눈이 6개인 데서 유래했다.
【국명】 유래는 학명과 같다.

Lepthyphantes Menge, 1866
코접시거미속

331. *Lepthyphantes cavernicola* Paik & Yaginuma, 1969
굴접시거미 [K]
【학명】 căvus [카부스] 구멍, (짐승의) 굴+-cola: ~에 사는. 굴에 산다는 뜻으로, 학명은 주요 서

식처에서 유래했다.
【국명】강원 영월군 고시굴에서 채집한 데서 유래했다.

332. *Lepthyphantes latus* Paik, 1965
한라접시거미 [K]
【학명】lātus [라투스] (폭이) 넓은. 외부생식기의 폭이 넓은 데서 유래했다.
【국명】최초 채집지인 제주도 한라산에서 유래했다.

Maso Simon, 1884 마소애접시거미속

333. *Maso sundevalli* (Westring, 1851)
마소애접시거미 [Ha]
【학명】인명 sundevall+i. 스웨덴 동물학자 Carl Jakob Sundevall(1801~1875)에서 유래했다.
【국명】속명(*Maso*, 인명)에서 유래했다.

Micrargus Dahl, 1886
낙엽층접시거미속

334. *Micrargus herbigradus* (Blackwall, 1854)
낙엽층접시거미 [Pa]
【학명】herbígrădus [에르비그라두스] (달팽이 따위가) 풀밭을 기는. 생태 습성에서 유래한 것으로 추정한다.
【국명】주요 서식처에서 유래했다.

Microneta Menge, 1869
좁쌀접시거미속

335. *Microneta viaria* (Blackwall, 1841)
길좁쌀접시거미 [Ha]
【학명】viárĭus [비아리우스] 길과 관계있는, 길에 관한. 최초 발견지에서 유래한 것으로 추정한다.
【국명】학명에서 유래했다.

Nematogmus Simon, 1884
앵도애접시거미속

336. *Nematogmus sanguinolentus* (Walckenaer, 1841)
앵도애접시거미 [Pa]
【학명】sanguinoléntus [상귀놀렌투스] 핏빛의, 빨간. 등적색인 몸에서 유래했다.
【국명】붉은 몸 색깔을 앵두에 비유한 것으로 추정한다.

337. *Nematogmus stylitus* (Bösenberg & Strand, 1906)
불룩앵도애접시거미 [C, J, K]
【학명】styl-: 첨필(尖筆)을 뜻하지만 정확한 유래는 전하지 않는다.
【국명】머리부분이 불룩하게 융기한 데서 유래했다.
*참고: 일본명(ズダカサラグモ)도 머리가 융기했다는 뜻을 내포한다.

Neriene Blackwall, 1833 접시거미속

338. *Neriene albolimbata* (Karsch, 1879)
살촉접시거미 [C, J, K, Ru, T]
【학명】albo [알보] 희게 하다+limbáta [림바타]

술로 꾸며진, 옷단을 장식한. 학명에서 limbatus는 사전적 의미보다 가장자리가 다르다는 뜻으로 더 자주 쓰인다. 따라서 *albolimbata*는 가장자리가 흰색이라는 뜻에서 유래했다. 실제로 살촉접시거미의 배 가장자리에는 흰색 빗금무늬가 나타난다.

【국명】등면 정중부에 화살촉 모양 검은색 무늬가 나타나는 데서 유래했다.

강조되었다는(뚜렷하다는) 뜻으로 보인다. 중국명(明显盖蛛) 역시 뚜렷하다는 뜻이다. 실제로 흰색 바탕에 검은색 정중부 무늬가 나타나므로 흑백이 대비되어 무늬가 매우 선명하다.

【국명】광범위한 지역에 걸쳐 서식하는 종인 데서 유래했다.

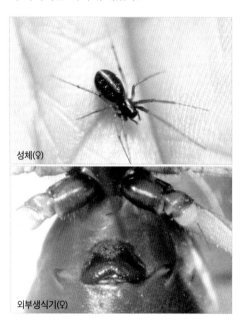

성체(♀)

외부생식기(♀)

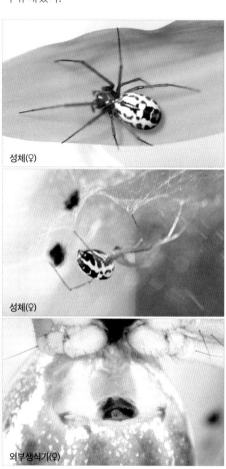

성체(♀)

성체(♀)

외부생식기(♀)

339. *Neriene clathrata* (Sundevall, 1830)
십자접시거미 [Ha]

【학명】clătri [클라트리] 격자, 창살. 격자는 십(十)자를 의미한다. 등면에 가득한 십자 얼룩에서 유래했다.

【국명】학명과 유래가 같다.

340. *Neriene emphana* (Walckenaer, 1841)
대륙접시거미 [Pa]

【학명】émphăsis [엠파시스] 강조, 역설. 무늬가

341. *Neriene japonica* (Oi, 1960)
가시접시거미 [C, J, K, Ru]

= *Bathylinyphia major* Kim & Kim, 2000(2)

【학명】일본의(japonica). 최초 채집지인 일본에서 유래했다.

【국명】가시는 침엽수림에 그물 치는 것을 신호하는 생태 습성에서 유래한 것으로 추정한다.

성체(♀)

성체(♂)

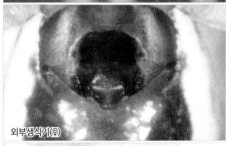

외부생식기(♀)

수염기관(♂)

342. *Neriene jinjooensis* Paik, 1991
진주접시거미[C, K]
【학명】지명 jinjoo+ensis. 최초 채집지인 경남 진주(jinjoo)에서 유래했다.
【국명】유래는 학명과 같다.

343. *Neriene kimyongkii* (Paik, 1965)
화엄접시거미 [K]
【학명】인명 kimyongki+i. 최초 채집자인 김용기(Kim Yongki)에서 유래했다.
【국명】최초 채집지인 화엄사(전남 구례군)에서 유래했다.

344. *Neriene limbatinella* (Bösenberg & Strand, 1906)
쌍줄접시거미 [C, J, K, Ru]
【학명】limbátus [림바투스] 술로 꾸며진, 옷단을 장식한. 학명에서 limbatus는 사전적 의미보다 가장자리가 다르다는 뜻(limbate: 가장자리가 있는)으로 더 자주 쓰인다. 실제로 배 가장자리에 빗금무늬가 나타난다.
【국명】등면 중앙 양쪽으로 평행하는 줄무늬가 1쌍 나타나는 데서 유래했다.

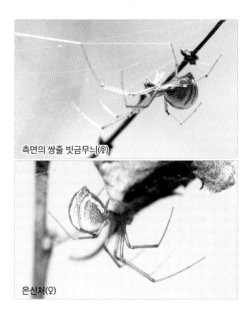

측면의 쌍줄 빗금무늬(♀)

은신처(♀)

345. *Neriene longipedella* (Bösenberg & Strand, 1906)
농발접시거미 [C, J, K, Ru]

【학명】longus [롱구스] 긴+pēs [페스] (사람·동물의) 발. 거미 중에 다리가 긴 종에 붙는 경우가 많다. 즉 긴 다리에서 유래했다.

【국명】농발은 장롱(농)의 발(다리)이라는 의미다. 학명과 마찬가지로 긴 다리에서 유래했다.

346. *Neriene nigripectoris* (Oi, 1960)
검정접시거미[C, J, K, Ru]

【학명】nigrum [니그룸] 검은색+pectus [펙투스] 가슴. 가슴이 검은 데서 유래했다.

【국명】학명 뜻 그대로 가슴부분이 완전히 검지는 않지만 가슴부분이 암갈색으로 어두운 데서 유래했다.

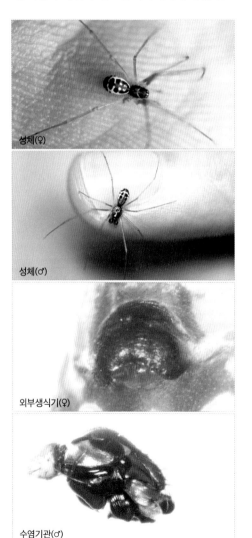

성체(♀)

성체(♂)

외부생식기(♀)

수염기관(♂)

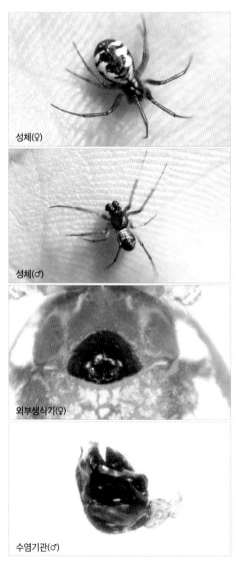

성체(♀)

성체(♂)

외부생식기(♀)

수염기관(♂)

347. *Neriene oidedicata* van Helsdingen, 1969
고무래접시거미 [C, J, K, Ru]

【학명】 oi+dēdĭcátĭo [데디카티오] 헌정. 논문 저자가 평소 도움을 많이 받았던 Oi(Prof. Dr. R. Oi of the Baika Woman's University at Osaka, Japan)에게 헌정한다는 뜻에서 유래했다.

【국명】 고무래는 사실 고무래접시거미와 무관하다. 최초(백갑용, 1995)의 고무래접시거미는 지금의 살촉접시거미(*Neriene albolimbata* (Karsch, 1879))에 명명된 국명이었다. 살촉접시거미를 고무래접시거미라고 한 까닭은 수염기관의 부배엽(parasymbium) 끝이 티(T)자를 이룬다는 기록에서 유추해 볼 수 있다. 고무래를 한자로는 정(丁)이라고 하는데 영어의 티(T)자와 비슷하다.

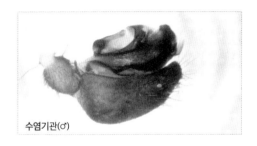
수염기관(♂)

성체(♀)

성체(♂)

외부생식기(♀)

348. *Neriene radiata* (Walckenaer, 1841)
테두리접시거미 [Ha]

【학명】 radiátĭo [라디아티오] 빛살, 햇살. 머리가슴등면은 암갈색이지만, 가장자리에 흰 띠무늬가 뚜렷해 오히려 흰색이 더 지배적이다. 학명은 흰색 띠무늬를 빛살에 비유한 것으로 추정한다.

【국명】 배갑 가장자리의 흰 띠무늬에서 유래했다.

349. *Neriene woljeongensis* Kim, Ye & Jang, 2013
월정접시거미 [K]

【학명】 지명 woljeong+ensis. 최초 채집지인 월정사(woljeong)에서 유래했다.

【국명】 유래는 학명과 같다.

Nippononeta Eskov, 1992
일본접시거미속

350. *Nippononeta cheunghensis* (Paik, 1978)
청하꼬마접시거미 [K]

【학명】 지명 chengha+ensis. 최초 채집지인 경북 포항 청하(chengha)에서 유래했다.

【국명】 유래는 학명과 같다.

351. *Nippononeta coreana* (Paik, 1991)
금정접시거미 [C, K]
【학명】한국의(coreana). 최초 채집지인 한국에서 유래했다.
【국명】최초 채집지인 금정산(부산)에서 유래했다. 금정접시거미는 1991년까지 유럽에서만 보고되었던 *Macrargus*속을 아시아에서 최초로 발견해 금정괴수거미속(1991년 신칭)으로 분류하고 금정괴수접시거미라고 명명했다. 그러다가 1992년 Eskov, K. Y.가 쿠릴열도에서 발견한 *Nippononeta kurilensis*를 등록하면서 새롭게 명명한 일본접시거미속(*Nippononeta*)으로 재분류하는 과정에서 금정괴수거미속은 없어지고, 국명은 금정접시거미로 수정되었다.

352. *Nippononeta obliqua* (Oi, 1960)
옆꼬마접시거미 [J, K]
【학명】oblíquus [오블리쿠우스] 비스듬한, 옆으로 된. 수컷 더듬이다리 종아리마디는 짧고 배엽 쪽으로 갈수록 넓어지는 모양이다. 이때 경절돌기가 옆으로 비스듬하게(obliqua) 돌출한 데서 유래했다.
【국명】유래는 학명과 같다.

353. *Nippononeta projecta* (Oi, 1960)
뿔꼬마접시거미 [M, J, K]
【학명】projéctus [프로투스] 돌출, 뻗음, 펼쳐짐. 수컷 더듬이다리 종아리마디는 짧고 배엽 쪽으로 갈수록 매우 넓어지는 모양이다. 이때 경절돌기가 길고 가느다랗게 돌출(projéctus)한 데서 유래했다.
【국명】학명과 같이 돌출한 경절돌기를 뿔에 비유한 데서 유래한 것으로 추정한다.

354. *Nippononeta ungulata* (Oi, 1960)
발톱꼬마접시거미 [J, K]
【학명】ungulátus [웅굴라투스] 발톱 달린. 수컷 더듬이다리 종아리마디에 끝이 2개로 나뉘는 이빨 같은 작은 경절돌기가 있는 데서 유래했다.
【국명】유래는 학명과 같은 것으로 추정한다.

Oedothorax Bertkau, in Förster & Bertkau, 1883
가슴애접시거미속

355. *Oedothorax insulanus* Paik, 1980
섬가슴애접시거미 [K]
【학명】ínsŭla [인술라] 섬. 최초 채집지가 섬(전남 신안군 소흑산도)인 데서 유래했다.
【국명】유래는 학명과 같다.

Oia Wunderlich, 1973 낫애접시거미속

356. *Oia imadatei* (Oi, 1964)
낫애접시거미 [K, Ru, T, J]
【학명】인명 imadate+i. 채집자 G. Imadate에서 유래했다.
【국명】낫처럼 길게 발달한 수컷 더듬이다리의 경절돌기에서 유래했다.

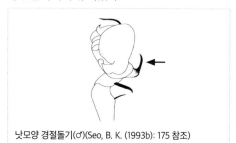

낫모양 경절돌기(♂)(Seo, B. K. (1993b): 175 참조)

Orientopus Eskov, 1992
동방애접시거미속

357. *Orientopus yodoensis* (Oi, 1960)
곰보애접시거미 [C, J, K, Ru]
【학명】 지명 yodo+ensis. 최초 채집지인 일본 오사카의 요도(yodo) 강에서 유래했다.
【국명】 과립 돌기와 같은 곰보무늬가 나타나는 데서 유래했다.

Ostearius Hull, 1911 분홍접시거미속

358. *Ostearius melanopygius* (O. Pickard-Cambridge, 1879)
흑띠분홍접시거미 [Co]
【학명】 melánĭa [멜라니아] 검은 반점+pȳga [피가] 엉덩이. 등황색 바탕의 배 끝부분에 검정 띠무늬가 나타나는 데서 유래했다.
【국명】 유래는 학명과 같지만, 배면은 색체 변이가 있어 완전히 검은 개체도 있다.

Pacifiphantes Eskov & Marusik, 1994
점봉접시거미속

359. *Pacifiphantes zakharovi* Eskov & Marusik, 1994
점봉꼬마접시거미 [C, K, Ru]
【학명】 인명 zakharov+i. 러시아 동물학자 Boris P. Zakharov에서 유래했다.
【국명】 한국 최초 채집지인 점봉산에서 유래했다.

Paikiniana Eskov, 1992
백애접시거미속[29)]

360. *Paikiniana bella* (Paik, 1978)
공산코뿔애접시거미 [K]
【학명】 bellus [벨루스] 사랑스러운. 채집 당시 거미 모습에 대한 논문 저자의 생각에서 유래한 것으로 추정한다.
【국명】 공산은 팔공산의 옛 이름이며, 코뿔은 수컷 이마가 앞으로 툭 튀어나온 모습이 코뿔소처럼 보이는 데서 유래했다.

361. *Paikiniana lurida* (Seo, 1991)
황코뿔애접시거미 [J, K]
【학명】 lúrĭdus [루리두스] 창백한, 담황색. 거미의 몸 색깔에서 유래했다.
【국명】 담황색인 몸 색깔과 수컷의 이마가 기형으로 돌출해 코뿔소처럼 보이는 데서 유래했다.

362. *Paikiniana mira* (Oi, 1960)
긴코뿔애접시거미 [C, J, K]
【학명】 mira: 신기한. 거미의 신기한 생김새에서 유래한 것으로 추정한다.
【국명】 수컷의 머리끝이 기둥 모양으로 길게 돌출해 코뿔소처럼 보이는 데서 유래했다.

363. *Paikiniana vulgaris* (Oi, 1960)
쌍코뿔애접시거미 [J, K]
【학명】 vulgáris [불가리스] 흔한. 비교적 흔한 종인 데서 유래한 것으로 추정한다.
【국명】 수컷의 융기한 머리끝이 쌍으로 갈라진 데서 유래했다.

---

29) 백애접시거미속(*Paikiniana*)은 전반적으로 수컷의 이마가 코뿔소의 코처럼 돌출했다. '백'은 백갑용 선생의 성에서 따왔다.

Parasisis Eskov, 1984
대륙애접시거미속

364. Parasisis amurensis Eskov, 1984
대륙애접시거미 [Ru, C, J, K]
【학명】지명 amur+ensis. 최초 채집지인 중국 헤이룽 강(아무르 강, amur)에서 유래했다.
【국명】한반도는 물론 중국, 러시아 대륙에서 광범위하게 서식하는 데서 유래했다.

Porrhomma Simon, 1884
폴호마거미속

365. Porrhomma convexum (Westring, 1851)
굴폴호마거미 [Ha]
【학명】convéxus [콘벡수스] 둥근 천장의. 지하 동굴 천장에 서식하는 데서 유래했다.
【국명】동굴이나 지하에 서식하는 동굴성 거미 인 데서 유래했다.

366. Porrhomma montanum Jackson, 1913
묏폴호마거미 [Pa]
【학명】montánus [몬타누스] 산에 사는. 주요 서식처에서 유래한 것으로 보이나 폴호마거미 종류는 기본적으로 동굴성 거미로 분류된다.
【국명】유래는 학명과 같고, 국내에서는 제주도 만장굴에서 발견된다.

Ryojius Saito & Ono, 2001
오이접시거미속[30)]

---

367. Ryojius japonicus Saito & Ono, 2001
오이접시거미 [J, K]
【학명】일본의(japonicus). 최초 채집지인 일본 에서 유래했다.
【국명】일본 거미학자 Ryoji Oi에서 유래했다. 오이(Oi)+접시거미.

Sachaliphantes Saaristo & Tanasevitch, 2004
극동접시거미속

368. Sachaliphantes sachalinensis (Tanasevitch, 1988)
극동접시거미 [C, J, K, Ru]
【학명】지명 sachalin+ensis. 최초 채집지인 사 할린(sachalin)에서 유래했다.
【국명】최초 채집지인 사할린(극동 지역)에서 유래했다.

Saitonia Eskov, 1992 이마애접시거미속

369. Saitonia pilosus Seo, 2011
털애접시거미 [K]
【학명】pilósus [필로수스] 털 많은, 털로 덮인. 눈구역에도 미세한 털이 많으며, 배에도 긴 털 이 많은 데서 유래했다.
【국명】유래는 학명과 같다.

Savignia Blackwall, 1833
바구미애접시거미속

---

30) Ryoji Oi: 일본의 거미학자(Baika Women's College)이다.

**370. *Savignia pseudofrontata* Paik, 1978
바구미애접시거미 [K]**
【학명】pseudo-: ~와 닮은+frontata. 같은 속의 *S. frontata* Blackwall 1833과 유사한 거미라는 뜻이다.
【국명】바구미처럼 앞이 길게 돌출한 것에서 유래했다. 이마가 크다는 뜻(fronto)과도 의미가 통한다.

Solenysa **Simon, 1894
개미시늉거미속**

371. *Solenysa geumoensis* Seo, 1996 금오개미시늉거미 [K]
【학명】지명 geumo+ensis. 최초 채집지인 경북 구미 금오산(geumo)에서 유래했다.
【국명】유래는 학명과 같다.

Strandella **Oi, 1960 팔공접시거미속**

**372. *Strandella pargongensis* (Paik, 1965)
팔공접시거미 [C, J, K, Ru]**
【학명】지명 pargong+ensis. 최초 채집지인 대구 팔공산(pargong)에서 유래했다.
【국명】유래는 학명과 같다.

Syedra **Simon, 1884
검은눈테두리접시거미속**

**373. *Syedra oii* Saito, 1983
검은눈테두리접시거미 [C, J, K]**
【학명】인명 oi+i. 일본 거미학자 Ryoji Oi에서 유래했다.
【국명】검은 배갑가장자리 테두리와 눈구역에서 유래했다.

Tmeticus **Menge, 1868
유럽애접시거미속**

**374. *Tmeticus vulcanicus* Saito & Ono, 2001
화산애접시거미 [J, K]**
【학명】vulcanius: 화산의. 최초 채집지가 화산섬(미야케지마 오야마 산)인 데서 유래했다.
【국명】유래는 학명과 같다.

Turinyphia **van Helsdingen, 1982
향접시거미속**

**375. *Turinyphia yunohamensis* (Bösenberg & Strand, 1906)
제주접시거미 [C, J, K]**
【학명】지명 yunohama+ensis. 최초 채집지인 일본 유노하마(yunohama)에서 유래했다.
【국명】한국 최초 채집지인 제주도에서 유래했다. 우리나라에서는 1959년 백갑용 선생이 최초로 제주도에서 채집했다.

Ummeliata **Strand, 1942
붉은가슴애접시거미속**

**376. *Ummeliata angulituberis* (Oi, 1960)
모등줄애접시거미 [J, K, Ru]**
【학명】ángŭlus [앙굴루스] 각+tŭber [투베르]

종기, 혹, 곱추. 수컷의 머리혹에서 유래했다.
【국명】수컷의 머리혹이 오각형이며 앞쪽이 모진 것에서 유래했다.

377. *Ummeliata feminea* (Bösenberg & Strand, 1906)
혹등줄애접시거미 [C, J, K, Ru]
【학명】fémīna [페미나] 암컷. 논문 저자가 암컷만 채집해 등재한 데서 유래했다.
【국명】황갈색 배갑에서부터 융기한 머리에서 유래했다. 특히 수컷의 머리혹은 크고 둥글다.

수염기관(♂)

378. *Ummeliata insecticeps* (Bösenberg & Strand, 1906)
등줄애접시거미 [Ru to V, T, J]
【학명】inséctum [인섹툼] 벌레+căput [카푸트] 포획. 벌레를 잡아먹는 습성에서 유래한 것으로 추정한다.
【국명】등면 중앙에 있는 담황색 줄무늬에서 유래했다.

Walckenaeria Blackwall, 1833
코뿔소애접시거미속

379. *Walckenaeria antica* (Wider, 1834)
고풍쌍혹애접시거미 [Pa]
【학명】antícus [안티쿠스] 앞쪽의, 고풍스러운. 머리 앞쪽이 독특하게 생긴 데서 유래했다.
【국명】학명에서 유래하긴 했으나, 학명처럼 거미 생김새에서 따온 것이 아니라 antícus의 또 다른 뜻, 즉 시간적으로 앞쪽이라는 antíquus [안티쿠우스]에서 유래했다. 쌍혹은 수컷의 머리혹이 2개인 데서 유래했다.

380. *Walckenaeria capito* (Westring, 1861)
와흘쌍혹애접시거미 [Ha]
【학명】cápǐtal [카피탈] 고깔. 수컷 머리혹이 앞쪽으로 돌출한 모습에서 유래했다.

성체(♀)
성체(♂)
외부생식기(♀)

【국명】제주도 와흘굴 내부에서 수컷 1개체를 채집(남궁준, 2003: 212)한 데서 유래했다. 쌍혹은 머리혹 위에 또 다른 머리혹이 기역(ㄱ)자로 발생해 혹이 2개인 데서 유래했다.

381. *Walckenaeria chikunii* Saito & Ono, 2001
내장애접시거미 [J, K]
【학명】인명 chikuni+i. 일본 거미학자 Yasunosuke Chikuni(1916~1995)에서 유래했다.
【국명】최초 채집지인 내장산에서 유래했다.

382. *Walckenaeria coreana* (Paik, 1983)
가산코뿔소애접시거미 [K]
【학명】한국의(coreana). 최초 채집지인 한국에서 유래했다.
【국명】최초 채집지인 가산(경북 칠곡군)에서 유래했다. 융기한 오각형 혹이 있어 가산혹애접시거미로도 불렸다.

383. *Walckenaeria ferruginea* Seo, 1991
적갈코뿔소애접시거미 [C, K]
 = *Walckenaeria orientalis* Marusik & Koponen, 2000
【학명】ferrúgo [페루고] 암갈색의. 몸이 적갈색인 데서 유래했다.
【국명】유래는 학명과 같다.

384. *Walckenaeria furcillata* (Menge, 1869)
북방애접시거미 [Pa]
【학명】furcillátus [푸르킬라투스] 가랑이진. 융기한 정중부의 혹 앞쪽 끝이 스패너처럼 두 갈래로 갈라진 것에서 유래했다.
【국명】분포 지역이 구북구와 같은 북방인 데서 유래했다.

385. *Walckenaeria ichifusaensis* Saito & Ono, 2001
계곡애접시거미 [J, K]
【학명】지명 ichifusa+ensis. 최초 채집지인 일본 구마모토 현에 있는 산(ichifusa)에서 유래했다.
【국명】주요 서식지인 계곡에서 유래했다.

Liocranidae Simon, 1897
밭고랑거미과

Agroeca Westring, 1861 고랑거미속

386. *Agroeca bonghwaensis* Seo, 2011
봉화밭고랑거미 [K]
【학명】지명 bonghwa+ensis. 최초 채집지인 경북 봉화(bonghwa)에서 유래했다.
【국명】유래는 학명과 같다.

387. *Agroeca coreana* Namkung, 1989
밭고랑거미 [J, K, Ru]
【학명】한국의(coreana). 최초 채집지인 한국에서 유래했다.
*참고: 일본명(コウライタンボグモ)은 고려(コウライ)+논(タンボ)+거미(グモ)로 학명과 비슷하다.
【국명】밭고랑(인삼밭)에서 최초로 발견한 데서 유래했다.

388. *Agroeca mongolica* Schenkel, 1936
몽골밭고랑거미 [M, C, K]
【학명】몽골의(mongolica). 최초 채집지인 몽골에서 유래했다.

【국명】유래는 학명과 같다.

389. *Agroeca montana* Hayashi, 1986
적갈밭고랑거미 [C, J, K]
【학명】montána [몬타나] 산의. 주요 서식처에서 유래했다.
*참고: 일본명(ミヤマタンボグモ)은 깊은 산(ミヤマ)+논(タンボ)+거미(グモ)로 학명과 뜻이 같다.
【국명】몸 색깔에서 유래했다. 전반적으로 갈색이 지배적이며 가슴판은 완전히 적갈색이다.

Scotina Menge, 1873 좀밭고랑거미속[31]

390. *Scotina palliardii* (L. Koch, 1881)
좀밭고랑거미 [Eur, K, Ru]
【학명】인명 palliardi+i. Palliardi Anton Alois(1799~1873)에서 유래했다.
【국명】밭고랑거미보다 크기가 훨씬 작은 데서 유래했다.

Lycosidae Sundevall, 1833
늑대거미과

Alopecosa Simon, 1885
아로페늑대거미속

391. *Alopecosa albostriata* (Grube, 1861)
흰무늬늑대거미 [Ru, Ka, C, K]

【학명】albo [알보] 희게 하다+striátus [스트리아투스] 줄무늬의. 몸에 나타나는 흰무늬에서 유래했다.
【국명】뒷눈네모꼴 안에 난 촘촘한 흰 털과 등면의 흰 살깃무늬 등에서 유래했다.

성체(우)

성체(우)

외부생식기(우)

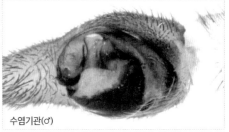

수염기관(수)

---

31) 이 속은 밭고랑거미속(*Agroeca*)과 닮았다. The different points are as follows: 첫째 다리의 넓적다리마디 배면에 6쌍에서 10쌍의 가시털이 나타나며 발바닥마디 배면에는 3쌍에서 7쌍의 가시털이 나타나는 점이 밭고랑거미속과는 다른 점이다(Locket & Millidge 1951).

392. *Alopecosa auripilosa* (Schenkel, 1953)
당늑대거미 [C, K, Ru]
【학명】 aura [아우라] 금빛+pilósus [필로수스] 털로 덮인. 머리가슴 정중부에 거꾸로 선 표주박 무늬가 있고, 이 무늬에 주로 금빛 털이 많이 난다.
【국명】 최초 채집지인 중국의 옛 이름(당)에서 유래했다. Schenkel(1953)이 중국 간쑤 성에서 채집했다.

무덤가의 성체(♂)

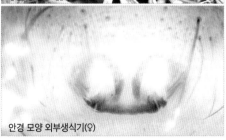
안경 모양 외부생식기(♀)

성체(♀)(공상호, 2013: 207)

393. *Alopecosa cinnameopilosa* (Schenkel, 1963)
어리별늑대거미 [C, J, K, Ru]
【학명】 cinnámĕus [킨나메우스] 계수나무의 +pilósus: 털로 덮인. 계수나무색 털로 덮인 데서 유래했다.
【국명】 어리는 비슷하다는 뜻의 접두사로, 별늑대거미를 닮은 종인 데서 유래했다.

394. *Alopecosa licenti* (Schenkel, 1953)
안경늑대거미 [Ru, M, C, K]
【학명】 인명 licent+i. 영국 예수회 수사 Émile Licent(1876~1952)에서 유래했다.
【국명】 안경을 닮은 외부생식기에서 유래했다.

395. *Alopecosa moriutii* Tanaka, 1985
일본늑대거미 [J, K, Ru]
【학명】 인명 moriuti+i. 일본 곤충학자 Sigeru Moriuti에서 유래했다.
【국명】 최초 채집지인 일본에서 유래했다.

성체(♀)

성체(♂)

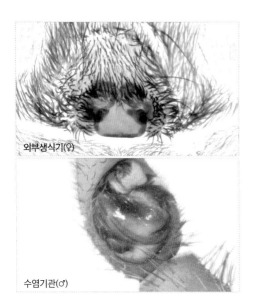

외부생식기(♀)

수염기관(♂)

396. *Alopecosa pulverulenta* (Clerck, 1757)
먼지늑대거미 [Pa]
【학명】pulveruléntus [풀베룰렌투스] 먼지투성이의. 적갈색 바탕의 등면에 흰 털이 산재한 것에서 유래한 것으로 추정한다.
【국명】유래는 학명과 같을 것으로 추정한다.

397. *Alopecosa virgata* (Kishida, 1909)
채찍늑대거미 [J, K, Ru]
【학명】virga [비르가] 줄무늬, 채찍. 정중부의 세로 줄무늬, 머리가슴가장자리의 줄무늬, 등면의 정중부 줄무늬 등과 같이 흰색 줄무늬가 지배적인 데서 유래했다.
【국명】virga의 또 다른 뜻인 채찍에서 유래한 것으로 추정한다.

398. *Alopecosa volubilis* Yoo, Kim & Tanaka, 2004
회전늑대거미 [J, K, Ru]
【학명】volúbĭlis [볼루빌리스] 빙빙 도는. 중부돌기(median apophysis)의 끝이 회전하는 데서 유래했다.
【국명】유래는 학명과 같다. 회전늑대거미는 중부돌기의 끝이 처음 방향으로 되돌아오는데, 이러한 중부돌기의 미세한 모양 변화가 다른 아로페늑대거미속의 *A. hokkaidensis*, *A. moriutii*와 조금 다르다(Yoo, Kim & Tanaka, 2004).

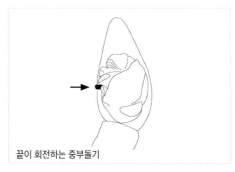

끝이 회전하는 중부돌기

Arctosa C. L. Koch, 1847
논늑대거미속

399. *Arctosa chungjooensis* Paik, 1994
충주논늑대거미 [K]
【학명】지명 chungjoo+ensis. 최초 채집지인 충주(chungjoo)에서 유래했다.
【국명】유래는 학명과 같다.

400. *Arctosa cinerea* (Fabricius, 1777)
해안늑대거미 [Eur, J, K]
【학명】cĭnérĕus [키네레우스] 회색의. 지배적인 몸 색깔에서 유래했다.
【국명】주요 서식지에서 유래했으며, 강원 양양군 하조대해수욕장에 서식하는 것으로 알려진다.

성체(♂)(공상호, 2013: 239)

401. *Arctosa coreana* Paik, 1994
한국논늑대거미 [K]

【학명】한국의(coreana). 최초 채집지인 한국 (경남 합천군 가야산)에서 유래했다.

【국명】유래는 학명과 같다.

402. *Arctosa ebicha* Yaginuma, 1960
적갈논늑대거미 [C, J, K]

【학명】ebicha: 적갈색을 뜻하는 일본어 えびちゃ 의 라틴어 표기이다. 몸이 적갈색인 데서 유래 했다.

【국명】몸 색깔에서 유래했으며 일본명 영향을 받은 것으로 추정한다. 일본명(エビチャコモリ グモ)에도 적갈색(エビチャ)이 나타난다.

성체(♀)

외부생식기(♀)

403. *Arctosa hallasanensis* Paik, 1994
한라산논늑대거미 [K]

【학명】지명 hallasan+ensis. 최초 채집지인 한 라산(hallasan)에서 유래했다.

【국명】유래는 학명과 같다.

404. *Arctosa ipsa* (Karsch, 1879)
흰털논늑대거미 [J, K, Ru]

【학명】ipse [입세] 자신, 자체. 논늑대거미속 (*Arctosa*) 그 자체라는 뜻으로 보인다.

*참고: ipsa는 ipse의 여성명사.

【국명】머리 정중부의 흰 털 무늬가 목홈 쪽으 로 이어지다가 배갑의 각진 팔(8)자 무늬로 침 입한다(공상호, 2013: 237). 즉 배갑의 흰털에서 유래했다.

성체(♂)

미성숙체

외부생식기(♀)

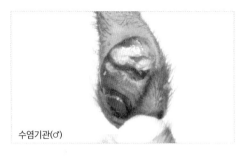

수염기관(♂)

405. *Arctosa kawabe* Tanaka, 1985
사구늑대거미 [J, K, Ru]
【학명】kawabe: 강변을 뜻하는 일본어 カワべ의 라틴어 표기이다. 주요 서식처인 강변에서 유래했다.
【국명】주요 서식처가 모래언덕(사구)인 데서 유래했다.

성체(♀)

406. *Arctosa keumjeungsana* Paik, 1994
금정산논늑대거미 [K, Ru]
【학명】지명 keumjeungsan+ensis. 최초 채집지인 부산 금정산(keumjeungsan)에서 유래했다.
【국명】유래는 학명과 같다.

407. *Arctosa kwangreungensis* Paik & Tanaka, 1986
광릉논늑대거미[C, K]
【학명】지명 kwangreung+ensis. 최초 채집지인 경기 포천시 광릉(kwangreung)에서 유래했다.

【국명】유래는 학명과 같다.

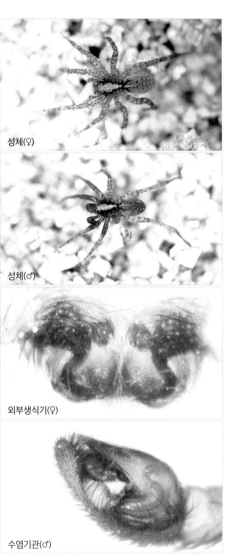

성체(♀)

성체(♂)

외부생식기(♀)

수염기관(♂)

408. *Arctosa pargongensis* Paik, 1994
팔공논늑대거미 [K]
【학명】지명 pargong+ensis. 최초 채집지인 팔공산(pargong)에서 유래했다.
【국명】유래는 학명과 같다.

409. *Arctosa pungcheunensis* Paik, 1994
풍천논늑대거미 [K]
【학명】지명 pungcheun+ensis. 최초 채집지인 경북 안동시 풍천(μungchcun)에서 유래했다.
【국명】유래는 학명과 같다.

410. *Arctosa stigmosa* (Thorell, 1875)
검정논늑대거미 [Fra, Norway to Ukraine]
【학명】stigmósus [스티그모수스] 낙인찍힌, 문신한. 배의 얼룩무늬에서 유래했다.
【국명】과거 같은 종으로 인식되었던 논늑대거미(*A. subamylacea*)의 몸 색깔에서 유래했다. 검정논늑대거미(*A. stigmosa*)는 검은색이 아니라 모래색이다. 오히려 같은 속의 논늑대거미(*A. subamylacea*)가 더 검은색에 가깝다.

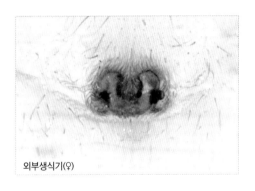

외부생식기(♀)

성체(♀)

성체(♂)

411. *Arctosa subamylacea* (Bösenberg & Strand, 1906)
논늑대거미 [Ka, C, J, K]
【학명】sub-+*Arctosa amylacea*. *A. amylacea* C. L. Koch, 1838(*A. maculata* Hahn, 1822의 동종이명)과 닮은 종이라는 뜻이다.
【국명】주요 서식지에서 유래했다.
*참고: 1986년 광릉늑대거미를 신종 등록하면서 미기록종이던 논늑대거미(*A. subamylacea*)를 등재했다. 이때만 해도 지금과 같은 논늑대거미였으나 1994년 백갑용 선생이 한국산 논늑대거미속을 정리하면서 국명이 검정논늑대거미로 바뀌었다. 이후 *A. subamylacea*가 *Arctosa stigmosa*(중부 유럽 서식종)의 동종이명이라는 주장이 재기되면서 검정논늑대거미(*A. subamylacea*)의 학명마저 *A. stigmosa*로 바뀌었다. 그런데 2007년 *A. stigmosa*와 *A. subamylacea*는 별개 종이라는 주장이 제기되면서 2015년에 검정논늑대거미(*A. stigmosa* Thorell 1879)와 논늑대거미(*A. subamylacea* Bösenberg et Strand, 1906)는 다른 종으로 분류되었다.[33]

---

33) 분명한 것은 이 2종은 생물학적 분류의 결정적 단서가 되는 암컷의 생식기나 수컷의 수염기관이 거의 같을 정도로 비슷하다. 다만 검정논늑대거미(*A. stigmosa*)와는 서식지가 완전히 다르며, 이로 인해 몸 색깔도 달라졌다. 검정논늑대거미는 하천에 서식하는 반면, 논늑대거미(*A. subamylacea*)는 습지에서도 서식하지만 건기에는 바닥을 드러내는 논이나 심지어 밭에서도 어렵지 않게 발견된다.

발기의 성체(♀)

412. *Arctosa yasudai* (Tanaka, 2000)
얼룩논늑대거미 [J, K]
【학명】인명 yasuda+i. 일본 학자 Masatoshi Yasuda에서 유래했다.
【국명】배에 나타난 뚜렷한 얼룩무늬에서 유래했다.

발기의 성체(♂)

성체(♀)

외부생식기(♀)

사계절 습지의 성체(♀)

Hygrolycosa Dahl, 1908
습지늑대거미속

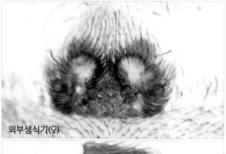
외부생식기(♀)

413. *Hygrolycosa umidicola* Tanaka, 1978
습지늑대거미 [J, K]
【학명】umi-=humi-(humidius): 젖은 땅에 +cola: ~에 사는. 습지에 산다는 뜻으로 생태 습성에서 유래했다.
【국명】유래는 학명과 같다.

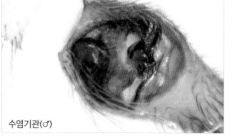
수염기관(♂)

Lycosa Latreille, 1804
짧은마디늑대거미속

414. *Lycosa coelestis* L. Koch, 1878
제주늑대거미 [C, J, K]
【학명】 coelestis: 하늘의, 천상의, 뛰어난. 생김새에서 유래한 것으로 추정한다.
【국명】 최초 채집지인 제주도에서 유래했다. 실제로 제주도에서 가장 흔하게 서식하며, 남해 연안 및 황해의 섬 등에서도 볼 수 있다. 과거 검둥배늑대거미(*Lycosa auribrachialis* Schenkel 1936)로 등록된 적도 있으나 오류로 밝혀졌다.

수염기관(♂)

415. *Lycosa coreana* Paik, 1994
한국늑대거미 [K]
【학명】 한국의(coreana). 최초 채집지인 한국에서 유래했다.
【국명】 유래는 학명과 같다.

416. *Lycosa labialis* Mao & Song, 1985
입술늑대거미 [C, K]
【학명】 labialis: 입술의. 암컷의 외부생식기 모양이 입술을 닮은 데서 유래했다.
【국명】 유래는 학명과 같다.

성체(♀)

성체(♂)

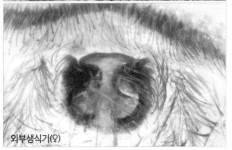
외부생식기(♀)

성체(♀)

성체(♂)

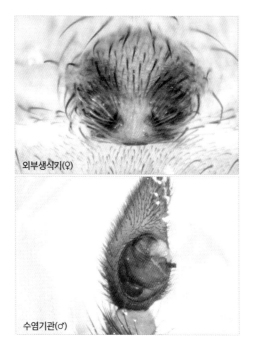

외부생식기(♀)

수염기관(♂)

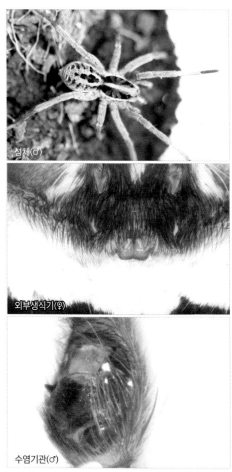

성체(♂)

외부생식기(♀)

수염기관(♂)

417. *Lycosa suzukii* Yaginuma, 1960
땅늑대거미 [C, J, K, Ru]
【학명】인명 suzuki+i. 일본 동물학자 Seisho
Suzuki(鈴木正将, 1914~2011)에서 유래한 것으
로 추정한다.
【국명】땅속에 굴을 파고 서식하는 생태 습성에
서 유래했다.

성체(♀)

***Pardosa* C. L. Koch, 1847**
긴마디늑대거미속

418. *Pardosa astrigera* L. Koch, 1878
별늑대거미 [C, J, K, Ru, T]
【학명】ástrĭger [아스트리게르] 천체를 지닌. 몸
에 작은 흰색 점이 산재한 것이 밤하늘의 별처
럼 보이는 데서 유래했다.
【국명】학명에서 유래했다.

알집을 단 어미(♀)

성체(♂)

외부생식기(♀)

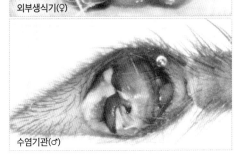

수염기관(♂)

419. *Pardosa atropos* (L. Kock, 1878)
극동늑대거미 [C, J, K]

【학명】논문에서는 학명 유래를 전하지 않는다.

*참고: 아트로포스(atropos)는 인간의 운명을 결정하는 세 여신 중 한 명을 가리킨다.

【국명】일본 혼슈 최북단의 도호쿠(東北) 등 극동 지역에서 채집한 데서 유래했다.

420. *Pardosa brevivulva* Tanaka, 1975
뫼가시늑대거미 [C, J, K, Ru]

【학명】brĕvi [브레비] 작은+vulva [불바] 생식기. 생식기가 작은 것에서 유래했다.

【국명】다리에 가시털이 많고, 주요 서식처가 산지(뫼)인 데서 유래했다.

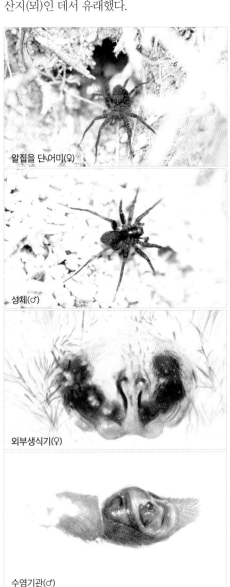

알집을 단어미(♀)

성체(♂)

외부생식기(♀)

수염기관(♂)

421. *Pardosa hanrasanensis* Jo & Paik, 1984

한라늑대거미 [Ru, K]

【학명】지명 hanrasan+ensis. 최초 채집지인 한라산(hanrasan)에서 유래했다.
【국명】유래는 학명과 같다.

수염기관(♂)

422. *Pardosa hedini* Schenkel, 1936

중국늑대거미 [C, J, K, Ru]

【학명】인명 hedin+i. 스웨덴의 지리학자이자 탐험가인 Sven Anders Hedin(1865~1952)에서 유래한 것으로 추정한다. Hedin은 중앙아시아, 러시아, 중국, 일본 등을 여행했다.
【국명】최초 채집지인 중국에서 유래했다.

423. *Pardosa herbosa* Jo & Paik, 1984

풀늑대거미 [C, J, K, Ru]

【학명】herbósus [헤르보수스] 풀 덮인. 주요 서식처인 풀밭에서 유래했다.
【국명】유래는 학명과 같다.

성체(♀)

성체(♂)

외부생식기(♀)

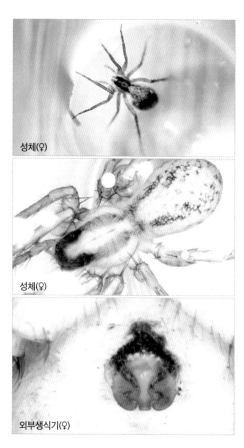
성체(♀)

성체(♀)

외부생식기(♀)

424. *Pardosa hortensis* (Thorell, 1872)
얼룩늑대거미 [Pa]
【학명】horténsis [호르텐시스] 정원의. 주요 서식처에서 유래했다.
【국명】등면의 얼룩무늬에서 유래했다.

425. *Pardosa isago* Tanaka, 1977
이사고늑대거미 [C, J, K, Ru]
【학명】isago: 모래를 뜻하는 일본어(いさご)의 라틴어 표기이다. 주요 서식처에서 유래했다.
【국명】유래는 학명과 같다. 같은 속의 모래톱늑대거미(*P. lyrifera*)와는 다른 종이다.

426. *Pardosa laura* Karsch, 1879
가시늑대거미 [C, J, K, Ru, T]
【학명】laura [라우라] 길(마을). 주요 서식처에서 유래한 학명으로 추정한다.
【국명】다리에 가시털이 많은 데서 유래했다.

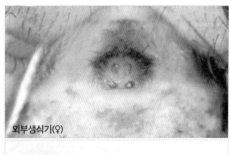

외부생식기(♀)

수염기관(♂)

성체(♀)

성체(♂)

427. *Pardosa lugubris* (Walckenaer, 1802)
흰표늑대거미 [Pa]
【학명】lúgŭbris [루구브리스] 초상의, 상복의.[34] 어두운 색의 방사상무늬구역 정중부에 흰색 털이 폭넓게 나는 데서 유래한 것으로 추정한다.
【국명】배갑의 방사상무늬구역은 검고, 정중부에 흰색 털이 폭넓게 나타나 대조적으로 더 희게 보이는 데서 유래한 것으로 추정한다.

428. *Pardosa lyrifera* Schenkel, 1936
모래톱늑대거미 [C, J, K]
【학명】lyrifera: 리라 모양의. 외부생식기가 언뜻 리라(lyra, 하프의 일종)를 닮은 데서 유래한 것으로 추정한다.
【국명】모래톱은 강가의 모래가 물결무늬를 이루어 거대한 톱날 모양으로 보이는 곳을 말하며, 실제로 모래톱늑대거미의 주요 서식처이다. 연천 한탄강의 모래톱에 서식한다.

---

34) lugubris는 다양한 동식물의 학명에서 볼 수 있는 단어로, 그중에는 몸 색깔이 상복처럼 어두운 동물도 있고, 밝은 색 바탕에 어두운 색 무늬가 있는 종류도 있다.

성체(♀)

430. *Pardosa nojimai* Tanaka 1998
염습지늑대거미(가칭) [J, K]
【학명】인명 nojima+i. 채집자인 K. Nojima에서 유래했다.
【국명】소래생태공원 염습지 풀숲에서 처음 채집된 데서 유래했다.

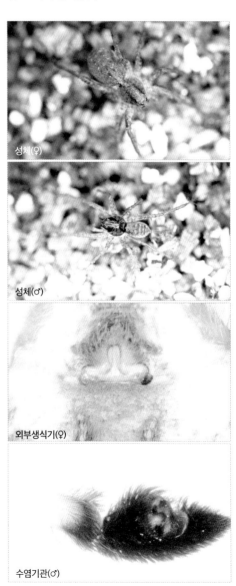

성체(♀)

성체(♂)

외부생식기(♀)

수염기관(♂)

성체(♂)

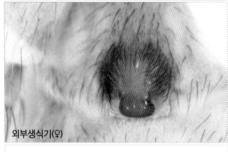

외부생식기(♀)

수염기관(♂)

429. *Pardosa monticola* (Clerck, 1757)
묏늑대거미 [Pa]
【학명】monticola [몬티콜라] mons: 산+cola: ~에 사는. 주요 서식처에서 유래했다.
【국명】유래는 학명과 같다. 산(뫼)+늑대거미.

431. *Pardosa palustris* (Linnaeus, 1758)
대륙늑대거미 [Ha]
【학명】palúster [팔루스테르] 늪이 많은. 주요
서식처에서 유래한 것으로 추정한다.
【국명】서식처가 전북구[35]로 광대한 데서 유래
했다.

성체(♀)

성체(♂)

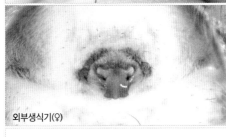
외부생식기(♀)

수염기관(♂)

432. *Pardosa pseudoannulata* (Bösenberg & Strand, 1906)
들늑대거미 [Pk to J, Ph, Jv]
【학명】pseudo(닮은)+*P. annulata*. *Pardosa annulata* Thorell, 1872(*P. hortensis* Thorell, 1872의 후행이명)와 닮은 거미인 데서 유래했다.
【국명】들이나 논밭으로 된 넓은 땅을 의미하며, 국명은 주로 논에 많이 서식하는 데서 유래했다.

성체(♀)

성체(♂)

433. *Pardosa uncifera* Schenkel, 1963
갈고리늑대거미 [C, K, Ru]
【학명】uncínus [웅치누스] 작은 갈고리, 낚시
바늘+fer: 가진. 수컷 수염기관의 중부돌기가 갈
고리 모양인 데서 유래했다.
【국명】유래는 학명과 같다.

---

35) holarctic region, 全北區. 육상동물지리구의 하나. 구열대구와 함께 북계를 구성하며, 신북아구, 카리브아구, 구북아구, 북극아구로 구분한다. 전북구의 동물상은 다른 남방의 여러 구에 비해 변화가 크지 않은 것은 제4기 갱신세에 빙하활동 영향을 크게 받았기 때문이라고 한다(생명과학대사전, 초판 2008., 개정판 2014., 도서출판 여초).

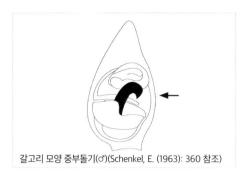
갈고리 모양 중부돌기(♂)(Schenkel, E. (1963): 360 참조)

434. *Pardosa yongduensis* Kim & Chae, 2012
용두늑대거미[36] [K]
【학명】지명 yongdu+ensis. 최초 채집지인 충남 홍성군 용두마을(yongdu)에서 유래했다.
【국명】유래는 학명과 같다.

Pirata Sundevall, 1833
부이표늑대거미속[37]

435. *Pirata coreanus* Paik, 1991
금오늑대거미 [K]
【학명】한국의(coreanus). 최초 채집지인 한국에서 유래했다.
【국명】최초 채집지인 금오산(경북 구미시)에서 유래했다.

436. *Pirata piraticus* (Clerck, 1757)
늪산적거미 [Ha]
【학명】pirátĭcus [피라티쿠스] 해적의, 해적 행위를 하는. 논이나 고인 물이 있는 웅덩이 근처에서 주로 서식한다. 학명은 물가에 서식하는

생태 습성에서 유래한 것으로 추정한다.
【국명】주요 서식처에서 유래했으며, 산적은 학명에서 유래했다.

437. *Pirata subpiraticus* (Bösenberg & Strand, 1906)
황산적늑대거미 [K, Ru, C, J, Jv, Ph]
【학명】sub-+*P. piraticus*. 늪산적거미와 닮은 거미라는 뜻이다.
【국명】배갑과 다리의 황갈색에서 유래했다.

성체(♀)

성체(♂)

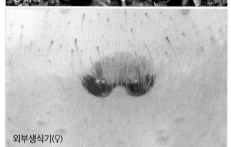
외부생식기(♀)

---

36) 대륙늑대거미와 구별하기가 어렵다.
37) *Pirata*(해적이라는 뜻)는 물가에 서식하는 무리로 국명은 부이표늑대거미속이다. 목홈에서 눈구역으로 브이(V)자 무늬(부이표)가 나타나 붙은 이름이다.

수염기관(♂)

Piratula Roewer, 1960
산적늑대거미속[38]

438. Piratula clercki (Bösenberg & Strand, 1906)
양산적늑대거미 [C, J, K, T]
【학명】인명 clerck+i. C. A. Clerck(1710~1765)에서 유래했다.
*참고: Clerck는 린네(C. Linnaeus(1707~1765))와 함께 동물 명명법의 출발점을 만든 인물이다. 특히 Clerck는 거미 분야에서는 린네보다 앞서 『Aranei svecici(스웨덴의 거미)』를 출판했다 (김주필, 2009: 177).
【국명】'양'은 배갑에 나타난 브이(V)자 무늬 바깥쪽에 나타난 양 옆줄과 등면 양 측면에 나타난 흰 점무늬에서 유래한 것으로 추측한다.

439. Piratula kunorri (Scopoli, 1763)
쿠노르늑대거미 [Pa]
【학명】인명 kunorr+i. Kunorr에서 유래했으나, 인물 정보는 찾을 수 없다.
【국명】유래는 학명과 같다. 쿠노르(Kunorr)+늑대거미.

440. Piratula meridionalis (Tanaka, 1974)
포천늑대거미 [C, J, K]
【학명】meridionális [메리디오날리스] 남쪽의, 남방의. 일본 4개 섬 중 가장 남쪽에 위치한 규슈에서 최초로 채집한 데서 유래했다.
【국명】한국 최초 채집지인 포천에서 유래했다.

441. Piratula piratoides (Bösenberg & Strand, 1906)
공산늑대거미 [C, J, K, Ru]
【학명】piráta [피라타] 해적. 해적+ides: ~닮음. 늪산적늑대거미(P. piráta)와 닮은 데서 유래했다.
【국명】한국 최초 채집지인 팔공산의 옛 이름 (공산)에서 유래했다.

442. Piratula procurva (Bösenberg & Strand, 1906)
좀늑대거미 [C, J, K]
【학명】procúrvus [프로쿠르부스] 구부러진. 앞눈줄이 전곡한 데서 유래했다.
【국명】'좀'은 크기가 작은 데서 유래했다. 암컷은 4~5㎜, 수컷은 3~4㎜이다.

성체(♂)

---

38) 부이표늑대거미속이던 것을 분리했다. 따라서 배갑에 브이(V)자 무늬가 나타난다. 여러 가지 구별법이 있지만, 한 눈에 구별할 수 있는 방법은 크기다. 산적늑대거미속(Piratula)의 크기가 부이표늑대거미속(Pirata)보다 더 작다.

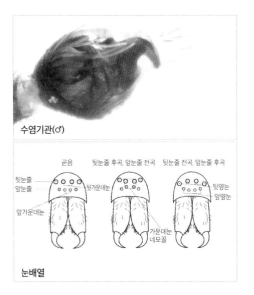

수염기관(♂)

곧음   뒷눈줄 후곡, 앞눈줄 전곡   뒷눈줄 전곡, 앞눈줄 후곡

뒷눈줄
앞눈줄   뒷가운데눈   뒷옆눈
                                        앞옆눈
앞가운데눈

가운데눈
네모꼴

눈배열

443. *Piratula tanakai* (Brignoli, 1983)
꼬마산적거미 [J, K, Ru]

【학명】 인명 tanaka+i. 일본 거미학자 Hozumi Tanaka에서 유래했다.

【국명】 꼬마는 좀늦대거미처럼 작은 데서 유래한 것이며, 실제로 서로 닮았다.

444. *Piratula yaginumai* (Tanaka, 1974)
방울늦대거미 [C, J, K, Ru]

【학명】 인명 yaginuma+i. 일본 거미 학자 Takeo Yagimuma(1916~1995)에서 유래했다.

【국명】 작다는 뜻에서 유래한 것으로 추정한다.

성체(♀)

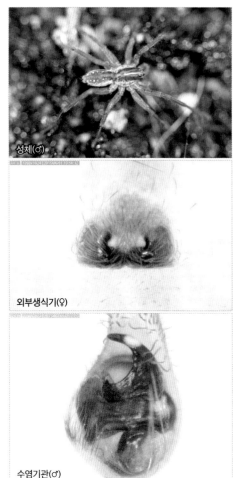

성체(♂)

외부생식기(♀)

수염기관(♂)

Trochosa C. L. Koch, 1847
곤봉표늦대거미속

445. *Trochosa ruricola* (De Geer, 1778)
촌티늦대거미 [Ha, Bu]

【학명】 rurícŏla [루리콜라] 시골에 사는. 최초 발견지에서 유래한 것으로 추정한다.

【국명】 학명에서 유래했다.

알집을 매단 어미(♀)

성체(♀)

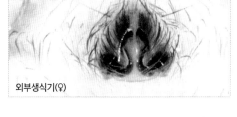
외부생식기(♀)

446. *Trochosa spinipalpis* (F. O. Pickard-Cambridge, 1895)
가시티늑대거미 [Pa]
【학명】 spīna [스피나] 가시+palp: 수염기관. 수컷 수염기관 경절 배면에 특징적인 가시털이 밀생하는 데서 유래했다.
【국명】 유래는 학명과 같다.

알집을 매단 어미(♀)

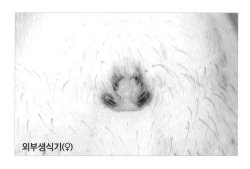
외부생식기(♀)

447. *Trochosa unmunsanensis* Paik, 1994
운문티늑대거미 [K]
【학명】 지명 unmunsan+ensis. 최초 채집지인 경북 청도군 운문산(unmunsan)에서 유래했다.
【국명】 유래는 학명과 같다.

Xerolycosa Dahl, 1908
마른늑대거미속

448. *Xerolycosa nemoralis* (Westring, 1861)
흰줄늑대거미 [Pa]
【학명】 nemorális [네모랄리스] 숲의. 주요 서식처에서 유래했다.
【국명】 몸에 나타나는 흰 줄무늬에서 유래한 것으로 추정한다.

성체(♀)(공상호, 2013: 218)

Mimetidae Simon, 1881
해방거미과[39]

Australomimetus Heimer, 1986
배해방거미속

449. *Australomimetus japonicus* (Uyemura, 1938)
배해방거미 [J, K]

【학명】일본의(japonicus). 일본에서 최초로 채집해 등재한 데서 유래했다.

【국명】삼각형인 독특한 배 모양에서 유래했다.

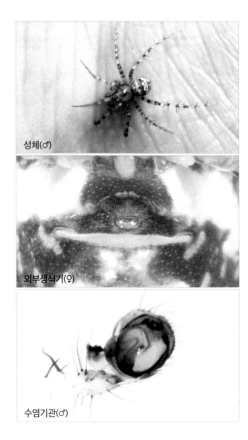

성체(♂)

외부생식기(♀)

Ero C. L. Koch, 1836 해방거미속

450. *Ero cambridgei* Kulczyński, 1911
얼룩해방거미 [Pa]

【학명】인명 cambridge+i. 영국 거미학자 Frederick Octavius Pickard-Cam bridge (1860~1905)에서 유래했다.

【국명】머리가슴과 등면에 암갈색 얼룩무늬가 나타나는 데서 유래했다.

수염기관(♂)

451. *Ero japonica* Bösenberg & Strand, 1906
뿔해방거미 [C, J, K, Ru]

【학명】일본의(japonica). 최초 채집지인 일본에서 유래했다.

【국명】배 뒤쪽 양옆으로 뿔이 1쌍 나타나는 데서 유래했다.

452. *Ero koreana* Paik, 1967
민해방거미 [C, J, K, Ru]

【학명】한국의(koreana). 최초 채집지인 한국에

성체(♀)

---

39) 한국산 해방거미과의 거미는 1936년에 K. Kishida가 일본명 Sensyogumo를 보고한 것을 효시로 한다(백갑용, 1967: 185)). 그런데 Senshou는 침략전쟁에서의 승리를 의미하는 일본어 센쇼우(戰勝 戰捷)이다. 한국의 역사적 상황을 고려했다면 최소한 우리말 이름은 해방보다는 더 적극적인 염원이어야 했다.

서 유래했다.

【국명】 기존의 뿔해방거미와 달리 등면에 뿔
(혹)이 없는 데서 유래했다.

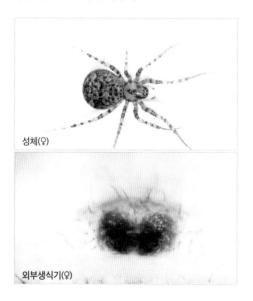

성체(♀)

외부생식기(♀)

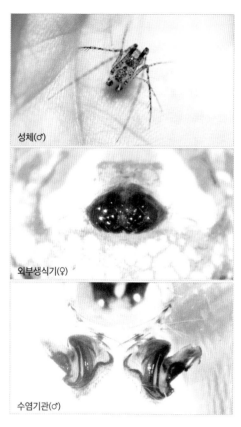

성체(♂)

외부생식기(♀)

수염기관(♂)

Mimetus Hentz, 1832 큰해방거미속

453. *Mimetus testaceus* Yaginuma, 1960
큰해방거미 [C, J, K]
【학명】 testácĕus [테스타케우스] 흙의, 등딱지
가 있다. 등면에 검은색 무늬와 가시가 있어 구
운 흙 같기도 하고, 등딱지 같기도 한 데서 유래
한 것으로 추정한다.
【국명】 해방거미 중 가장 큰 데서 유래했다.

성체(♀)

Miturgidae Simon, 1886
미투기거미과

Prochora Simon, 1886 족제비거미속

454. *Prochora praticola* (Bösenberg &
Strand, 1906) **족제비거미 [C, J, K]**
  = *Itatsina praticola* Paik, 1970b
【학명】 prata: 풀밭+cola: ~에 사는. 주요 서식처
에서 유래한 것으로 추정한다.
【국명】 일본명(イタチグモ) 영향을 받은 것으로
추정한다. 족제비(イタチ)+거미.

성체(♀)

성체(♂)

외부생식기(♀)

수염기관(♂)

수염기관(♂)

Zora C. L. Koch, 1847 오소리거미속

455. *Zora nemoralis* (Blackwall, 1861)
수풀오소리거미 [Pa]
【학명】 nemorális [네모랄리스] 숲의. 주요 서식
처에서 유래한 것으로 추정한다.
【국명】 유래는 학명과 같다.

Mysmenidae Petrunkevitch, 1928
깨알거미과

Microdipoena Banks, 1895
깨알거미속

456. *Microdipoena jobi* (Kraus, 1967)
깨알거미 [Pa]
 = *Mysmenella jobi* Namkung & Lee, 1987
【학명】 인명 job+i. 발표 당시 마인츠 대학교 동
물학부 학생이던 Wilhelm Job에서 유래했다.
【국명】 크기가 1㎜ 내외로 아주 작은 것에서 유
래했다.

Nephilidae Simon, 1894
무당거미과

Nephila Leach, 1815 무당거미속

457. *Nephila clavata* L. Koch, 1878
무당거미 [In to J]
【학명】 clavátus [클라바투스] 무늬가 있는. 화
려한 무늬에서 유래한 것으로 추측한다.

【국명】유래는 학명과 동일한 것으로 추정한다.

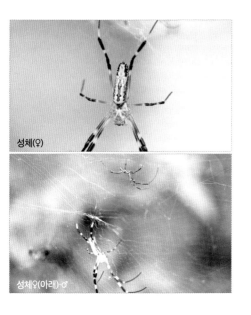

성체(♀)

성체♀(아래)·♂

Nesticidae Simon, 1894
굴아기거미과

Nesticella Lehtinen & Saaristo, 1980
쇠굴아기거미속

458. *Nesticella brevipes*[40] (Yaginuma, 1970)
꼬마굴아기거미 [C, J, K, Ru]
【학명】brĕvis [브레비스] 짧은+pēs [페스] (사람, 동물의) 발. 다리가 짧은 데서 유래했다.
【국명】크기가 작은 데서 유래했다. 꼬마굴아기거미는 같은 속의 다른 종보다 크기가 작다.

459. *Nesticella mogera* (Yaginuma, 1972)
쇠굴아기거미 [Az, C, J, K, Hw, Fiji(Eur, introduced)]
【학명】mogera: モゲラ. 일본어로 두더지라는 뜻이다. 일본 돗토리 현의 두더지 굴에서 최초로 발견된(Yaginuma, T. 1972f: 622) 것에서 유래했다.
【국명】'쇠'는 소(牛)를 뜻하며 지명에서 유래한 것으로 추정한다. 한국에서는 1998년 여주에서 최초로 채집해 등재한 종으로, 여주의 지명 중 소와 관련된 곳은 쇠도둑골, 쇠중거리골, 쇠꼬지 등이 있다.

460. *Nesticella quelpartensis* (Paik & Namkung, 1969)
제주굴아기거미 [K]
【학명】지명 quelpart+ensis. 최초 채집지인 제주도의 다른 이름(quelpart)에서 유래했다.
【국명】유래는 학명과 같다. 최초 채집지는 제주도 한경면 신창리 성굴.

Nesticus Thorell, 1869 굴아기거미속

461. *Nesticus acrituberculum* Kim et al., 2014
검은줄무늬굴아기거미 [K]
【학명】ācer [아케르] 뾰족한, 날카로운+tubércŭlum [투베르쿨룸] 작은 종기. 부배엽의 날카로운 돌출부에서 유래했다.
【국명】등면에 나타난 검은색 줄무늬 1쌍에서 유래했다.

---

40) *brevipes*는 공룡, 버섯, 파충류 등 다리나 식물의 대가 짧은 종에 자주 쓰이는 종명이다.

462. *Nesticus coreanus* Paik & Namkung, 1969
반도굴아기거미 [K]
【학명】한국의(coreanus). 최초 채집지인 한국에서 유래했다.
【국명】한국의 다른 표현인 한반도에서 유래했다.

463. *Nesticus flavidus* Paik, 1978
노랑굴아기거미 [K]
【학명】flávĭdus [플라비두스] 노란. 몸 색깔이 노란 데서 유래했다.
【국명】유래는 학명과 같다.

464. *Nesticus gastropodus* Kim & Ye, 2014
다슬기굴아기거미 [K]
【학명】gastropodus: 복족류. 수컷의 수염기관이 복족류를 닮은 데서 유래했다.
【국명】유래는 학명과 같다. 다슬기(복족류)+굴아기거미.

465. *Nesticus kyongkeomsanensis* Namkung, 2002
경검산굴아기거미 [K]
【학명】지명 kyongkeomsan+ensis. 최초 채집지 경검산(강원 정선군)에서 유래했다.
【국명】유래는 학명과 같다.

Oecobiidae Blackwall, 1862
티끌거미과

Oecobius Lucas, 1846 티끌거미속

466. *Oecobius navus* Blackwall, 1859
티끌거미 [Co]
【학명】nāvus [나부스] 악착같은. 먹잇감을 놓치지 않고 악착같이 그물로 감싸는 습성에서 유래한 것으로 추측한다.
【국명】티끌거미는 천장, 널판자, 창고의 벽면 등에 납작한 흰색 집을 짓고 그 속에 숨어 산다. 국명은 흰색 집 표면에 여러 가지 티끌이 들러붙은 것에서 유래했다.

Uroctea Dufour, 1820 납거미속[41]

467. *Uroctea compactilis* L. Koch, 1878
왜납거미 [C, J, K]
【학명】compáctĭlis [콤팍틸리스] 짜임새 있는, 치밀한. 거미의 촘촘한 그물이나 생김새에서 유래한 것으로 추정한다.
【국명】일본(왜)에서 흔한 납거미라는 의미이다. 한국과 중국에서는 남쪽에만 서식해 한때는 남녘납거미로도 불렸다.

성체(♀)

---

41) 복부가 납작한 데서 유래한 이름이다.

성체(♂)

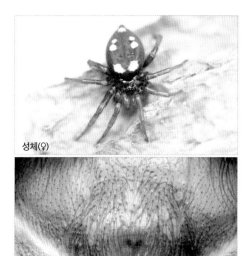

성체(♀)

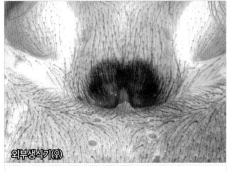

외부생식기(♀)

외부생식기(♀)

수염기관(♂)

468. *Uroctea lesserti* Schenkel, 1936
대륙납거미 [C, K]
【학명】인명 lessert+i. Roger de Lessert (1878~1945)에서 유래했다.
【국명】한국, 중국, 러시아까지 넓게 분포하는 데서 유래했다. 특이한 점은 일본에서는 발견되지 않고 있다.

Oonopidae Simon, 1890
알거미과[42]

Gamasomorpha Karsch, 1881
진드기거미속

469. *Gamasomorpha cataphracta* Karsch, 1881
진드기거미 [J, K, Ph, T]
【학명】cataphráctes [카타프락테스] 쇠미늘 갑옷. 배가 키틴질로 이루어졌으며, 측면에 황백색 막이 나타나는 것에서 유래했다.
【국명】아주 작은 크기로 초목이나 나무껍질 위를 배회하는 습성이 진드기와 닮은 데서 유래했을 것으로 추정한다.

---

42) 일본 과명(タマゴグモ科)과 대만 과명(卵蛛科)도 한국 과명과 일치한다.

*참고: 일본명(ダニグモ) 역시 국명과 뜻이 같다. ダニ는 진드기란 뜻이다.

은 선이 있는데 이것은 피부 색소에 의한 것이다(백갑용. 1978e: 382).

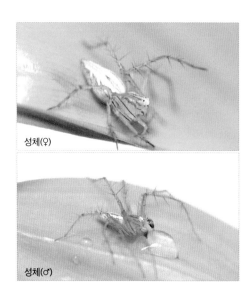

성체(♀)

성체(♂)

Ischnothyreus Simon, 1893
갑옷진드기거미속

470. *Ischnothyreus narutomii* (Nakatsudi, 1942)
갑옷진드기거미 [C, J, K, T]
【학명】인명 narutomi+i. Narutomi에서 유래했으나, 최초 논문과 인물 정보는 전하지 않는다.
【국명】이웃 나라 영향을 받은 것으로 추정한다. 갑옷은 대만명(鎧蛛)에서도 나타나며, 일본명(ナルトミダニグモ)은 갑옷(ナルトミ)+진드기(ダニ)+거미(グモ)로 국명과 완전히 일치한다.

Oxyopidae Thorell, 1870
스라소니거미과[43)]

Oxyopes Latreille, 1804
스라소니거미속

471. *Oxyopes koreanus* Paik, 1969
분스라소니거미 [J, K]
【학명】한국의(koreanus). 최초 채집지인 한국에서 유래했다.
【국명】얼굴에 바르는 분에서 유래한 것으로 추측한다.
*참고: 앞가운데눈 아래쪽에서 시작해서 이마를 거쳐 위턱 밑마디 끝까지 달리는 2가닥의 검

43) 영어명(Lynx spider)과 중국명(猫蛛)이 모두 국명과 일치한다.

472. *Oxyopes licenti* Schenkel, 1953
아기스라소니거미 [C, J, K, Ru]
【학명】인명 licent+i. 영국 예수회 수사 Émile Licent(1876~1952)에서 유래했다.
【국명】작다는 말(parvous)에서 유래했다. 처음 아기스라소니거미는 지금의 *O. lincenti*가 아니라 *O. parvous* Paik 1969였다. 그러다 *O. lincenti* Schenkel의 동종이명으로 밝혀졌지만, 국명은 그대로 아기스라소니거미로 쓰고 있다. *O. badius* Yaginuma 1967로도 불렸는데, 이 때문에 밤색(badius)스라소니거미로도 불렸다.

성체(♀)

성체(♂)

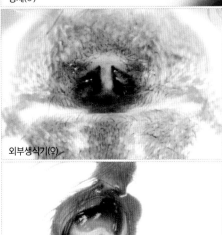

외부생식기(♀)

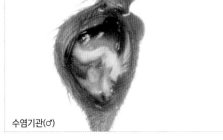

수염기관(♂)

성체(♀)

성체(♀)

473. *Oxyopes sertatus* L. Koch, 1878
낯표스라소니거미 [C, J, K, T]
【학명】sertátus [세르타투스] 화환으로 장식된. 배에 나타난 화려한 무늬에서 유래했다.
【국명】『한국동식물도감 동물편』(백갑용, 1978e)에서는 그림을 제시할 때 거미의 정면 모습을 "암컷의 낯(face of female)"으로 표현했다. 정황상 '낯'은 얼굴을 뜻하는 것으로 추정되지만 정확하게 어떤 부분을 얼굴에 비유했는지에 대한 기록은 남아 있지 않다.

Philodromidae Thorell, 1870
새우게거미과

Apollophanes O. Pickard-Cambridge, 1898
아폴로게거미속

474. *Apollophanes macropalpus* (Paik, 1979)
큰수염아폴로게거미 [K, Ru]
【학명】Macro- [마크로] 크다+palpus: 수염기관. 실제로 수염기관의 방패판(tegulum)이 숟가락에 밥을 고봉으로 편 것처럼 우뚝 솟았다.
【국명】학명과 마찬가지로 수염기관이 큰 데서 유래했다.

성체(♂)

수염기관(♂)

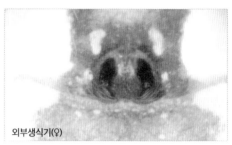

외부생식기(♀)

476. *Philodromus auricomus* L. Koch, 1878
금새우게거미 [C, J, K, Ru]
【학명】aurícŏmus [아우리코무스] aurum: 금 +coma: 발의. 황갈색 다리에서 유래했다.
【국명】학명에서 유래했다. 하지만 금새우게거미는 다리만 황갈색이지 지배적인 몸 색깔은 회백색이다.

Philodromus Walckenaer, 1826
새우게거미속

475. *Philodromus aureolus* (Clerck, 1757)
황금새우게거미 [Pa]
【학명】auréŏlus [아우레올루스] 황금빛의. 몸 색깔에서 유래했다.
【국명】학명에서 유래했다.

성체(♀)

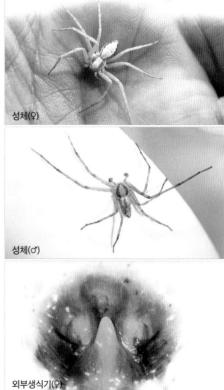

성체(♀)

성체(♂)

외부생식기(♀)

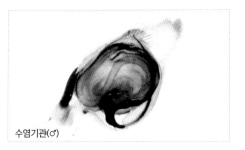

수염기관(♂)

477. *Philodromus cespitum* (Walckenaer, 1802)
흰새우게거미 [Ha]

【학명】cæspĕs=cesáriĕs [체스페스] 다발.[44] 배갑의 무성한 털 다발에서 유래한 것으로 추정한다.
【국명】황갈색 바탕에 드문드문 흰 무늬가 나타나는 데서 유래했다.

성체(♀)

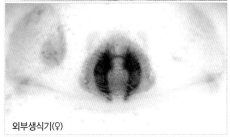

외부생식기(♀)

478. *Philodromus emarginatus* (Schrank, 1803)
황새우게거미 [Pa]

【학명】emarginatus: 테두리가 없는. e(ex): 결여+marginatus: 테두리의. 보통 새우게거미는 배갑가장자리에 밝은 색 테두리가 뚜렷하지만 황새우게거미는 테두리가 흐리다.
【국명】전체적으로 몸이 황갈색인 데서 유래했나.

479. *Philodromus lanchowensis* Schenkel, 1936
김화새우게거미 [C, J, K, Ru]

【학명】지명 lanchow+ensis. 최초 채집지인 중국 란저우(lanchow)에서 유래했다.
【국명】한국 최초 채집지인 강원 철원군 김화에서 유래했다. 1963년 김용기 선생이 최초로 채집해 *P. kimwhaensis* Paik, 1979로 등록했으나 *P. lanchowensis* Schenkel, 1936의 동종이명으로 처리되었다. 국명은 그대로 쓰이고 있다.

480. *Philodromus leucomarginatus* Paik, 1979
흰테새우게거미 [C, K]

【학명】leuco: 무색 또는 백색을 의미하는 그리스어에서 유래된 접두어+marginatus: 테두리의. 흰 테두리가 있는 데서 유래했다.
【국명】유래는 학명과 같다.

481. *Philodromus margaritatus* (Clerck, 1757)
얼룩이새우게거미 [Pa]

【학명】margaritátus [마르가리타투스] 진주로 장식된. 등면의 흰색 반점이 진주 빛인 데서 유래했다.
【국명】몸에 전반적으로 얼룩무늬가 많이 나타나는 데서 유래했다.

---

44) 같은 종명을 쓰는 다른 종을 보면 다발범의귀(*Saxifraga cespitosa* L.)는 이름 그대로 다발로 밀생해 자라는 식물이며, 들장미애기잎말이나방(*Celypha cespitana* Hübner, 1817)은 날개 가장자리에 실처럼 가는 털이 밀생한다.

482. *Philodromus poecilus* (Thorell, 1872)
어리집새우게거미 [Pa]

【학명】poecilus: 포이킬로스(poecilus)는 그리스 테라 섬의 통치자이자 그리스 신화에 나오는 인물인 멤블리아로스의 아버지다. 논문 저자(Thorell. T, 1872)가 유럽산 거미를 재정리하면서 등록한 종이므로 학명은 테라 섬에서 유래한 것으로 추측한다.

【국명】어리는 비슷하다는 뜻의 접두사로, 집새우게거미를 닮았다는 뜻에서 유래했다. 처음 집새우거미라는 국명을 얻은 종은 나무결새우게거미의 동종이명으로 처리된 *P. fuscomarginatus* (De Greer, 1778)였다. 실제로 어리집새우게거미와 나무결새우게거미는 무척 닮았다.

성체(♀)

성체(♂)

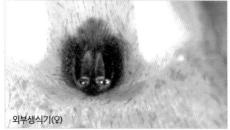

외부생식기(♀)

수염기관(♂)

483. *Philodromus pseudoexilis* Paik, 1979
단지새우게거미 [K]

【학명】pseudo(닮은)+*P. exilis*. *P. exilis* Banks, 1892를 닮은 거미인 데서 유래했다. 하지만 백갑용 선생(1979c)에 따르면 단지새우게거미는 *P. exilis*에 비해 수염기관 후측면 돌기(retrolateral apophysis)의 생김새가 다르다.

【국명】끝이 잘린 손가락처럼 수컷의 더듬이다리 배면 경정돌기 말단부가 일(ー)자로 끝나며, 측면 경절돌기보다 짧은 데서 유래한 것으로 추정한다.

일자 모양 말단부 경절돌기(♂)(Paik, K. Y. (1979c): 451 참조)

484. *Philodromus rufus* Walckenaer, 1826
북방새우게거미 [Pa]

【학명】rūfus [루푸스] 적갈색의. 몸 색깔에서 유래했다.

【국명】지구의 북방에 해당하는 전북구에 서식하는 종인 데서 유래했다.

성체(♀)

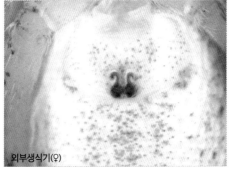

외부생식기(♀)

준성체(♀)

준성체(♂)

485. *Philodromus spinitarsis* Simon, 1895
나무결새우게거미 [C, J, K, Ru]

= *Philodromus fuscomarginatus* Paik, 1979c

【학명】spīna [스피나] 가시+tarsus [타르수스] 곤충의 발끝마디. 발끝마디(跗節)에 가시털이 많은 데서 유래한 학명이다.

【국명】산야 수목의 껍질(나뭇결) 위에서 생활하는 데서 유래했다. 최초의(백갑용·김계중, 1956) 나무결새우게거미는 *P. fuscomarginatus* 였으나 Yaginuma(1963)에 의해 *P. devidi*로 학명이 바뀌었으며, 백갑용 선생이 다시 이것을 환원시켰다(Paik, K. Y., 1979c). 그러나 지금은 나무결새우게거미(*Philodromus spinitarsis* Simon, 1895)의 동종이명으로 처리되었다. 한때는 집새우게거미로 불리기도 했다.

486. *Philodromus subaureolus* Bösenberg & Strand, 1906
갈새우게거미 [C, J, K]

【학명】sub+*P. aureolus*. 황금새우게거미(*P. aureolus*)와 닮은 데서 유래했다.

【국명】전반적으로 몸 색깔이 갈색인 데서 유래했다.

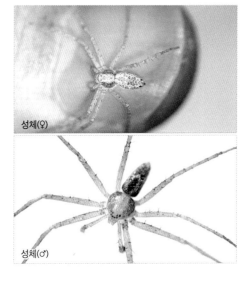

성체(♀)

성체(♂)

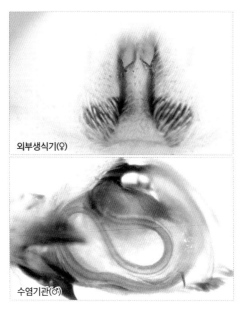

외부생식기(♀)

수염기관(♂)

Thanatus C. L. Koch, 1837
창게거미속[45)

487. *Thanatus coreanus* Paik, 1979
한국창게거미 [C, K, Ru]
【학명】한국의(coreanus). 최초 채집지인 한국
에서 유래했다.
【국명】유래는 학명과 같다.

488. *Thanatus miniaceus* Simon 1880
중국창게거미 [C, T, J, K]
【학명】miniáceŭs [미니아케우스] 진사(辰砂)
의. 진사는 수정과 결정구조가 같은 육방정계
광물이다. 긴 마름모꼴의 염통무늬가 진사를 닮
은 데서 유래했다.
【국명】최초 채집지는 페루의 테라포토인데 국
명을 중국창게거미라고 부여한 까닭은 우리 주

변 국가 중에서는 중국에서 가장 먼저 발견되었
기 때문인 것으로 추정한다.

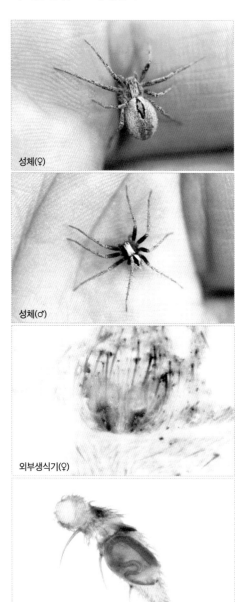

성체(♀)

성체(♂)

외부생식기(♀)

수염기관(♂)

---

45) 염통무늬가 마름모꼴로 창 모양인 데서 유래한 이름이다.

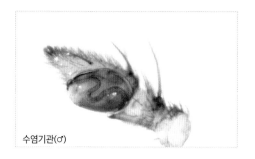

수염기관(♂)

489. *Thanatus nipponicus* Yaginuma, 1969
일본창게거미 [C, J, K, Ru]
【학명】일본의(nipponicus). 최초 채집지인 일본에서 유래했다.
【국명】유래는 학명과 같다.

성체(♀)

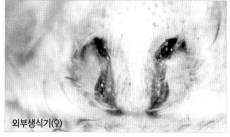

외부생식기(♀)

490. *Thanatus nodongensis* Kim & Kim, 2012
노동창게거미 [K]
【학명】지명 nodong+ensis. 최초 채집지인 강원 평창군 용평면 노동리(nodong)에서 유래했다.
【국명】유래는 학명과 같다.

491. *Thanatus vulgaris* Simon, 1870
술병창게거미 [Ha]
【학명】vulgáris [불가리스] 흔한. 주변에서 쉽게 볼 수 있는 종인 데서 유래한 것으로 추정한다.
【국명】암컷 생식기에 거꾸로 선 호리병 모양이 1쌍 나타나는 데서 유래한 것으로 추정한다.

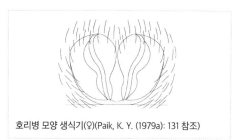

호리병 모양 생식기(♀)(Paik, K. Y. (1979a): 131 참조)

Tibellus Simon, 1875 가재거미속

492. *Tibellus kimi* Kim & Seong, 2015
금가재거미 [K]
【학명】인명 kim+i. 논문 제1저자인 김주필 선생의 성씨에서 유래한 것으로 추정한다.
【국명】일종의 언어유희로 지배적인 몸 색깔이 금빛이라는 것과 김주필 선생의 성씨에서 유래한 것으로 보인다.
*참고: 두점가재거미가 등면에 점이 1쌍(2개) 있고, 넉점가재거미는 2쌍(4개) 있는 반면 금가재거미는 점이 없다고 한다.

미성숙체

493. *Tibellus oblongus* (Walckenaer, 1802)
두점가재거미 [Ha]

【학명】oblóngus [오블롱구스] 옆으로 긴. 배가
옆으로 긴 데서 유래했다.

【국명】등면에 점이 1쌍(2개) 있는 데서 유래했다.

494. *Tibellus tenellus* (L. Koch, 1876)
넉점가재거미 [Ru, C to Au]

【학명】tenéllus [테넬루스] 연약한, 부드러운,
약한. 실제로 거미가 연약해 채집하기도 조심스
럽다.

【국명】등면에 점이 2쌍(4개) 있는 데서 유래했
다. 그러나 아래 사진처럼 실제로는 개체마다
점의 개수가 다양하다.

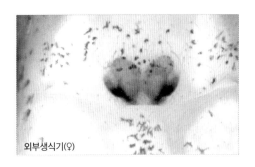

외부생식기(♀)

Pholcidae C. L. Koch, 1850
유령거미과

Belisana Thorell, 1898
제주육눈이유령거미속

495. *Belisana amabilis* (Paik, 1978)
제주육눈이유령거미 [K]

【학명】amábĭlis [아마빌리스] 아름다운.

【국명】최초 채집지(제주)에서 유래했으며, 육
눈이는 눈이 6개인 데서 유래했다. 눈은 좌우에
3개씩 있다.

Pholcus Walckenaer, 1805 유령거미속

496. *Pholcus acutulus* Paik, 1978
목이유령거미 [K]

【학명】acútŭlus [아쿠툴루스] 좀 예리한. 수염
기관의 후측면부배엽(procursus)의 복부 가까
운 면에 매우 뚜렷한 용골 모양 융기선이 있는
데서 유래한 것으로 추정한다.

【국명】목이는 수염기관의 중부돌기(uncus)가
목이버섯처럼 생긴 데서 유래했다.

*참고: 부채유령거미, 묏유령거미, 고수유령거

성체(♀)

성체(♀)

성체(♀)

미의 중부돌기도 목이처럼 생겼다.

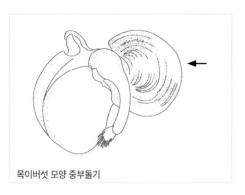

목이버섯 모양 중부돌기

성체(♂)

497. *Pholcus chiakensis* Seo, 2014
치악유령거미 [K]
【학명】지명 chiak+ensis. 최초 채집지인 강원 원주시 치악산(chiak)에서 유래했다.
【국명】유래는 학명과 같다.

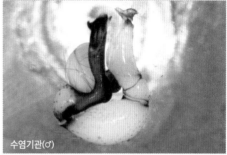

수염기관(♂)

498. *Pholcus crassus* Paik, 1978
부채유령거미 [K]
【학명】crassus [크라수스] 두꺼운, 조밀한. 중부 돌기에 조밀한 털이 난 데서 유래한 것으로 추정한다.
【국명】머리가슴등면의 방사상무늬에서 유래한 것으로 추정한다.

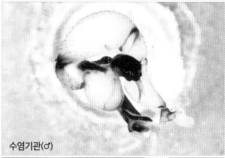

수염기관(♂)

499. *Pholcus extumidus* Paik, 1978
엄지유령거미 [J, K]
【학명】extúmĭdus [엑스투미두스] 부어오른, 불 거진. 측면에서 보면 수컷 수염기관의 도래마디 가 불룩하게 부어오른 데서 유래한 것으로 추정한다.
【국명】원통형으로 길쭉한 배 모양에서 유래한 것으로 추정한다.
*참고: 톱니 달린 나뭇잎 모양 중부돌기(uncus) 가 있는 것에서 같은 속의 다른 종과 구별된다.

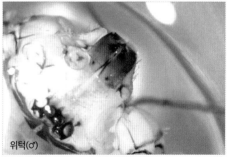

위턱(♂)

500. *Pholcus gajiensis* Seo, 2014
가지유령거미 [K]
【학명】지명 gaji+ensis. 최초 채집지인 울산 울

주군 가지산(gaji)에서 유래했다.
【국명】유래는 학명과 같다.

501. *Pholcus gosuensis* Kim & Lee, 2004
고수유령거미 [K]

【학명】지명 gosu+ensis. 최초 채집지인 충북 단
양군 고수동굴(gosu)에서 유래했다.
【국명】유래는 학명과 같다.

502. *Pholcus joreongensis* Seo, 2004
새재유령거미 [K]

【학명】지명 joreong+ensis. 최초 채집지인 경
북 문경시 새재(조령, joreong)에서 유래했다.
【국명】학명과 마찬가지로 경북 문경시 새재에
서 유래했다.

503. *Pholcus juwangensis* Seo, 2014
주왕유령거미 [K]

【학명】지명 juwang+ensis. 최초 채집지인 경북
청송군 주왕산(juwang)에서 유래했다.
【국명】유래는 학명과 같다.

504. *Pholcus kwanaksanensis* Namkung & Kim, 1990
관악유령거미 [K]

【학명】지명 kwanaksan+ensis. 최초 채집지인
서울 관악산(kwanaksan)에서 유래했다.
【국명】유래는 학명과 같다.

505. *Pholcus kwangkyosanensis* Kim & Park, 2009
광교유령거미 [K]

【학명】지명 kwangkyosan+ensis. 최초 채집지
인 경기 수원시 광교산(kwangkyosan)에서 유
래했다.

【국명】유래는 학명과 같다.

506. *Pholcus manueli* Gertsch, 1937
대륙유령거미 [C, J, K, Ru, Tu, US]

= *Pholcus opilionoides* Paik, 1978e

【학명】인명 manuel+i. 채집자인 Manuel에서
유래했다.
【국명】주변에서 흔하게 볼 수도 있으며 인접
국은 물론 중앙아시아, 미국까지 널리 분포하는
데서 유래했다.

성체(♀)

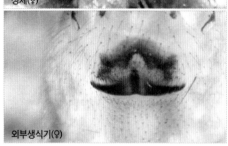

외부생식기(♀)

507. *Pholcus montanus* Paik, 1978
묏유령거미 [K]

【학명】montánus [몬타누스] 산의. 주요 서식처
에서 유래했다.
【국명】소백산에서 유래했다. 1978년 신종 등록
당시는 멧유령거미였으며, 표본은 소백산의 영
주 희방사에서 채집했다.

508. *Pholcus nodong* Huber, 2011
노동유령거미 [K]

【학명】지명 nodong. 최초 채집지인 충북 단양군 노동동굴(nodong)에서 유래했다.
【국명】유래는 학명과 같다.

509. *Pholcus okgye* Huber, 2011
옥계유령거미 [K]
【학명】지명 okgye. 최초 채집지인 강원 강릉시 옥계(okgye)에서 유래했다.
【국명】유래는 학명과 같다.

510. *Pholcus palgongensis* Seo, 2014
팔공유령거미 [K]
【학명】지명 palgong+ensis. 최초 채집지인 팔공산(palgong)에서 유래했다.
【국명】유래는 학명과 같다.

511. *Pholcus parkyeonensis* Kim & Yoo, 2009
박연유령거미 [North K]
【학명】지명 parkyeon+ensis. 최초 채집지인 황해도 개성시 박연폭포(parkyeon)에서 유래했다. 2007년 Yoo sea-hee 채집.
【국명】유래는 학명과 같다.

512. *Pholcus phalangioides* (Fuesslin, 1775)
집유령거미[46] [Co]
【학명】phalángĭum [팔랑기움] 독거미. 학명의 유래는 전하지 않는다.
【국명】주요 서식처에서 유래했다.

513. *Pholcus pojeonensis* Kim & Yoo, 2008
포전유령거미 [K]
【학명】지명 pojeon+ensis. 최초 채집지인 충북 제천시 금성면 포전리(pojeon)에서 유래했다.
【국명】유래는 학명과 같다.

514. *Pholcus simbok* Huber, 2011
심복유령거미 [K]
【학명】지명 simbok+ensis. 최초 채집지인 충북 괴산군 연풍면 심복굴(simbok)에서 유래했다.
【국명】유래는 학명과 같다.

515. *Pholcus socheunensis* Paik, 1978
소천유령거미 [K]
【학명】지명 socheun+ensis. 최초 채집지인 경북 봉화군 소천면(socheun)에서 유래했다.
【국명】유래는 학명과 같다.

516. *Pholcus sokkrisanensis* Paik, 1978
속리유령거미 [K]
【학명】지명 sokkrisan+ensis. 최초 채집지인 속리산(sokkrisan)에서 유래했다.
【국명】유래는 학명과 같다.

517. *Pholcus uksuensis* Kim & Ye, 2014
옥수유령거미 [K]
【학명】지명 uksu+ensis. 최초 채집지인 대구 수성구 옥수동(uksu)에서 유래했다.
【국명】유래는 학명과 같다.

---

46) 오베론 코스메틱의 Spider Web®은 경기도 오송에 위치한 바이오 연구소에서 직접 한국 집유령거미(*Pholcus phalangioides*)를 길러 독성을 없앴다. 또 거미줄에서 유효한 성분을 추출해 세계 최초로 거미줄 추출물의 화장품 원료화에 앞장서는 등 지속적인 연구 개발을 진행하고 있다. 그 결과 Spider Web®에는 인체를 구성하는 18종의 천연 아미노산이 함유돼 피부 영양 공급, 탄력 강화에 효과가 있는 것으로 확인됐다. 이외에도 제품에 함유된 세린성분이 피부 속 콜라겐 합성을 도와 피부 탄력과 세포재생에 도움을 준다(전자신문, 2015. 11. 19, 코스인코리아닷컴, 손현주 기자).

518. *Pholcus woongil* Huber, 2011
운길유령거미 [K]
【학명】지명 woongil. 최초 채집지인 경기 남양
주시 조안면 운길산(woongil)에서 유래했다.
【국명】유래는 학명과 같다.

성체(♀)

성체(♂)

외부생식기(♀)

수염기관(♂)

수염기관(♂)

519. *Pholcus yeongwol* Huber, 2011
영월유령거미 [K]
【학명】지명 yeongwol. 최초 채집지인 강원 영
월군(yeongwol)에서 유래했다.
【국명】유래는 학명과 같다.

520. *Pholcus zichyi* Kulczyński, 1901
산유령거미 [C, K, Ru]
= *Pholcus crypticolens* Paik, 1978e

【학명】인명 zichy+i. Zichy에서 유래했으나, 인
물에 대한 기록은 전하지 않는다.

【국명】주요 서식처인 산에서 유래했다. 최초
(백갑용, 1978e) 산유령거미의 학명은 *Pholcus
crypticolens* Bösenberg & Strand, 1906이었다
가 재분류되었다. 국명과 학명을 비교해 보면
생태 습성 상 서로 다른 종이었을 가능성이 높
다는 것을 알 수 있다.

*참고: crýptĭcus [크립티쿠스] 지하실의+colens:
~에 사는.

성체(♀)

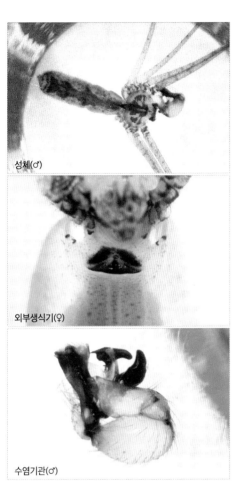

성체(♂)

외부생식기(♀)

수염기관(♂)

Spermophora Hentz, 1841
육눈이유령거미속

521. *Spermophora senoculata* (Dugès, 1836)
거문육눈이유령거미 [Ha, introduced elsewhere]
【학명】sēni [세니] 6+oculátus [오쿨라투스] 눈이 있는. 눈이 6개인 데서 유래했다.
【국명】최초 채집지인 거문도에서 유래했다.

Phrurolithidae Banks, 1892
도사거미과

Orthobula Simon, 1897 십자삼지거미속

522. *Orthobula crucifera* Bösenberg & Strand, 1906
십자삼지거미 [C, J, K]
【학명】crúcǐfer [크루키페르] 십자가 든 사람. 등면에 검은 십(十)자무늬가 나타나는 데서 유래했다.
【국명】유래는 학명과 같다.

Phrurolithus C. L. Koch, 1839
도사거미속

523. *Phrurolithus coreanus* Paik, 1991
고려도사거미 [J, K]
【학명】한국의(coreanus). 최초 채집지인 한국에서 유래했다.
【국명】최초 채집지(경북 김천시 황악산)인 한국의 옛 이름(고려)에서 유래했다.

524. *Phrurolithus faustus* Paik, 1991
법주도사거미 [K]
【학명】faustus [파우스투스] 행운의. 논문 저자가 운 좋게 채집한 데서 유래했다.
【국명】최초 채집지인 속리산 법주사에서 유래했다.

525. *Phrurolithus hamdeokensis* Seo, 1988
함덕도사거미 [K, Ru]
【학명】지명 hamdeok+ensis. 최초 채집지인 제주도 함덕(hamdeok)에서 유래했다.

【국명】 유래는 학명과 같다.

526. *Phrurolithus labialis* Paik, 1991
입술도사거미 [J, K]
【학명】 labiális [라비알리스] 입술의. 아래턱 (labium: endite)의 앞쪽이 같은 속의 다른 종보 다 좀 더 벌어진 데서 유래했다. 실제로 입술의 뒤쪽 내측 너비에 대한 앞쪽 내측 너비의 값이 0.72로 같은 속의 다른 종(대부분 0.5 미만)에 비해 상당히 넓다.
【국명】 유래는 학명과 같다.

527. *Phrurolithus palgongensis* Seo, 1988
팔공도사거미 [C, K, Ru]
【학명】 지명 palgong+ensis. 최초 채집지인 대 구 팔공산(palgong)에서 유래했다.
【국명】 유래는 학명과 같다.

528. *Phrurolithus pennatus* Yaginuma, 1967
살깃도사거미 [C, J, K, Ru]
【학명】 pennátus [펜나투스] 깃털처럼 생긴. 검 은색 바탕의 등면에 굵직한 살깃무늬 2쌍이 나 타나는 데서 유래했다.
*참고: 일본명(ヤバネウラシマグモ)도 학명과 뜻이 같다. 살깃(ヤバネ).
【국명】 유래는 학명과 같다.

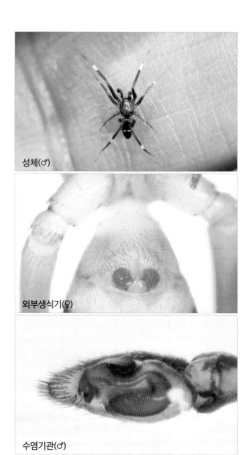

성체(♂)

외부생식기(♀)

수염기관(♂)

529. *Phrurolithus sinicus* Zhu & Mei, 1982
꼬마도사거미 [C, J, K, Ru]
【학명】 중국의(sinicus). 중국에서 최초로 채집 해 등재한 종인 데서 유래했다.
【국명】 도사거미속의 다른 종보다 작은 데서 유 래했다. 도사거미속 거미는 원래 크기가 작지만 그중에서도 꼬마도사거미가 가장 작다.

Pisauridae Simon, 1890
닷거미과

성체(♀)

Dolomedes[47] Latreille, 1804 닷거미속

530. Dolomedes angustivirgatus Kishida, 1936
가는줄닷거미 [C, J, K]
【학명】angústus [앙구스투스] 좁은+virgátus [비르가투스] 줄무늬가 있는. 등면의 세로로 달리는 가는 줄무늬에서 유래했다.
【국명】유래는 학명과 같다.

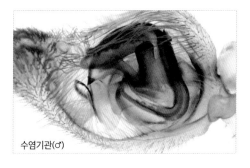

수염기관(♂)

성체(♀)

성체(♂)

531. Dolomedes japonicus Bösenberg & Strand, 1906
줄닷거미 [C, J, K]
【학명】일본의(japonicus). 최초 채집지인 일본에서 유래했다.
【국명】머리가슴 정중부나 가장자리 그리고 등면에 흰색 줄무늬가 나타나는 데서 유래했을 것으로 추정한다. 최초 줄닷거미의 학명은 D. stellatus Kishida 1936에 붙여진 이름이었으나 D. japonicus의 동종이명으로 처리되면서 국명만 남았다.

성체(♀)

성체(♂)

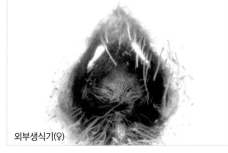

외부생식기(♀)

---

47) Dolomedes는 그리스어로 교활하다는 뜻이다(Cameron, 2005(http://www.spiders.us/species/dolomedes-tenebrosus/)).

외부생식기(♀)

수염기관(♂)

수염기관(♂)

533. *Dolomedes raptor* Bösenberg & Strand, 1906
먹닷거미 [C, J, K, Ru]

【학명】 raptor [랍토르] 약탈자.[48] 사냥 등 생태습성에서 유래한 것으로 추정한다.
【국명】 어두운 몸 색깔에서 유래했다.

532. *Dolomedes nigrimaculatus* Song & Chen, 1991
한라닷거미 [C, K]

【학명】 niger [니게르] 검은+maculatus 얼룩진. 머리가슴과 배어깨에 걸쳐 검은색 나비무늬가 나타나는 데서 유래하는 것으로 추정한다.
【국명】 제주도에 서식하는 데서 유래했다. 실제로는 제주도 이외에도 충청 이남의 남부지방 계곡에서도 어렵지 않게 볼 수 있다.

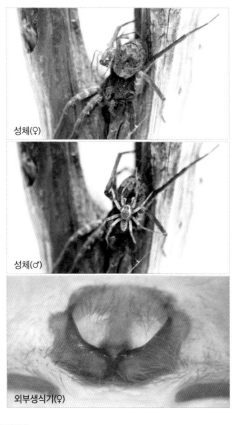
성체(♀)

성체(♂)

외부생식기(♀)

성체(♂)

---

48) 벨로키랍토르, 유타랍토르, 오비랍토르 등 육식공룡의 학명으로 더 유명하다.

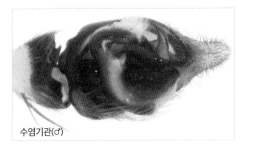

수염기관(♂)

외부생식기(♀)

수염기관(♂)

534. *Dolomedes sulfureus* L. Koch, 1878
황닷거미 [C, J, K, Ru]

【학명】sulfureus [술푸레우스] 유황색의. 몸 색깔에서 유래했다.

【국명】학명에서 유래했으며, 황닷거미의 최초 국명은 유황닷거미였다.

성체(♀)

성체(♂)

Perenethis L. Koch, 1878
번개닷거미속

535. *Perenethis fascigera* (Bösenberg & Strand, 1906)
번개닷거미 [C, J, K]

【학명】fascis [파시스] 묶음, 다발, 꾸러미[49]+gera: 가진. 등면 전체에 나타나는 줄무늬에서 유래했다.

【국명】번개는 등면 전체에 길이 방향으로 뻗은 폭넓은 줄무늬 배끝 부분의 양쪽 가장자리에 나

---

49) fascigera(다발을 가진)에서 다발은 fascis로 묶음, 다발이나 고대 로마의 권표를 뜻한다. 고대 로마의 권표인 파스케스(fasces)는 유사 시 집정관이나 총독 등의 수행원(릭토르)들이 들고 다니는 도끼날이 삐죽 나오도록 동여맨 막대기 다발이다.

학명에서는 필리핀이나 인도네시아 등에 분포하는 tube sponge(*Haliclona fascigera* Hentschel, 1912)라는 해면동물의 예에서 fascis의 개념을 가장 잘 엿볼 수 있다. 처음에 이 해면동물은 바위에 붙어 다발을 지어 자라는 부착생활 습성 때문에 식물로 오해를 받았다고 한다. 바로 이러한 모습이 완벽한 fascigera다. 털 다발이 나타나는 동물의 학명으로도 쓰인다. *Drosophila fascigera* Hardy & Kaneshiro, 2001이라는 초파리는 하와이의 다른 초파리와 달리 넓적다리마디 배면에 밀생하는 털 다발이 특징이다.

그런데 fascis가 거미 학명에 쓰일 때는 맥락은 같지만 조금 다른 뜻으로 쓰인다. 즉 다발로 묶을 때 쓰는 끈(줄)에서 유래한 것으로 보이는 '줄무늬'의 의미로 자주 쓰인다. 논문 저자(Bösenberg & Strand, 1906)는 같은 논문에서 외줄솔게거미(*Hitobia unifascigera* Bösenberg & Strand, 1906) 역시 신종으로 발표했다. 외줄솔게거미의 학명을 그대로 보면 uni+fascigera인데, 이를 풀어 보면 '하나의 (uni) fascigera'라는 뜻이다. 외줄솔게거미는 등면 중앙에 가로 방향으로 외줄의 밝은 색 띠무늬가 선명하게 나타난다. 외줄솔게거미 외

타나는 번개무늬(⅔)에서 유래했다.

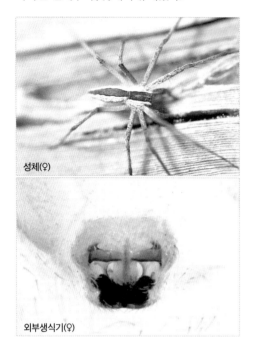

성체(♀)

외부생식기(♀)

Pisaura[50] Simon, 1885 서성거미속

536. *Pisaura ancora* Paik, 1969
닻표늪서성거미 [C, K, Ru]
【학명】áncŏra [앙코라] 닻. 암컷의 외부생식기
가 닻 모양인 데서 유래했다.
【국명】유래는 학명과 같다.

성체(♀)

성체(♂)

에도 고리무늬깡충거미(*Sitticus fasciger* Simon, 1880), 배띠깡충거미(*Phlegra fasciata* Hahn, 1826), 줄흰눈썹깡충거미(*Evarcha fasciata* Seo, 1992), 살깃자갈거미(*Nurscia albofasciata* Strand 1907) 등, fascis를 어원으로 쓰는 한국산 거미는 4종이 더 있다.
그렇다면 번개닷거미라는 우리말 이름의 유래는 무엇일까? 한국에는 없지만 파키스탄이나 인도 등지에 서식하는 또 다른 번개닷거미속 거미인 *Perenethis dentifasciata*라는 종은 번개닷거미의 우리말 이름과 그 뜻이 같다. 이 종의 중국명은 '齒草蛛'로 학명 'denti + fasciata'를 그대로 반영했다. 최초 등록 논문에서 *dentifasciata*는 *Ocyale rectifasciata*라는 종을 닮았다고 기술하고 있다. rectifasciata는 recti+fasciata로 recti는 직선으로 뻗었다는 뜻이므로 '직선으로 뻗은 띠무늬'라는 뜻이 된다. 그렇다면 dentifasciata는 직선으로 뻗은 띠무늬가 아니라 denti와 연관이 있는 띠무늬가 된다. 이때 denti는 이(齒)를 뜻하는 접두어다. 즉 '이가 있는 띠무늬'라는 뜻이 된다. 번개닷거미의 줄무늬는 가늘줄닷거미나 줄무늬형 황닷거미의 줄무늬와는 뚜렷하게 구별된다. 가는줄닷거미나 줄무늬형 황닷거미의 줄무늬는 톱니무늬가 없지만 번개닷거미의 줄무늬는 톱니무늬가 뚜렷하다. 특히 염통무늬뒤(염통무늬구역과 배끝 사이의 영역)에서부터 배끝까지 톱니무늬(⅔)가 잘 나타난다.
그런데 '톱니무늬'는 고유명사로 톱니 모양 세모꼴이 연속된 모습을 나타내는 무늬이며 선사시대 유적에서 어렵지 않게 볼 수 있는, 오래 전부터 이용되던 무늬라고 한다(한국민족문화대백과, 한국학중앙연구원). 톱니무늬는 톱니무늬버섯벌레, 톱니무늬애매미충, 톱니무늬 가지나방 등과 같이 곤충 이름으로도 쓰였다. 실제로 톱니무늬애매미충의 등면 생김새를 설명할 때, "몸빛깔은 노란색이며, 등면에 세로로 갈색 번개무늬가 있다."고 한다. 번개무늬는 번개를 나타내는 지그재그(Z)꼴로 된 장식무늬이며 인류 문명의 발달 과정에서 공통적으로 나타나는 기본적인 장식 요소라고 한다(두산백과, 톱니무늬애매미충).
즉 톱니무늬와 번개무늬는 용어만 다를 뿐 사실상 같은 뜻이나 마찬가지라는 것이다. 따라서 국명 '번개닷거미'의 어원은 등면(dorsal view) 전체에 길이 방향으로 뻗은 폭넓은 줄무늬의 염통무늬뒤 양쪽 가장자리에 나타난 번개무늬(⅔)에서 나왔다.
50) Pisaura는 이탈리아 페사로 강(pesaro river)에서 유래했다(Eugène Simon, 1886g). 닷거미과 거미의 가장 흔한 영어식 이름은 Nursery web spider이다. 육아 그물(nursery web)을 쳐 알집을 보호하는 독특한 생태 때문이다. 또한 영국에서는 작은 연못이나 늪(swamp)에 서식하는 생태 습성 때문에 Swamp spider라고도 하고 물가 사냥방식을 그대로 적용해 Fishing spider라고도 한다.

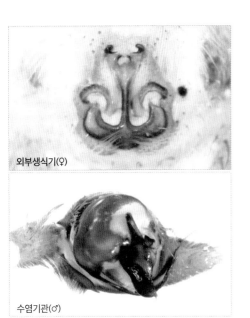

외부생식기(♀)

수염기관(♂)

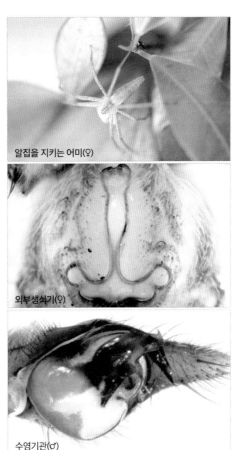

알집을 지키는 어미(♀)

외부생식기(♀)

수염기관(♂)

537. *Pisaura lama* Bösenberg & Strand, 1906
아기늪서성거미 [C, J, K, Ru]

【학명】lama [라마] 늪.

【국명】1969년 당시에는 늪서성거미(Korean name: Neup-seuseung-komi)로만 명명되었다. 즉 늪 주변을 서성이는 거미라는 뜻이다. 이후 닻표늪서성거미(*Pisaura ancora* Paik, 1969)가 발견되면서 늪서성거미는 종명보다는 속명에 더 어울리게 되었다. 즉 *P. lama* Bösenberg & Strand 1906은 더 이상 늪서성거미만으로는 부족해 아기라는 접두어가 추가되어 아기늪서성거미로 명명된다. 보통 국명에서 아기는 크기가 작다는 의미로 쓰인다. 그런데 아기늪서성거미는 같은 속의 닻표늪서성거미보다 확연히 크다. 따라서 아기는 영어명(Nursery web spider)의 nursery(아기방)에서 유래한 것으로 추측한다.

Salticidae Blackwall, 1841
깡충거미과

Asianellus **Logunov & Heciak, 1996**
아시아깡충거미속

538. *Asianellus festivus* (C. L. Koch, 1834)
산길깡충거미 [Pa]

【학명】festívus [페스티부스] 귀여운, 예쁜, 축제의. 페스티벌(festival)과 같은 어원이기도 하

지만, 산길깡충거미의 귀여운 생김새에서 유래했다.

【국명】 산야나 숲길 등과 같은 주요 서식처에서 유래했다.

성체(♀)

성체(♂)

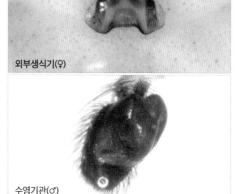

외부생식기(♀)

수염기관(♂)

Bristowia Reimoser, 1934
금오깡충거미속

539. *Bristowia heterospinosa* Reimoser, 1934
꼬마금오깡충거미 [In, C, K, V, J, Kr]

【학명】 hetero- [헤테로] 다르다+spinósus [스피노수스] 가시 많은, 가시 돋은. 세계적으로 종명에 spinosa가 들어가는 거미는 10종이 넘는다. 그중에 깡충거미이면서 동시에 꼬마금오깡충거미(*B. heterospinosa*)보다 먼저 발표된 종은 *Pochyta spinosa* Simon, 1901이다. 따라서 학명은 *P. spinona*와는 다른 데서 유래한 것으로 추정한다.

*참고: 종아리마디 밑면에는 털빗 모양의 긴 센털다발이 늘어서 있고, 3쌍의 가시털이 있으며, 발바닥마디 밑면에도 2쌍의 큰 가시털이 있다(남궁준, 2003: 590).

【국명】 최초 채집지인 경북 구미시 금오산에서 유래했다.

Carrhotus Thorell, 1891
털보깡충거미속

540. *Carrhotus xanthogramma* (Latreille, 1819)
털보깡충거미 [Pa]

【학명】 xanthos [그산토스] 황금색의+gramma [그람마] 선. 등면에 노란색 줄무늬가 나타나는 데서 유래했다.

【국명】 다리에 털이 많은 데서 유래했다.

성체(♀)

성체(♂)

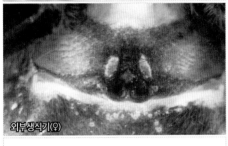

외부생식기(♀)

수염기관(♂)

*참고: frontális [프론탈리스] 이마의.

Evarcha Simon, 1902
흰눈썹깡충거미속

542. *Evarcha albaria* (L. Koch, 1878)
흰눈썹깡충거미 [C, J, K, Ru]
【학명】albárïus [알바리우스] 벽에 흰 칠하는, 미장이.
【국명】눈구역 뒤(위)를 넓은 유(U)자처럼 생긴 흰 띠가 감싼 것이 흰 눈썹 같다는 것에서 유래했다.

성체(♀)

성체(♂)

Euophrys C. L. Koch, 1834
번개깡충거미속

541. *Euophrys kataokai* Ikeda, 1996
검정이마번개깡충거미 [C, J, K, Ru]
 = *Euophrys frontalis* Kim, 1985a
【학명】인명 kataoka+i. Kataoka, S에서 유래했으나 인명 정보는 알 수 없다.
【국명】과거 학명에서 유래했다. 1985년 Kim(김주필)이 *Euophrys frontalis* (Walckenaer, 1802)를 검정이마거미로 등록했으나 *Euophrys kataokai Ikeda*, 1996의 동종이명으로 처리되면서 국명만 그대로 쓰이고 있다. 이 종은 눈구역과 이마가 검다.

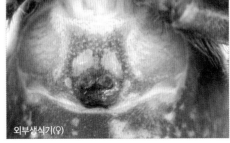

외부생식기(♀)

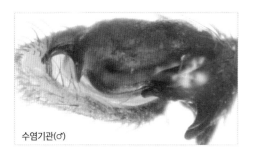

수염기관(♂)

구역을 감싸는 흰 눈썹이 흐릿한 반면 등면에 흰털 줄무늬가 나타난다.

【국명】유래는 학명과 같다.

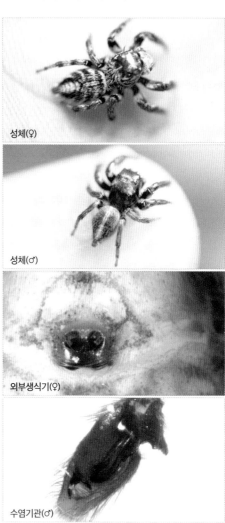

성체(♀)

성체(♂)

외부생식기(♀)

수염기관(♂)

543. *Evarcha coreana* Seo, 1988
한국흰눈썹깡충거미 [C, K]

【학명】한국의(coreana). 최초 채집지인 한국에서 유래했다.

【국명】유래는 학명과 같다.

*참고: 흰눈썹깡충거미는 눈구역 뒤의 이른바 흰 눈썹이 유(U)자로 눈구역을 감싸는 반면, 한국흰눈썹깡충거미는 더블유(W)자로 눈구역을 감싼다.

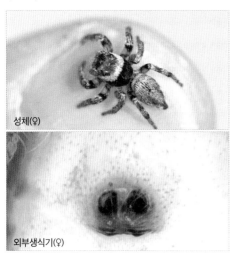

성체(♀)

외부생식기(♀)

544. *Evarcha fasciata* Seo, 1992
줄흰눈썹깡충거미 [C, J, K]

【학명】fascis [파시스] 묶음, 다발, 꾸러미. fasciata: 줄무늬가 있는. 등면에 세로로 달리는 흰 털 줄무늬에서 유래했다. 줄흰눈썹거미는 눈

545. *Evarcha proszynskii* Marusik & Logunov, 1998
흰뺨깡충거미 [Ru to J, US, Ca]

【학명】인명 proszynski+i. 폴란드 자연과학 교수 Jerzy Prószyński에서 유래했다.

【국명】같은 속의 흰눈썹깡충거미와 달리 흰 눈썹이 눈구역을 완전히 감싸지 않고, 눈구역 양 옆에 십일(11)자로 나타난다. 이것을 흰 뺨에 비유한 데서 유래했다.

Hakka Berry & Prószyński, 2001
해안깡충거미속

546. *Hakka himeshimensis* (Dönitz & Strand, 1906)
해안깡충거미 [C, J, K, Hw(US, introduced)]
【학명】지명 himeshima+ensis. 최초 채집지인 일본 오이타 현 히메시마(himeshima)에서 유래했다.
【국명】주요 서식처에서 유래했다.

성체(♀)

성체(♂)

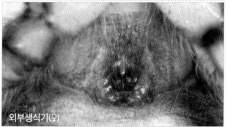
외부생식기(♀)

Harmochirus Simon, 1885
왕팔이깡충거미속

547. *Harmochirus brachiatus* (Thorell, 1877)
산표깡충거미 [In, Bh to T, K, Id]
= *Harmochirus insulanus* Namkung, 2002
【학명】brăchĭatus [브라키아투스] 가지 많은. 어원이 같은 brăchĭális [브라키알리스]는 팔의. 앞발을 팔에 비유한 학명이며, 뒷다리보다 앞다리가 더 긴 공룡, 브라키오사우르스와 학명이 같다. 산표깡충거미는 첫째다리의 넓적다리마디에서 종아리마디까지는 암갈색으로 몹시 굵고, 특히 종아리마디 밑면에는 넓적한 비늘털 무더기가 있으며, 발끝마디는 흐린 갈색으로 매우 섬약하다(남궁준, 2003: 585). 이 때문에 왕발깡충거미로도 불렸을 만큼 발이 무척 큰 종이다.
【국명】외부생식기가 산(山)자를 닮은 데서 유래한 것으로 추정한다.

Hasarius Simon, 1871
초승달깡충거미속

548. *Hasarius adansoni* (Audouin, 1826)
초승달깡충거미 [Co]
【학명】인명 adanson+i. 프랑스 식물학자 Michel Adanson(1727~1806)에서 유래했다.
【국명】목홈부에 난 유(U)자 갈색무늬에서 유래했다. 특히 수컷은 이 무늬가 더 뚜렷하고 등면 전반부에도 흰색 가로무늬가 있다.
*참고: 거미 몸에 나타나는 유(U)자 무늬는 목도리무늬, 초승달무늬, 반달무늬 등으로 다양하게 부른다.

성체(우)

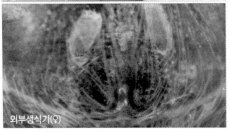

외부생식기(우)

【학명】인명 yaginuma+i. 일본 거미학자 Takeo Yagimuma(1916~1995)에서 유래했다.
【국명】골풀무는 바람을 일으켜 불을 피우는 기구로, 국명은 암컷 외부생식기의 수정관이 골풀무의 골처럼 보이는 데서 유래한 것으로 추정한다.

성체(♂)

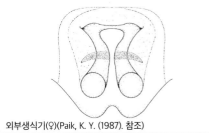

외부생식기(우)(Paik, K. Y. (1987). 참조)

수염기관(♂)

Helicius Zabka, 1981
골풀무깡충거미속

549. *Helicius chikunii* (Logunov & Marusik, 1999)
안면골풀무깡충거미 [J, K, Ru]
【학명】인명 chikuni+i. 일본 거미학자 Yasunosuke Chikuni(1916~1995)에서 유래했다.
【국명】최초 채집지인 충남 태안군 안면읍(정당리)에서 유래했다.

550. *Helicius cylindratus* (Karsch, 1879)
갈색골풀무깡충거미 [J, K]
【학명】cÿlindrátus [칠린드라투스] 원통형의, 원주형의. 배가 긴 타원형인 데서 유래했다.
【국명】갈색인 몸 색깔에서 유래했다.

551. *Helicius yaginumai* Bohdanowicz & Prószyński, 1987
골풀무깡충거미 [J, K]

Heliophanus C. L. Koch, 1833
햇님깡충거미속

552. *Heliophanus lineiventris* Simon, 1868
줄무늬햇님깡충거미 [Pa]

【학명】línĕa [리네아] 줄+venter [벤테르] 배. 배에 줄이 있다는 의미다.
【국명】몸은 온통 검지만 배가장자리에 뚜렷한 밝은 색 줄무늬가 나타나는 데서 유래했다. 이 테두리는 배끝으로 가면서 사라지다가 배끝에서 점 1쌍으로 다시 나타난다.

553. *Heliophanus ussuricus* Kulczyński, 1895
우수리햇님깡충거미 [Ru, M, C, J, K]
【학명】지명 ussuri+cus. 러시아와 중국의 경계를 이루며 흐르는 우수리(ussuri) 강에서 유래했다.
【국명】유래는 학명과 같다.
*참고: 줄무늬해님깡충거미와 마찬가지로 밝은 색 테두리와 배 끝에 점 1쌍이 나타나지만 생식기 모양은 조금 다르다.

성체(♀)

외부생식기(♀)

Laufeia Simon, 1889 엑스깡충거미속

554. *Laufeia aenea* Simon, 1889
엑스깡충거미 [C, J, K]
【학명】aenea: 구리 색의. 몸에 구리 색 털이 나는 데서 유래했다.
【국명】암컷 외부생식기가 엑스(X)자인 데서 유래했다.

외부생식기(♀)(남궁준, 2003: 582 참조)

Marpissa[51] C. L. Koch, 1846
왕깡충거미속

555. *Marpissa mashibarai* Baba, 2013
등줄깡충거미(가칭) [J, K]
【학명】인명 mashibara+i.
【국명】등면의 줄무늬에서 유래했다.

성체(♀)

성체(♂)

---

51) 속명 *Marpissa*는 고대 그리스 마을에서 유래했다.

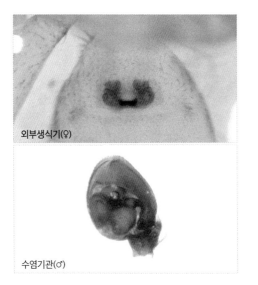

외부생식기(♀)

수염기관(♂)

556. *Marpissa milleri* (Peckham & Peckham, 1894)
왕깡충거미 [C, J, K, Ru]
【학명】인명 miller+i. 논문에 따르면 Mr. B. K. Miller에서 유래했으나, 인물에 대한 기록은 없다.
*참고: 체코 동물학자 František Miller(1902~1983)와는 구별해야 한다.
【국명】몸길이가 긴 데서 유래했다. 왕깡충거미는 몸길이가 1㎝ 이상으로 한국산 깡충거미 중에 가장 큰 편에 속한다.

성체(♀)

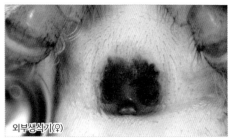

외부생식기(♀)

557. *Marpissa pomatia* (Walckenaer, 1802)
댕기깡충거미 [Pa]
【학명】pomárïus [포마리우스] 과수의, 과일장수. 학명의 유래는 전하지 않는다.
【국명】몸에 붉은색이 많은 데서 유래한 것으로 추정한다.

558. *Marpissa pulla* (Karsch, 1879)
사층깡충거미 [C, J, K, Ru, T]
【학명】pulla: 흑갈색의. 흑갈색 바탕에 흰색 털이 산재하는 머리가슴에서 유래했다.
【국명】배는 긴 타원형으로 등면은 암갈색 바탕에 앞쪽 둘레에 흰색 털로 된 테두리무늬가 있고, 중앙부에 4개의 주황색 가로무늬가 뚜렷한 4층을 이루고 있다(남궁준, 2003: 575).

성체(♂)

수염기관(♂)

Mendoza Peckham & Peckham, 1894
살깃깡충거미속

559. *Mendoza canestrinii* (Ninni, 1868)
수검은깡충거미 [A, Pa]
【학명】인명 canestrini+i. 이탈리아 동물학자 Giovanni Canestrini(1835~1900)에서 유래했다.
【국명】수컷이 검다는 뜻이다. 실제로 암컷이나 미성숙체는 배가 긴원통형이고 배가장자리와 정중부에 굵은 선이 있지만 수컷이 성체가 되면 성적이형으로 몸이 완전히 검어진다.

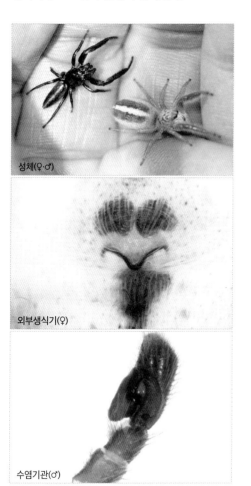

성체(♀·♂)

외부생식기(♀)

수염기관(♂)

560. *Mendoza elongata* (Karsch, 1879)
살깃깡충거미 [C, J, K, Ru]
【학명】ēlóngo [엘롱고] 길게 끌다, 물리치다. 먹이를 물고 길게 끄는 모습에서 유래한 것으로 추정한다.
【국명】살깃깡충거미도 수검은깡충거미와 같은 속답게 생김새와 무늬가 매우 비슷하다. 다만 수검은깡충거미는 몸에 금빛이 나지만 살깃깡충거미는 금빛이 없다. 또한 수컷은 성체가 되면 수검은깡충거미와 마찬가지로 몸이 검어지지만 배갑과 등면에 흰 무늬가 나타난다. 국명은 등면에 나타나는 흰무늬가 살깃 모양인 데서 유래했다.

성체(♂)

561. *Mendoza nobilis* (Grube, 1861)
귀족깡충거미 [Ru, North K, C]
【학명】nóbīlis [노빌리스] 귀족의. 학명의 유래는 전하지 않는다. 다만 기품 있는 거미에 대한 논문 저자의 생각에서 유래한 것으로 추정한다.
【국명】학명에서 유래했다. 보통 같은 속의 거미는 생태 습성이나 생김새뿐만 아니라, 생식기나 수염기관도 어느 정도 비슷하다. 살깃깡충거미속은 특히 생식기와 수염기관이 서로 비슷한데, 귀족깡충거미는 어리수검은깡충거미와 모든 면에서 거의 비슷하다.

562. *Mendoza pulchra* (Prószyński, 1981)
어리수검은깡충거미 [C, J, K, Ru]

【학명】 pulcher [풀케르] 아름다운, 예쁜, 잘생긴. 학명의 유래는 전하지 않는다. 다만 거미의 고운 생김새에서 유래한 것으로 추정한다.

【국명】 수검은깡충거미를 닮았다는 뜻이다. 어리(비슷하다는 접두사)+수검은깡충거미. 실제로 수검은깡충거미와 생김새와 무늬는 거의 같다. 다만 어리수검은깡충거미는 몸이 회색빛이며 수컷은 성체가 되면 무늬는 살깃깡충거미와 비슷해진다. 하지만 암컷이나 미성숙체에서는 다른 살깃깡충거미속과 달리 반점처럼 넓은 살깃무늬가 나타나 비교적 구별이 쉽다.

수염기관(♂)

Menemerus Simon, 1868
수염깡충거미속

563. *Menemerus fulvus* (L. Koch, 1878)
흰수염깡충거미 [In to J]

【학명】 fulvus [풀부스] 황갈색의. 전체적으로 몸이 황갈색인 데서 유래한 것으로 추정한다.

【국명】 거미의 앞면이나 가장자리 등에 수염처럼 흰 털이 많은 데서 유래했다.

*참고: 1cm 내외의 비교적 큰 깡충거미로, 주로 남부지방에 서식한다.

성체♂(왼쪽)·♀

성체(♀)

외부생식기(♀)

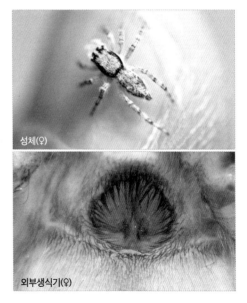
성체(♀)

외부생식기(♀)

Myrmarachne MacLeay, 1839
개미거미속

564. *Myrmarachne formicaria* (De Geer, 1778)
산개미거미 [Pa(US, introduced)]
【학명】formíca [포르미카] 개미. 개미를 닮은 모습에서 유래한 것으로 추정한다.
【국명】주요 서식처인 산지에서 유래했다.

성체(♀)

성체(♂)

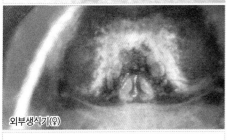

외부생식기(♀)

수염기관(♂)

565. *Myrmarachne inermichelis* Bösenberg & Strand, 1906
각시개미거미 [K, Ru, T, J]
【학명】inérmis [이네르미스] 무장하지 않은 +chelis: 협각. 보통 거미는 협각으로 먹이를 사냥하고 찢기도 하는데, 학명은 각시개미거미는 협각이 기능을 못한다는 의미다.
*참고: 거미의 구기(mouthparts)는 윗턱, 아래턱, 아랫입술 그리고 윗입술로 되어 있다. 위턱(chelicera)은 두흉부의 첫째 부속지가 변형된 것으로 갑각류의 제2촉각에 상당하며 크고 굵은 밑마디(basal segment, paturon)와 엄니(fang of chelicera) 2마디로 되어 있다. 협각이란 새우, 전갈, 게 등의 집게발을 말한다. 그러나 거미의 경우 위턱 끝 부분의 밑마디와 엄니가 서로 맞서 형성되는 곳 집게를 협각(chela)이라고 한다(김주필, 2009: 63).
【국명】각시처럼 배허리(배어깨와 배끝의 중간 부분)가 잘록한 데서 유래한 것으로 추정한다.

성체(♂)

수염기관(♂)

협각(♂)

수염기관(♂)

566. *Myrmarachne japonica* (Karsch, 1879)
불개미거미 [C, J, K, Ru, T]

【학명】일본의(japonica). 최초 채집지인 일본에서 유래했다.

【국명】불개미처럼 생긴 데서 유래했다.

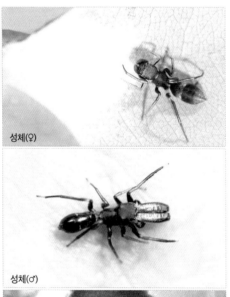

성체(♀)

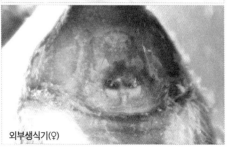

성체(♂)

외부생식기(♀)

567. *Myrmarachne kuwagata* Yaginuma, 1967
엄니개미거미 [C, J, K]

【학명】kuwagata: 투구뿔(くわがた)을 뜻하는 일본어의 라틴어 표기이다. 엄니는 반원 모양인 판 2개가 서로 맞닿아 완전한 원을 만드는 것처럼 보인다. 이것이 비스듬히 아래쪽으로 향해 마치 딱정벌레의 큰턱이나 투구뿔처럼 보인다. 학명은 이처럼 투구뿔처럼 생긴 엄니에서 유래했다.

【국명】유래는 학명과 같다.

568. *Myrmarachne lugubris* (Kulczyński, 1895)
온보개미거미 [C, K, Ru]

【학명】lúgŭbris [루구브리스] 상복의. 몸 색깔이 검은 데서 유래한 것으로 추정한다.

【국명】최초 채집지인 북한의 온보(溫堡)에서 유래했다.

성체(♀)

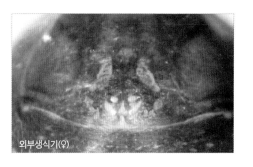
외부생식기(♀)

Neon Simon, 1876 네온깡충거미속[52]

569. *Neon minutus* Zabka, 1985
부리네온깡충거미 [K, V, T, J]
【학명】minútus [미누투스] 작은. 원래 네온깡충거미속은 크기가 작지만, 그중에서도 작은 편인 데서 유래했다.
【국명】과거 학명에서 유래했다. 최초 부리네온깡충거미의 학명은 수컷 사정관(ejaculatory duct)의 끝이 부리(rostratus)를 닮았다는 *Neon rostratus* Seo 1995였으나 *Neon minutus* Zabka, 1985로 동종이명 처리되었다.
*참고: rostrátus [로스트라투스] 부리가 있는.

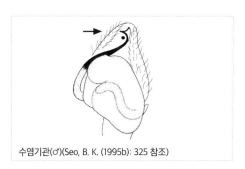
수염기관(♂)(Seo, B. K. (1995b): 325 참조)

570. *Neon reticulatus* (Blackwall, 1853)
네온깡충거미 [Ha]

【학명】reticulátus [레티쿨라투스] 그물 모양으로 된, 격자로 된. 배에 그물눈무늬가 나타나는 데서 유래했다.
【국명】속명 *Neon*에서 유래했다. 배에 네온 빛인 형광색이 나타난다.

Pancorius Simon, 1902
큰흰눈썹깡충거미속

571. *Pancorius crassipes* (Karsch, 1881)
큰흰눈썹깡충거미 [Pa]
【학명】crássĭpes [크라시페스] 대가 굵은 것. 그리스어 crassus: 굵은, 두터운, 진한+pes: 발의 합성어. 첫째다리와 둘째다리가 특히 굵은 데서 유래했다.
【국명】큰흰눈썹깡충거미는 원래 흰눈썹깡충거미속이었다가 분리되었다. 따라서 국명은 흰눈썹깡충거미 중 크기가 큰 데서 유래했다. 실제로 암컷과 수컷 모두 1㎝가 넘는 대형종이다.

Philaeus Thorell, 1869
피라에깡충거미속

572. *Philaeus chrysops* (Poda, 1761)
대륙깡충거미 [Pa]
【학명】chrysops: 그리스어로 금빛 눈. 대륙깡충거미의 눈 주변에 오렌지색 털이 많은 것에서 유래한 것으로 추정한다.
【국명】한국은 물론 일본, 중국, 몽고, 러시아, 유럽 등 구북구에 널리 분포하는 데서 유래했다.

---

52) 몸에서 네온 빛이 나는 데서 유래했다.

Phintella Strand, in Bösenberg & Strand, 1906
핀텔깡충거미속[53]

573. *Phintella abnormis* (Bösenberg & Strand, 1906)
갈색눈깡충거미 [C, J, K, Ru]

【학명】 abnórmis [아브노르미스] 이상한. 즉 일정한 규칙이 없다는 뜻이며, 실제로 등면 무늬가 매우 복잡하며 일정한 규칙이 없다.
【국명】 눈이 갈색으로 보이는 데서 유래했다.

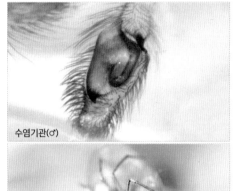

수염기관(♂)

갈색 눈(♂)

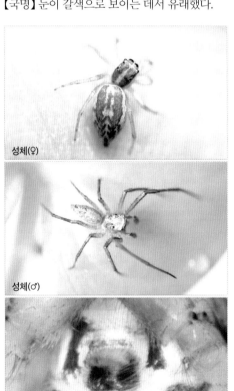

성체(♀)

성체(♂)

외부생식기(♀)

574. *Phintella arenicolor* (Grube, 1861)
눈깡충거미 [C, J, K, Ru]

【학명】 ăréna [아레나] 모래+cŏlor [콜로르] 색.[54] 거미의 지배적인 몸 색깔에서 유래했다.
【국명】 독특한 눈 색깔에서 유래한 것으로 추정한다. 눈깡충거미의 앞가운데눈은 갈색으로 검은색인 나머지 눈과 다르다.

성체(♀)

---

53) 핀텔깡충거미속은 수컷의 수염기관이 단조롭고 암컷 외부생식기는 수정낭(spermathecae) 1쌍과 관(canals) 때문에 선글라스처럼 보인다. 수컷은 성적이형 현상으로 암컷에 비해 다리가 턱없이 가늘고 길다.
54) 모래 색(사막 전투복의 얼룩무늬)이 나타나는 동물의 학명에 자주 쓰인다.

성체(♂)

외부생식기(♀)

수염기관(♂)

575. *Phintella bifurcilinea* (Bösenberg & Strand, 1906)
황줄깡충거미 [C, K, V, J]

【학명】bǐfúrcus [비푸르쿠스] 두 갈래의+línĕa [리네아] 줄. 등면 정중부의 염통무늬구역 뒤부터 배끝까지 굵은 흰색 줄무늬가 나타난다. 그리고 이보다 앞쪽인 염통무늬구역부터 황색 줄무늬가 나타나며, 이 황색 줄무늬는 정중부의 흰색 줄무늬를 기준으로 두 갈래로 나뉘어 배끝 방향으로 내려간다. 즉 학명은 등면에 난 황색

줄무늬 2줄에서 유래한 것으로 추정한다.
【국명】유래는 학명과 같다.

성체

576. *Phintella cavaleriei* (Schenkel, 1963)
멋쟁이눈깡충거미 [C, K]

【학명】cavalerie[kaval ʀi] 기병대, 기갑부대, 말(馬)+i. 유래는 전하지 않으나 거미를 기병(騎兵)에 비유한 것으로 추정한다.
【국명】발색이 아름답다는 뜻에서 유래한 것으로 추정한다. 과거에는 카와레리(cavalerie)깡충거미로도 불렸다.[55]

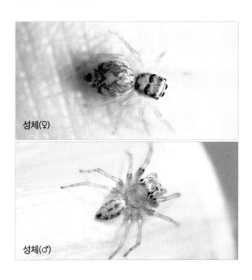

성체(♀)

성체(♂)

---

55) *P. cavaleriei*는 카와레리깡충거미로 불린 때(김주필 외, 2002: 183)도 있다. 프랑스 학자 E. Schenkel은 9종에 *cavaleriei*라는 학명을 부여했다. 멋쟁이눈깡충거미(*Phintella cavaleriei* (Schenkel, 1963)) 외에도 *Eriovixia cavaleriei* (Schenkel, 1963), *Neriene cavaleriei* (Schenkel, 1963), *Steatoda cavaleriei* (Schenkel, 1963) *Synagelides cavaleriei* (Schenkel, 1963), *Tetragnatha cavaleriei* Schenkel, 1963, *Thiania cavaleriei* Schenkel, 1963, *Thomisus cavaleriei* Schenkel, 1963, *Trachyzelotes cavaleriei* (Schenkel, 1963)가 있다. 그리고 지금까지 어느 누구도 이 학명으로 종을 등록하지 않고 있다.

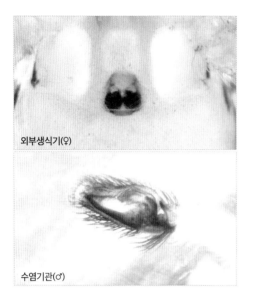

외부생식기(♀)

수염기관(♂)

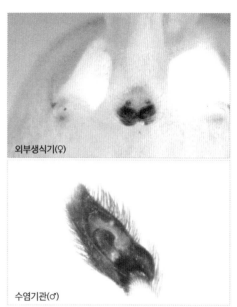

외부생식기(♀)

수염기관(♂)

577. *Phintella linea* (Karsch, 1879)
안경깡충거미 [C, J, K, Ru]
【학명】línĕa [리네아] 줄. 수컷은 성체가 되면 몸 전체에 줄무늬가 나타난다.
【국명】핀텔깡충거미속은 전반적으로 암컷 외부생식기가 안경처럼 생겼다.

성체(♀)

성체(♂)

578. *Phintella parva* (Wesolowska, 1981)
묘향깡충거미 [C, K, Ru]
【학명】parva: 작은. 크기가 작다는 뜻이다.
【국명】최초 채집지인 평북 영변 묘향산에서 유래했다.

579. *Phintella popovi* (Prószyński, 1979)
살짝눈깡충거미 [C, K, Ru]
【학명】인명 popov+i. F. E. Popov에서 유래했다.
* F. E. Popov: 논문 저자(Prószyński)와 함께 연구하면서 월정어리개미거미를 최초로 채집한 인물이다.
【국명】살짝의 사전적 의미처럼 재빠르거나 가볍게 움직이는 깡충거미의 특성에서 유래한 것으로 추정한다. 과거에는 포포우(popov)깡충거미로도 불렸다.

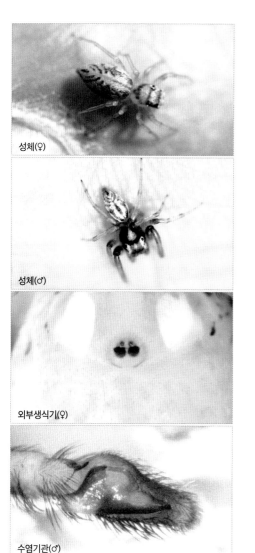

성체(♀)

성체(♂)

외부생식기(♀)

수염기관(♂)

580. *Phintella versicolor* (C. L. Koch, 1846)
암흰깡충거미 [C, J, K, T, Mal, Su, Hw]
【학명】 versícŏlor [베르시콜로르] 얼룩덜룩한. 수컷은 검은색 바탕에 양옆으로 굵은 노란색 선이 있는 반면 암컷은 흰색 바탕에 얼룩덜룩한 무늬가 있다. 즉 학명은 암컷 등면의 얼룩무늬에서 유래했다.

【국명】 암컷이 희다는 뜻이다. 실제로 수컷과 달리 암컷은 바탕색이 희다.

Phlegra Simon, 1876 산길깡충거미속

581. *Phlegra fasciata* (Hahn, 1826)
배띠산길깡충거미 [Pa]
【학명】 fascata: 줄무늬가 있는. 배 정중부에 굵은 줄무늬가 있으며, 가장자리에도 색이 같은 굵은 줄무늬가 있다.
【국명】 배 정중부와 가장자리에 띠무늬가 나타나는 데서 유래했다. 과거 이름은 배띠깡충거미(남궁준, 2003: 568)였다.

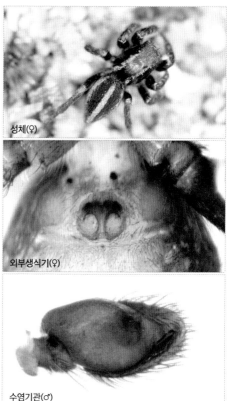

성체(♀)

외부생식기(♀)

수염기관(♂)

Plexippoides Prószyński, 1984
어리두줄깡충거미속[56]

582. *Plexippoides annulipedis* (Saito, 1939)
큰줄무늬깡충거미 [C, J, K]
【학명】ánnŭlus [안눌루스] 고리+pēs [페스] (사람·동물의) 발. 다리에 어두운 색과 밝은 색 고리무늬가 반복해서 나타난다.
【국명】어리두줄깡충거미속에서 가장 대형 종인 데서 유래했다.

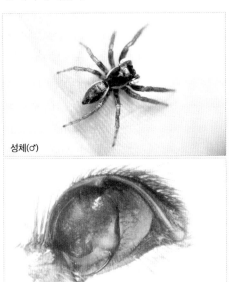

성체(♂)

수염기관(♂)

583. *Plexippoides doenitzi* (Karsch, 1879)
되니쓰깡충거미 [C, J, K]
【학명】인명 doenitz+i. 독일의 동물학자, 곤충학자, 해부학자인 Friedrich Karl Wilhelm Dönitz(1838~1912)에서 유래했다.

【국명】유래는 학명과 같다. 되니쓰(doenitz)+깡충거미.

584. *Plexippoides regius* Wesolowska, 1981
왕어리두줄깡충거미 [C, K, Ru]
【학명】régĭus [레지우스] 왕의, 위풍당당한, 화려한. 크고 아름다운 종인 데서 유래했다.
【국명】유래는 학명과 같다. 왕어리두줄깡충거미는 큰줄무늬깡충거미보다는 작고, 되니쓰깡충거미보다는 크다.

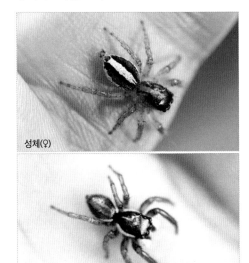

성체(♀)

성체(♂)

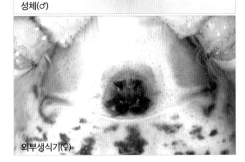

외부생식기(♀)

---

56) 머리가슴에서부터 배끝까지 뚜렷한 줄무늬가 나타난다. 정중선은 폭넓게 이어지며, 가장자리는 큰 톱니무늬가 내부를 감싼다. 따지고 보면 어리두줄깡충거미속도 줄무늬는 3줄이다. 다만 가장자리 양끝이 톱니무늬인 점이 두줄깡충거미속과 구별된다. 암컷 생식기 교접관(copulatory duct)이 용수철처럼 6회 꼬여 있다.

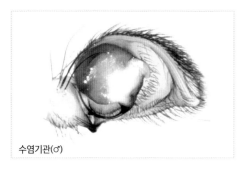

수염기관(♂)

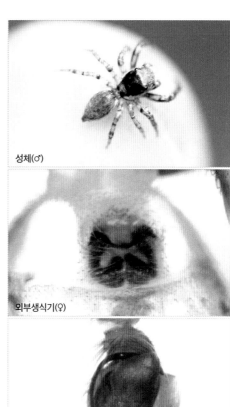

성체(♂)

외부생식기(♀)

수염기관(♂)

Plexippus C. L. Koch, 1846
두줄깡충거미속[57]

585. *Plexippus incognitus* Dönitz & Strand, 1906
흰줄깡충거미 [C, J, K, T]

【학명】incógnĭtus [잉코니투스] 알 수 없는, 조사되지 않은.[58] 채집자나 논문 저자에게 생소한 종이었거나 또는 매우 흔하다는 뜻에서 유래한 것으로 추정한다.

【국명】정중부에 폭넓은 흰 줄무늬가 나타나는 데서 유래했다. 폭넓은 줄무늬는 염통무늬구역에서 살깃무늬로 나타난다.

성체(♀)

586. *Plexippus paykulli* (Audouin, 1826)
두줄깡충거미 [Co]

【학명】인명 paykull+i. 스웨덴 곤충학자 Gustav von Paykull(1757~1826)에서 유래했다.

【국명】정중부의 폭넓은 흰 줄무늬는 염통무늬구역 뒤부터 갑자기 2배 이상으로 폭이 넓어져 배끝까지 이어진다. 국명은 정중부의 흰줄을 기

---

57) 머리가슴에서부터 배끝까지 뚜렷한 줄무늬가 나타난다. 정중선, 가장자리 양쪽으로 1개씩 모두 3줄 띠무늬가 폭넓게 혹은 가늘더라도 뚜렷하게 이어진다. 수염기관의 구조는 단순하며 배엽이 경절의 정중앙에 있지 않고 한 방향으로 치우쳐 있다. 암컷 생식기는 저정낭 1쌍과 개구부가 세로 방향으로 길쭉하다.

58) 속명이 같은 거미인 *Althepus incognitus* Brignoli, 1973의 자료에서는 해당 거미를 정확하게 인지하지 못했다고 명명 이유를 밝혔다(Brignoli, P. M. (1973d)). 즉 미지의 거미였다는 뜻이다. 그러나 Dönitz & Strand, 1906은 "Kommt in Häusern vor(가정에서 나타날 수 있다)."라는 짧은 문구를 남겼다. 따라서 무수히 많아서 부여한 속명일 가능성도 있다.

준으로 등면의 암갈색 바탕무늬가 둘로 나뉜 데
서 유래한 것으로 추정한다.

587. *Plexippus petersi* (Karsch, 1878)
황색줄무늬깡충거미 [Af to J, Ph, Hw]
【학명】인명 peters+i. 독일 동물학자 Hr. W.
Peters에서 유래했다.
【국명】등면 정중부의 담황색 줄무늬에서 유래
했다. 담황색 줄무늬의 폭이 매우 넓어 검은색
바탕에 넓은 줄무늬가 난 것으로 보이지 않고,
흰 바탕에 검은 반점이 머리가슴과 등면에 각각
1쌍씩 있는 것처럼 보인다.

588. *Plexippus setipes* Karsch, 1879
세줄깡충거미 [Tu, C, K, V, J]
【학명】setipes: stripes(줄무늬)의 다른 표기로
추정한다.
【국명】배는 갈색 바탕에 중앙부는 황갈색, 양
옆은 회갈색의 3줄무늬를 이룬다(남궁준, 2003:
573). 그런데 두줄깡충거미속(*Plexippus*)인 이
유는 정중선을 기준으로 둘로 나뉜 바탕 무늬에
서 유래한 것으로 추정한다.

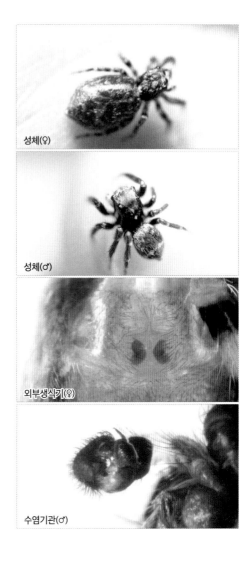

성체(♀)

성체(♂)

외부생식기(♀)

수염기관(♂)

Pseudeuophrys Dahl, 1912
어리번개깡충거미속

589. *Pseudeuophrys iwatensis*
(Bohdanowicz & Prószyński, 1987)
검은머리번개깡충거미 [C, J, K, Ru]
【학명】지명 iwata+ensis. 최초 채집지인 일본
시즈오카 현 이와타(iwata)에서 유래했다.
【국명】눈구역이 검은 데서 유래했다.

Pseudicius Simon, 1885
어리안경깡충거미속

590. *Pseudicius kimjoopili* (Kim, 1995)
금골풀무깡충거미 [J, K]
 = *Helicius kimjoopili* Kim, 1995b
【학명】인명 kimjoopil+i. 논문 저자인 김주필
선생에서 유래했다.

【국명】김주필 선생의 성씨(金)에서 유래한 것으로 추측한다. 금(金)+골풀무깡충거미. 처음에는 골풀무깡충거미속으로 분류해 금골풀무깡충거미로 명명되었다.

591. *Pseudicius vulpes* (Grube, 1861)
여우깡충거미 [C, J, K, Ru]
【학명】vulpes [불페스] 여우. 학명 유래는 전하지 않는다.
【국명】학명에서 유래했다.

Rhene Thorell, 1869 까치깡충거미속

592. *Rhene albigera* (C. L. Koch, 1846)
흰띠까치깡충거미 [In to J, Su]
【희명】albigera: 흰색인. 앞눈줄 뒤에 기는 흰색 띠무늬가 있고, 양 측면에 넓적한 흰색 줄무늬가 있다(남궁준, 2003: 581).
【국명】학명에서 유래했다.
*참고: 보통 깡충거미와 달리 거미줄을 많이 치고 산다.

성체(♀)

성체(♀)

성체(♂)

성체(♂)

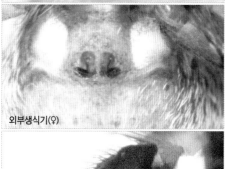
외부생식기(♀)

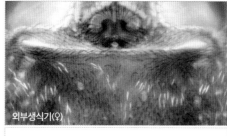
외부생식기(♀)

수염기관(♂)

수염기관(♂)

593. *Rhene atrata* (Karsch, 1881)
까치깡충거미 [C, J, K, Ru, T]

【학명】ātrátus [아트라투스] 검은. 몸 색깔이 어두운 데서 유래한 것으로 추정한다.

【국명】일본명(カラスハエトリ) 영향을 받은 것으로 추측한다. 일본명에는 까마귀(カラス)가 포함되어 있고, 일본에서는 까마귀를 길조로 여긴다. 한국은 일본과 달리 까치를 길조로 여기므로 까치깡충거미로 명명한 것으로 추측한다.

성체(♀)

성체(♂)

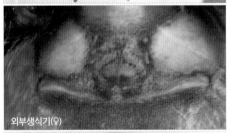
외부생식기(♀)

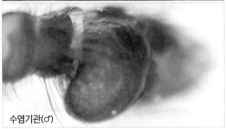
수염기관(♂)

594. *Rhene myunghwani* Kim, 1996
명환까치깡충거미 [K]

【학명】인명 myunghwan+i. 채집 당시의 백령도 해병대 1사단장 이름(명환)에서 유래했다. 백령도 거미상 조사에 협조해 준 부대에 대한 감사 표시로 추측한다.

【국명】유래는 학명과 같다.

Sibianor Logunov, 2001
비아노깡충거미속

595. *Sibianor aurocinctus* (Ohlert, 1865)
비아노깡충거미 [Pa]

【학명】auro [아우로] 금으로 장식하다+cinctus [칭투스] 띠를 두른. 암갈색 몸에 흰 털이 논에 심은 모처럼 산포하며, 보는 방향에 따라 흰 털이 금빛으로 보이기도 한다. 배어깨에 반달 모양 금색 띠가 나타나기도 하며, 다리는 노란 빛이다.

【국명】과거 속명에서 유래했다. 원래 비아노깡충거미속의 속명은 *Bianor*였으나 *Sibianor*로 재분류되면서 국명만 그대로 남았다다.

*참고: si-: 마치 ~이기나 한 듯이.

성체(♂)

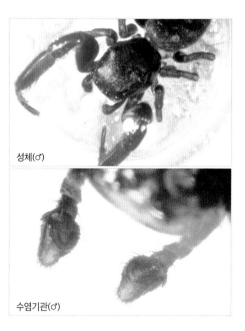

성체(♂)

수염기관(♂)

성체(♀)

성체(♂)

성체(♂)

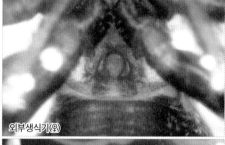

외부생식기(♀)

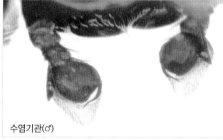

수염기관(♂)

596. *Sibianor nigriculus* (Logunov & Wesolowska, 1992)

끝검은비아노깡충거미 [Ru, North J, K]

= *Harmochirus nigriculus* Logunov & Wesolowska, 1992

【학명】nĭger [니게르] 검은+cūlus [쿨루스] 엉덩이. 배끝이 검은 데서 유래했다.

【국명】유래는 학명과 같다. 실제로 배끝이 검다.

597. *Sibianor pullus* Bösenberg & Strand, 1906

반고리깡충거미 [C, J, K, Ru]

= *Harmochirus pullus* Bösenberg & Strand, 1906

【학명】pullus [풀루스] 동물 새끼, 어린 아이. 크기가 작은 데서 유래한 것으로 추정한다.

【국명】등면의 흰색 고리무늬가 완전하지 않고 열린 데서 유래한 것으로 추정한다.

Siler Simon, 1889 띠깡충거미속

598. *Siler cupreus* Simon, 1889
청띠깡충거미 [C, J, K, T]
【학명】cúprĕus [쿠프레우스] 구리의. 다리의 구릿빛에서 유래했다.
【국명】머리가슴가장자리와 등면 앞쪽에 청띠무늬가 나타나는 데서 유래했다. 특이한 점은 다른 거미와 달리 암컷과 수컷의 색상과 무늬가 일치한다.

성체(♀)

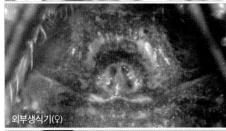
외부생식기(♀)

육아고치

Sitticus Simon, 1901 마른깡충거미속

599. *Sitticus albolineatus* (Kulczyński, 1895)
흰줄무늬깡충거미 [C, K, Ru]
【학명】albo [알보] 희게 하다+lineatus: 줄이 있는. 흰 줄무늬에서 유래했다. 수컷은 머리가슴과 등면 정중부에 폭넓은 흰무늬가 길게 나타나며 배가장자리에도 흰 띠무늬가 나타난다.
【국명】유래는 학명과 같다.

600. *Sitticus avocator* (O. Pickard-Cambridge, 1885)
홀아비깡충거미 [Turkey to J]
【학명】ávŏco [아보코] 다른 데로 가져가다, 뺏어가다. 학명 유래는 전하지 않는다.
【국명】과거 학명에서 유래했다. 과거에 *Sitticus viduus*로 불리기도 했다. vídŭus [비두우스] 홀아비, 과부.

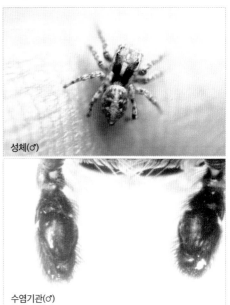
성체(♂)

수염기관(♂)

601. *Sitticus fasciger* (Simon, 1880)
고리무늬마른깡충거미 [C, J, K, Ru, US]
【학명】fasciger: 줄무늬가 있는. 다리의 암갈색 고리무늬에서 유래했다.
【국명】유래는 학명과 같다.

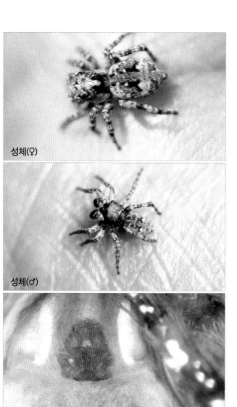

성체(♀)

성체(♂)

외부생식기(♀)

수염기관(♂)

르지만, 암수 모두 등면 앞쪽에 1쌍, 뒤쪽에 1쌍 그리고 배끝 부분에 1개씩 총 반점 5개가 있다.

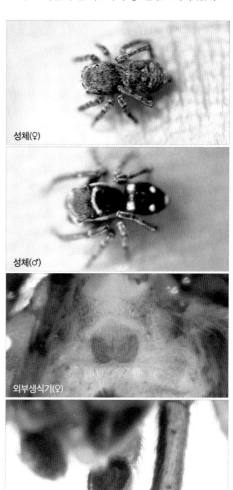

성체(♀)

성체(♂)

외부생식기(♀)

수염기관(♂)

602. *Sitticus penicillatus* (Simon, 1875)
다섯점마른깡충거미 [Pa]

【학명】penicíllum [페니킬룸] 붓, 화필. 털 다발이나 붓 모양 털이 나타나는 동물에 종종 쓰이는 단어다. 다섯점마른깡충거미는 전체적으로 털이 많다.

【국명】등면에 있는 반점 5개에서 유래했다. 암 컷은 적갈색, 수컷은 흑갈색으로 색이 완전히 다

603. *Sitticus penicilloides* Wesolowska, 1981
흰털갈색깡충거미 [North K]

【학명】penicilloides: penicíllum+oides: ~과 닮은. 즉 다섯점마른깡충거미(*S. penicillatus* (Simon, 1875))와 닮았다는 뜻이다.

【국명】전체적으로 암갈색 바탕에 흰 털이 밀생한 모습에서 유래했다. 1965년 함경남도 함흥시 흥남부두 모래사장에서 채집되었다.

604. *Sitticus sinensis* Schenkel, 1963
중국마른깡충거미 [C, K]
【학명】중국의(sinensis). 최초 채집지인 중국에서 유래했다.
【국명】유래는 학명과 같다.

Synagelides Strand, 1906
어리개미거미속

605. *Synagelides agoriformis* Strand, 1906
어리개미거미 [C, J, K, Ru]
【학명】ago: 행동하다+formica: 개미. 개미처럼 행동하는 데서 유래했다.
【국명】개미거미와 닮았다(어리)는 뜻에서 유래했다.

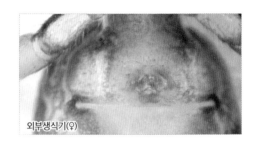

외부생식기(♀)

606. *Synagelides zhilcovae* Prószyński, 1979
월정어리개미거미 [C, J, K, Ru]
【학명】인명 zhilcova+e. 러시아 동물학자 Dr. L. A. Zhilcova에서 유래했다. 한편 이 종은 논문 저자와 함께 조사하던 포포우(F. E. Popov)가 최초로 채집했다.
【국명】한국 최초 채집지인 오대산 월정사에서 유래했다.

Talavera Peckham & Peckham, 1909
세줄번개깡충거미속

607. *Talavera ikedai* Logunov & Kronestedt, 2003
세줄번개깡충거미 [J, K]
【학명】인명 ikeda+i. 일본 거미학자 Dr H. Ikeda에서 유래했다.
【국명】등면의 줄무늬에서 유래했다. 등에 다람쥐처럼 3줄이 선명하게 나타난다. 이는 세줄번개깡충거미속의 특징이기도 하다.

성체(♀)

성체(♂)

성체(♀)

성체(♂)

【학명】 인명 vlijm+i. 네덜란드 학자 Jacob Lambertus Vlijm(1900~1971)에서 유래했다.
【국명】 등면에 나타나는 날개무늬에서 유래했다. 암컷 등면에 검은색 띠무늬 1쌍이 길게 나타니는데 이것이 검은 날개를 닮았다. 수컷은 담황색 날개무늬가 있다.

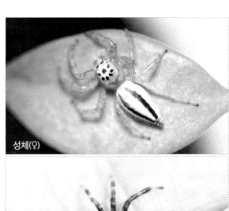

성체(♀)

Tasa Wesolowska, 1981
갈구리깡충거미속

608. *Tasa koreana* (Wesolowska, 1981)
고려깡충거미 [C, J, K]

= *Pseudicius koreanus* Wesolowska, 1981a
= *Tasa nipponica* Seo, 1992b

【학명】 한국의(koreana). 최초 채집지인 한국에서 유래했다.
【국명】 1959년 Wesolowska(왕어리두줄깡충거미 논문 저자)가 평양 town park(모란봉)에서 암컷을 채집했고 이것이 새로운 속의 기준이 되었다. 이후 구미 금오산에서 수염기관의 지시기(conduct)가 갈구리 모양인 수컷이 채집되어 갈구리깡충거미속을 새롭게 만들고 갈구리깡충거미로 등재했으나, 평양에서 채집한 암컷과 금오산에서 채집한 수컷이 같은 종으로 밝혀지면서 갈구리깡충거미의 국명은 아쉽지만 고려깡충거미로 수정되었다.

성체(♂)

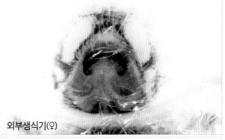

외부생식기(♀)

Telamonia Thorell, 1887
검은날개무늬깡충거미속

609. *Telamonia vlijmi* Prószyński, 1984
검은날개무늬깡충거미 [C, J, K]

수염기관(♂)

Yaginumaella Prószyński, 1979
야기누마깡충거미속

610. *Yaginumaella medvedevi* Prószyński, 1979
야기누마깡충거미 [C, K, Ru]
【학명】인명 medvedev+i. 러시아 생물학자 Zhores Aleksandrovich Medvedev(1925~)에서 유래했다.
【국명】일본 거미학자 Takeo Yagimuma(1916~1995)를 가리키는 속명에서 유래했다.

Yllenus Simon, 1868 이렌깡충거미속

611. *Yllenus coreanus* Prószyński, 1968
한국이렌깡충거미 [Ru, C-Asia, North K, M]
【학명】한국의(coreanus). 최초 채집지인 한국에서 유래했다.
【국명】인명(Yllen)을 가리키는 속명에서 유래했다. 다만 논문에 Yllen이라는 인물에 대한 정보는 없다.

Scytodidae Blackwall, 1864
가죽거미과

Dictis L. Koch, 1872 검정가죽거미속

612. *Dictis striatipes* L. Koch, 1872
검정가죽거미 [C to Au]
【학명】striátus [스트리아투스] 줄무늬의. 복부에 가로 방향 고리무늬가 나타난다.
【국명】검정색인 몸 색깔에서 유래했다. 미성숙

시기에는 복부에 가로 방향 고리무늬 4줄이 나타나지만, 성체가 되면 몸 색깔이 검게 변하면서 고리무늬가 잘 보이지 않는다.

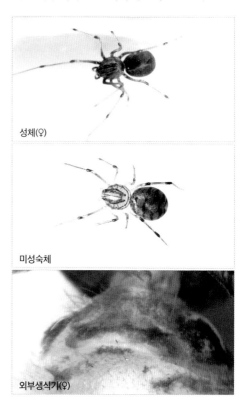

성체(♀)

미성숙체

외부생식기(♀)

Scytodes Latreille, 1804 가죽거미속

613. *Scytodes thoracica* (Latreille, 1802)
아롱가죽거미 [Ha, Pacific Is.]
【학명】thoráca [토라카] 가슴. 아롱가죽거미는 가슴이 높게 융기했다. 구기에서 끈끈한 그물을 지그재그로 쏘아 사냥감을 옴짝달싹 못하도록 만드는 방식으로 사냥하는 종이다. 이 때문에 그물을 보다 신속하고, 멀리 쏠 수 있도록 가슴이 발달한 것으로 추정한다.
【국명】몸에 나타나는 아롱무늬에서 유래했다.

성체(우)

Segestriidae Simon, 1893
공주거미과

Ariadna[59] Audouin, 1826
공주거미속

614. *Ariadna insulicola* Yaginuma, 1967
섬공주거미 [C, J, K]

【학명】ínsŭla [인슐라] 섬+cola: ~에 사는. 섬에 서식하는 것에서 유래했다.

【국명】속명[60]에서 유래했다. 실제로 한국에서도 울릉도에서 가장 먼저 발견되었다.

성체(우)

615. *Ariadna lateralis* Karsch, 1881
공주거미 [C, J, K, T]

【학명】laterális [라테랄리스] 측면의. 배 측면에 세로 방향으로 가는 선이 나타나는 데서 유래한 것으로 추정한다.

【국명】속명(*Ariadna*)에서 유래했다. 크레타 섬의 공주 아드리아네에서 유래했으며, 일본명(ミヤグモ)도 비슷한 의미로, ミヤ는 왕족을 일컫는 단어다.

성체(우)

Selenopidae Simon, 1897
겹거미과

Selenops Latreille, 1819 겹거미속

616. *Selenops bursarius*[61] Karsch, 1879
겹거미 [C, J, K, T]

【학명】bursa [부르사] 주머니. 배 모양이 주머니처럼 생긴 데서 유래한 것으로 추정한다.

---

59) 그리스 신화에 나오는 여인 아리아드네(Ariadne)는 크레타의 왕 미노스와 왕비 파시파에 사이에서 난 태어난 공주다.
60) 라비린토스(labyrinthos)에 대륙풀거미(미노타우로스)가 있다면, 크레타 섬에는 섬공주거미(아리아드네)가 산다. 아테네 왕 아이게우스의 아들 테세우스는 부당한 공물 문제를 해결하기 위해 제물이 되어 크레타 섬으로 들어오게 되는데, 이때 아리아드네는 테세우스에게 사랑을 느껴 라비린토스로 들어가기 전에 실을 건네준다. 결국 테세우스는 미노타우로스를 죽이고 실을 따라 라비린토스를 빠져 나온다. 이 전설에 따라 아드리아네의 실이라고 하면 어려운 문제를 푸는 실마리로 여겨진다.
61) 종명이 같은 *Himalcoelotes bursarius* Wang, 2002는 교접관의 생김새가 주머니를 닮은 데서 이름이 유래했다(Wang, X. P. 2002: 89). 거미 외에도 주머니가 있는 종에 가끔 쓰인다.

【국명】 몸이 납작하지만 홑거미보다 다소 두터워 겹거미라고 한다(남궁준, 2003: 497).

Sicariidae Keyserling, 1880
실거미과

Loxosceles Heineken & Lowe, 1832
실거미속

617. *Loxosceles rufescens* (Dufour, 1820)
실거미 [Co]

【학명】 rufésco [루페스코] 붉어지다. 배갑은 편평하고 황갈색이지만 머리 쪽 빛깔은 짙은 데서 유래했다.

【국명】 다리가 가늘어서 붙은 이름으로 추측한다. 일본명(ドクイトグモ)에는 국명과 같은 실(イト)이 포함된다.

*참고: 영어명은 은둔자(Recluse spider)이다.

Sparassidae Bertkau, 1872
농발거미과

Heteropoda Latreille, 1804
농발거미속

618. *Heteropoda venatoria* (Linnaeus, 1767)
농발거미 [Pantropical]

【학명】 venatórĭus [베나토리우스] 사냥의, 사냥꾼의. 먹이 사냥을 잘 한다는 의미로, 린네가 명명했다.

【국명】 장롱(농)의 다리(발)에서 유래했으며, 다리가 긴 거미를 뜻한다. 일본명(アシダカグモ, 脚高蜘蛛)과 중국명(白額高脚蛛) 역시 국명과 같은 뜻이다.

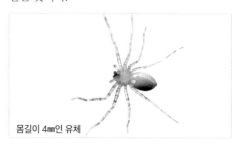
몸길이 4mm인 유체

Micrommata Latreille, 1804
이슬거미속

619. *Micrommata virescens* (Clerck, 1757)
이슬거미 [Pa]

【학명】 virésco [비레스코] 초록으로 되다. 실제로 이슬거미는 초록색이 지배적이다.

【국명】 역시 이슬거미라는 뜻의 일본명(ツユグモ)에서 유래한 것으로 추정한다. 학명과 마찬가지로 싱그러운 초록빛에서 유래한 것으로 보인다.

여름 발색

겨울 발색

Sinopoda[62] **Jäger, 1999**
거북이등거미속

620. *Sinopoda aureola* Kim, Lee & Lee, 2014
금빛거북이등거미 [K]
【학명】auréŏla [아우레올라] 후광(금빛의).
【국명】학명과 같은 금빛에서 유래했다. 논문 저자는 수락산(서울 노원구)에서 새로운 거북이등거미를 채집했다. 저자에 따르면 등록에 앞서 거미 이름을 고민하던 중, 거미가 자연사하면서 사체에서 원래 황갈색보다 더 인상적인 금빛이 뿜겨져 나온 것에서 착안했다고 전한다(한국거미동물원. http://cafe.naver.com/domesticspider/18114).

621. *Sinopoda clivus* Kim, Chae & Kim, 2013
비탈거북이등거미 [K]
【학명】clīvus [클리부스] 비탈. 바위 비탈면에서 채집한 데서 유래했다.
【국명】유래는 학명과 같다. 별거북이등거미와 구별하기가 쉽지 않다.

622. *Sinopoda forcipata* (Karsch, 1881)
화살거북이등거미 [C, J, K]
【학명】forcipata: 집게가 있는. 경절돌기가 집게 모양인 데서 유래했다.
*참고: 중국명(鉗高脚蛛)은 집게(鉗) 농발(高脚) 거미라는 뜻이다.
【국명】등면의 살깃무늬에서 유래했다. 실제로 살깃무늬가 등면 전체에 크고 매우 뚜렷하게 나타난다.

623. *Sinopoda jirisanensis* Kim & Chae, 2013
지리거북이등거미 [K]
【학명】지명 jirisan+ensis. 최초의 채집지인 지리산(jirisan)에서 유래했다.
【국명】유래는 학명과 같다.

624. *Sinopoda joopilis* Chae & Sohn 2013
주필거북이등거미 [K]
【학명】인명 joopil+i. 논문 공동저자의 지도교수인 김주필 박사에게 헌정한 데서 유래했다.
【국명】유래는 학명과 같다.

625. *Sinopoda koreana* (Paik, 1968)
한국거북이등거미 [J, K]
【학명】한국의(koreana). 최초 채집지인 한국(제주시 오등동 관음사)에서 유래했다.
【국명】유래는 학명과 같다.

미성숙체

626. *Sinopoda stellatops* Jäger & Ono, 2002
별거북이등거미 [J, K]
【학명】stellata(*S. stellata*)+ops: ~처럼 보이는. 별거북이등거미(*S. stellata*)처럼 보인다는 뜻. 처음에 등록된 별거북이등거미(당시는 별농발거

62) Sino(blonging to china)+poda(Hetropoda), 즉 중국계 농발거미라는 뜻이다(Jäger, P.,1999b: 19).

미)는 *S. stellata* (Schenkel, 1963)였다. 그러다 2002년에 Jäger & Ono가 기존의 것과 다른 종이란 것을 밝히면서 겉보기에는 별거북이등거미 같다(stellatops)는 의미인 오늘날의 학명을 얻었다.

【국명】배갑의 방사상무늬가 별을 닮은 데서 유래했으며, 학명과 달리 국명은 바뀌지 않았다.

경절돌기(♂)

627. *Sinopoda yeoseodoensis* Kim & Ye, 2015
여서도거북이등거미 [K]

【학명】지명 yeoseodo+ensis. 최초 채집지인 전남 완도군 여서도(yeoseodo)에서 유래했다.

【국명】유래는 학명과 같다.

*참고: 여서도에 서식하는 거북이등거미로 화살거북이등거미처럼 등면에 살깃무늬가 나타나 매우 유사하다. 그러나 화살거북이등거미(*S. forcipata*)는 학명에서 알 수 있듯이 집게 모양 경절돌기가 있는데 비해 여서도거북이등거미는 기다란 경절돌기 하나만 있다.

성체(♀)

성체(♂)

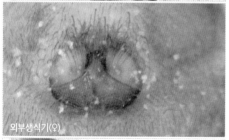
외부생식기(♀)

성체(♀)

수염기관(♂)

성체(♂)

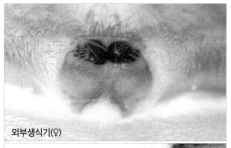
외부생식기(♀)

수염기관(♂)

경절돌기(♂)

Thelcticopis **Karsch, 1884**
가마니거미속

628. *Thelcticopis severa* (L. Koch, 1875)
가마니거미 [C, J, K, La]
【학명】Sevérus [세베루스] 근엄한, 날카로운, 청렴한. 학명의 유래는 전하지 않는다. 논문 저자의 느낌에서 유래한 것으로 추정한다.
【국명】중국명(草袋蛛)과 일본명(カマスグモ)도 국명처럼 가마니거미를 뜻하는 것으로 봐서 국명은 이웃 나라에서 유래한 것으로 추정한다.

Tetragnathidae Menge, 1866
갈거미과

Diphya **Nicolet, 1849**
각시어리갈거미속

629. *Diphya albula* (Paik, 1983)
흰배곰보갈거미 [K]
【학명】albula: 하얀, 희끄무레한. 등면에 희끄무레한 털이 나타나는 데서 유래했다.
【국명】흰배는 등면의 희끄무레한 털에서, 곰보는 머리가슴에 곰보무늬를 떠올리게 하는 둥근 과립 돌기가 산재하는 데서 유래했다.
*참고: 1983년 등록 당시에는 애접시거미과 (Erigonidae)였으나 갈거미과의 각시어리갈거미속으로 분류되었다.

630. *Diphya okumae* Tanikawa, 1995
각시어리갈거미 [C, J, K]
【학명】인명 okuma+e. 일본 거미학자 Dr. Chiyoko Okuma에서 유래했다.
【국명】오렌지색인 몸 색깔이 고운 데서 유래한 것으로 추정한다.

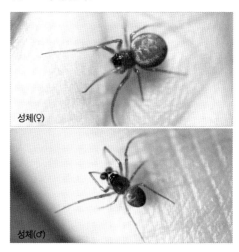
성체(♀)

성체(♂)

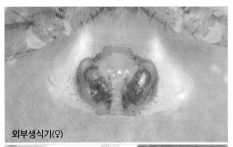

외부생식기(♀)

수염기관(♂)

Leucauge White,1841 백금거미속[63]

631. *Leucauge blanda* (L. Koch, 1878)
중백금거미 [C, J, K, Ru, T]
【학명】blanda: 매혹적인. 은빛 비늘무늬에서
유래한 것으로 추측한다.
【국명】중간 크기인 데서 유래했다. 왕백금거미
보다는 작고, 꼬마백금거미보다는 크다. 암컷 몸
길이 9~12㎜(남궁준, 2003: 225). 일본명(中型白
金蜘蛛)도 같은 의미다.

632. *Leucauge celebesiana* (Walckenaer, 1841)
왕백금거미 [Ru, In to C, J, K, La, T, Sul, NG]
= *Leucauge magnifica* Kim, 1990
【학명】celebes: 셀레베스. 인도네시아공화국의
한 섬으로 최초 채집지이다.

【국명】일본명(大白金蜘蛛)과 유사하다. 1990
년 제주도에서 채집한 것을 *L. magnifica*
Yaginuma, 1954로 등재했다. 종명(*magnifica*:
크고 웅장한)을 봐도 크기에서 유래한 것을 짐
작할 수 있다. 왕백금거미가 한국 백금거미
중에 가장 크다(암컷 12~15㎜(남궁준, 2003:
226)). 2009년 Yoshida가 *L. celebesiana*
(Walckenaer, 1841)의 동종이명으로 분류했으
나 국명은 그대로 남았다.

성체(♀)

성체(♂)

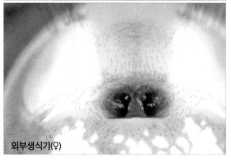

외부생식기(♀)

---

63) 백금거미속은 4번째 다리 넓적다리마디(femur)에 길게 자란 귀털(trichobotrium)이 2줄 있다(Yoshida, H., 2009d: 11). 백금거미라는 어
원은 일본명(白金蜘蛛) 영향을 받은 것으로 보인다.

수염기관(♂)

4번째 다리 넓적다리마디의 뒤털(♀)

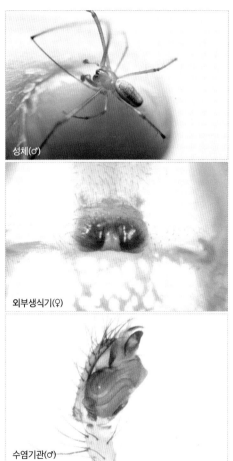

성체(♂)

외부생식기(♀)

수염기관(♂)

633. *Leucauge subblanda* Bösenberg & Strand, 1906

꼬마백금거미 [C, J, K, T]

= *Leucauge celebesiana* Namkung, 2002

【학명】sub+*L. blanda*. 중백금거미(*L. blanda*)와 비슷하다는 뜻에서 유래했다.

【국명】백금거미 중 크기가 작다는 뜻에서 유래했다. *celebesiana*는 지금은 왕백금거미의 종명이지만(Yoshida) 처음에는 꼬마백금거미의 종명이었다. 일본명은 그와 뜻이 같은 小白金蜘蛛이다.

*참고: 중국명은 方格(격자, 체크무늬)이라는 의미를 내포한다.

성체(♀)

634. *Leucauge subgemma* Bösenberg & Strand, 1906

검정백금거미 [C, J, K, Ru]

【학명】sub+*L. gemmea* (V. Hass). 기존의 *L. gemmea*라는 종과 닮았다는 뜻에서 유래했다.

*참고: gémmĕus [젬메우스] 보석의, 보석처럼 생긴. 본래 뜻처럼 금빛이 난다.

【국명】몸 색깔에서 유래했다. 평소에는 금빛이던 것이 외부자극을 받으면 검정색(초콜릿색)으로 변한다. 금빛백금거미로도 불렸다. 중국명에도 金色이라는 단어가 들어간다.

평소의 노란색(♀)

초콜릿색으로 변한 모습(♀)

수염기관(♂)

마디에 장대한 가시털이 늘어서 있다(남궁준, 2003: 229 참조).

Meta C. L. Koch, 1836 시내거미속[64]

636. *Meta manchurica* Marusik & Koponen, 1992
만주굴시내거미 [K, Ru]
【학명】 만주의(manchurica). 최초 채집지인 만주에서 유래했다.
【국명】 유래는 학명과 같다. 굴시내거미라고 이름 붙인 것은 최근까지 지금의 굴시내거미로 불린 데서 유래했다.

637. *Meta menardi* (Latreille, 1804)
굴시내거미 [Eur to K(?)]
【학명】 인명 menard+i. Menard에서 유래했으나, 논문에 인물에 대한 언급은 없다.
【국명】 영어명(Cave spider) 등에서 유래했다. 과거 굴왕거미(*M. menardi*)로 불리다가 재분류되었다.

638. *Meta reticuloides* Yaginuma, 1958
얼룩시내거미 [J, K]
【학명】 reticulátus [레티쿨라투스] 그물 모양으로 된, 격자로 된. 학명은 *Metellina reticulata*(지금의 *Metellina segmentata*)와 닮았다(-oides)는 데서 유래했다.
【국명】 배 얼룩에서 유래했다. 한때 민무늬왕거미로도 불렸고, 병무늬시내거미와 안경무늬시내거미에 비해 특징지을 수 있는 무늬가 없는 데서 유래한 것으로 보인다.

Menosira Chikuni, 1955
가시다리거미속

635. *Menosira ornata* Chikuni, 1955
가시다리거미 [C, J, K, Ru]
【학명】 ornátus [오르나투스] 우아한, 무장한. 다리의 가시털이 무장한 것처럼 보이는 데서 유래한 것으로 추정한다.
【국명】 다리의 가시털에서 유래했다. 다리는 노란색으로 넓적다리마디, 종아리마디, 발다닥

---

64) 시내는 개울을 의미한다.

Metleucauge Levi, 1980
무늬시내거미속

639. *Metleucauge chikunii* Tanikawa, 1992
치쿠니시내거미 [C, J, K, T]
【학명】인명 chikuni+i. 일본 거미학자 Yasuno suke Chikuni(1916~1995)에서 유래했다.
【국명】학명에서 유래했다.

640. *Metleucauge kompirensis* (Bösenberg & Strand, 1906)
병무늬시내거미 [C, J, K, Ru, T]
【학명】지명 kompir+ensis. 최초 채집지인 일본 나가사키의 산(kompira)에서 유래했다.
【국명】병든 잎 무늬에서 유래한 것으로 보인다.
*참고: 병무늬는 병으로 일어나는 무늬. 식물의 조직이 병들면 일정한 무늬를 나타내는데 이것은 조직의 괴사 때문에 생기는 것이다(농업용어 사전, 농촌진흥청).

641. *Metleucauge yunohamensis* (Bösenberg & Strand, 1906)
안경무늬시내거미 [C, J, K, Ru, T]
【학명】지명 yunoham+ensis. 최초 채집지인 일본 사가 현 유노하마(yunohama-Berge bei Saga)에서 유래했다.
【국명】배갑 정중부의 안경무늬에서 유래했다. 일본명(メガネドヨウグモ)에도 안경(メガネ)이 들어간다. 배갑은 황갈색이며, 머리 중앙부로 뻗는 갈색 세로무늬에 1쌍인 안경 모양 노랑무늬가 있다(남궁준, 2003: 233).

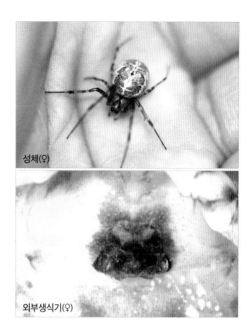
성체(♀)

외부생식기(♀)

Pachygnatha Sundevall, 1823
턱거미속

642. *Pachygnatha clercki* Sundevall, 1823
턱거미 [Ha]
【학명】인명 clerck+i. C. A. Clerck(1710~1765)에서 유래했다.
【국명】강력한 턱에서 유래했다.

643. *Pachygnatha quadrimaculata* (Bösenberg & Strand, 1906)
점박이가랑갈거미 [C, J, K, Ru]
【학명】quadras [콰드라스] 4+mácŭla [마쿨라] 반점. 등면의 점에서 유래했다.
【국명】유래는 학명과 같다. 위턱은 적갈색으로 굵고 튼튼하며(…) 배는 난형으로 황갈색 바탕에 양측으로 암갈색 줄무늬가 있고, 그 중앙에 검은 점무늬가 2쌍 있다(남궁준, 2003: 237).

644. *Pachygnatha tenera* Karsch, 1879
애가랑갈거미 [C, J, K, Ru]
【학명】těner [테네르] 어린이. 학명의 유래는 전하지 않는다.
【국명】'애'는 학명에서 유래했으며, 가랑갈거미 는 과거 턱거미속으로 분류되기 전에 가랑갈거 미속 (*Dyschiriognatha* Simon, 1893)이던 것에 서 유래했다. 애가랑거미는 턱이 좌우 두 갈래 로 쩍 벌어진 특이한 모습으로, 여기서 가랑이 유래한 것으로 추정한다. 또한 가랑의 사전적 의미 중에 참한 소년이라는 뜻도 있으므로 학명 과도 잘 어울린다.

성체(♀)

외부생식기(♀)

***Tetragnatha* Latreille, 1804 갈거미속**

645. *Tetragnatha caudicula* (Karsch, 1879)
꼬리갈거미 [C, J, K, Ru, T]
【학명】cauda [카우다] 꼬리. 배는 가늘고 길며, 뒤끝 쪽이 꼬리 모양으로 길게 뻗었다(남궁준, 2003: 224).
【국명】학명에서 유래했다.

646. *Tetragnatha extensa* (Linnaeus, 1758)
큰배갈거미 [Ha, Mad]
【학명】exténsus [엑스텐수스] 길게 뻗은. 배가 길게 뻗은 것에서 유래했다.
【국명】유래는 학명과 같다.

647. *Tetragnatha lauta* Yaginuma, 1959
비단갈거미 [HK, J, K, La, T]
【학명】lautus [라우투스] 찬란한, 화려한. 등면 의 화려한 무늬에서 유래한 것으로 추정한다.
【국명】거미의 화려한(lautus) 발색을 비단에 비 유한 것으로 추정한다.

648. *Tetragnatha lea* Bösenberg & Strand, 1906
풀갈거미 [J, K, Ru]
【학명】lea: 숲. 원시게르만어, 고대영어 등에서 유래했다. 즉 풀갈거미의 주요 서식처에서 유래 한 것으로 추정한다.
【국명】학명에서 유래한다.

649. *Tetragnatha maxillosa* Thorell, 1895
민갈거미 [SA, Ba to Ph, New Herbrides, K]
【학명】maxílla [막실라] 턱. 발달한 위턱에서 유 래했다.
【국명】독니의 배면 바깥쪽 돌기가 없는 데서 유래했다.

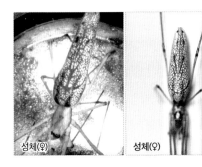

성체(♀)   성체(♀)

외부생식기(♀)

위턱(♀)

벌 등에서 보듯 같은 속이나 과에서 으뜸인 종에 부여하는 이름이다. 장수갈거미는 암컷의 몸 길이가 13~15㎜로 다른 갈거미보다 30% 정도 더 길다.

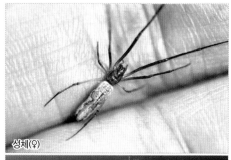

성체(♀)

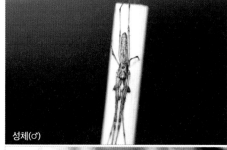

성체(♂)

650. *Tetragnatha nitens* (Audouin, 1826) 세뿔갈거미 [Circumtropical]

【학명】nĭtens [니텐스] 빛나는, 찬란한, 반짝이는. 몸에 빛이 반사되어 반짝이는 데서 유래한 것으로 보인다.

【국명】수컷 위턱의 삼지창 모양 돌기에서 유래했다.

651. *Tetragnatha pinicola* L. Koch, 1870 백금갈거미 [Pa]

【학명】pínĕa [피네아] 소나무+cola: ~에 사는. 서식처에서 유래한 것으로 추정한다.

【국명】몸에 나타나는 은녹색, 은백색에서 유래했다.

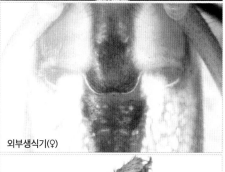

외부생식기(♀)

652. *Tetragnatha praedonia* L. Koch, 1878 장수갈거미 [C, J, K, La, Ru, T]

【학명】prædónĭus [프레도니우스] 약탈의, 강도의. 학명 유래는 전하지 않는다.

【국명】장수는 장수풍뎅이, 장수하늘소, 장수말

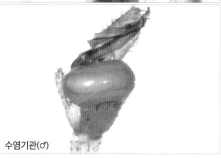

수염기관(♂)

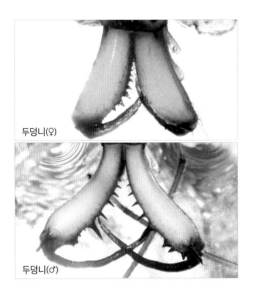

두덩니(♀)

두덩니(♂)

653. *Tetragnatha squamata* Karsch, 1879
비늘갈거미 [C, J, K, Ru, T]
【학명】squamátus [스콰마투스] 비늘 덮인. 배에 은백색 비늘무늬가 나타나는 데서 유래한 것으로 추정한다.
【국명】유래는 학명과 같다.

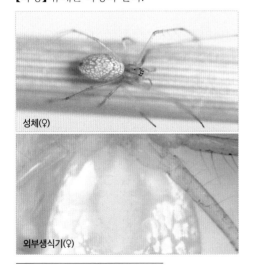

성체(♀)

외부생식기(♀)

654. *Tetragnatha vermiformis* Emerton, 1884
논갈거미 [Ca to Panama, Ph, Ru, SA to J]
【학명】vermiformis [베르미포르미스] vermis: 벌레+forma: 모양. 풀잎에 은신하는 모습이 벌레 같은 데서 유래한 것으로 추정한다.
【국명】논의 벼 포기 사이에서 수평 둥근 그물을 치고 서식하는 생태 습성에서 유래했다.
*참고: 중국명(圆尾肖蛸)은 배끝이 둥근 갈거미라는 뜻이다.

655. *Tetragnatha yesoensis* Saito, 1934
북방갈거미 [C, J, K, Ru]
【학명】지명 yeso+ensis. 최초 채집지인 일본 홋카이도를 포함한 북방 지역을 가리키는 다른 이름 에조(yeso)[65]에서 유래했다.
【국명】최초 채집지인 홋카이도가 북쪽 지방인 데서 유래했다.

Theridiidae Sundevall, 1833
꼬마거미과[66]

Achaearanea Strand, 1929
말꼬마거미속

656. *Achaearanea palgongensis* Seo, 1993
팔공말꼬마거미 [K]
【학명】지명 palgong+ensis. 최초 채집지인 대구 팔공산(palgong)에서 유래했다.
【국명】유래는 학명과 같다.

---

65) 에조(えぞ)는 과거 일본 도호쿠 및 홋카이도에 살던 민족을 가리키며, 동시에 에조가 살던 지역을 일컫기도 한다. 에미시 또는 에비스라고도 불린다. 일본인(야마토 민족)에게 배척당했다.
66) Comb-footed spider

Anelosimus Simon, 1891
잎무늬꼬마거미속

657. *Anelosimus crassipes* (Bösenberg & Strand, 1906)
가시잎무늬꼬마거미 [C, J, K, Rk]

【학명】crassipes [크라시페스] 굵은 대, 대가 큰 것. 그리스어 crassus: 굵은, 두터운, 진한+pes: 발. 수컷의 첫째 넓적다리마디의 말단부가 약간 굵은 데서 유래했다.

【국명】배 등편의 엽상무늬와 수컷의 첫째 발바닥마디의 가시털에서 유래했다.

*참고: 지금까지 속, 종 모두 잎무늬꼬마거미로 불렸다. 그러나 이번에 미기록종이 한 종 불어남으로써 부득이 가시잎무늬꼬마거미로 개칭했다. 가시는 본 종 수컷의 첫째 발바닥마디 아랫면에 일렬로 늘어선 가시(spine)에서 유래한다 (새로 추가된 종(보경잎무늬꼬마거미)에는 이것이 없음.)(백갑용, 1996c. 33).

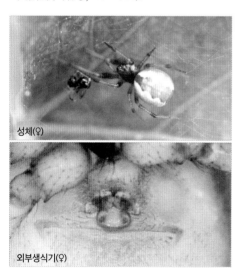

성체(♀)

외부생식기(♀)

658. *Anelosimus iwawakiensis* Yoshida, 1986
보경잎무늬꼬마거미 [J, K]

【학명】지명 iwawaki+ensis. 일본 오사카와 와카야마 사이에 있는 산(iwawaki)에서 유래했다.
【국명】한국 최초 채집지인 청하(淸河) 보경사에서 유래했다.

Argyrodes Simon, 1864
더부살이거미속

659. *Argyrodes bonadea* (Karsch, 1881)
백금더부살이거미 [C, J, K, T, Ph]

【학명】Bŏna dĕa [보나 데아] 좋은 여신, 고대 로마 풍요의 여신. 학명 유래는 전하지 않는다.
【국명】배에 은백색 비늘무늬가 있어 백금색을 띠며, 왕거미류 그물에서 더부살이하는 데서 유래했다.

660. *Argyrodes flavescens* O. Pickard-Cambridge, 1880
각시주홍더부살이거미 [In, SL to J, NG]

【학명】flavésco [플라베스코] 노란(금) 빛이 되다, 누렇게 되다. 넓적다리마디에 노란색 고리무늬가 있고, 넷째다리 발끝마디도 노란색이다(남궁준, 2003: 139).
【국명】주홍색인 몸 색깔과 왕거미류 그물에 더부살이하는 습성에서 유래했다. 각시는 고운 생김새와 비슷하게 생긴 주홍더부살이와의 구별을 위해 덧붙인 것으로 추측한다.

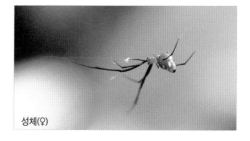

성체(♀)

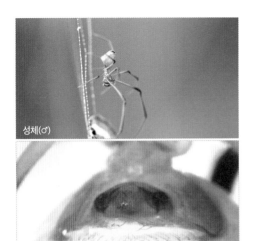

성체(♂)

외부생식기(♀)

661. *Argyrodes miniaceus* (Doleschall, 1857)
주홍더부살이거미 [J, K to Au]
【학명】 miniácĕus [미니아케우스] 진사(辰砂)의. 진사(辰砂)의. 진사는 수정과 결정구조가 같은 육방정계 광물이다. 색깔은 주홍색 또는 적갈색이다. 학명은 주홍색에서 유래한 것으로 추정한다.
【국명】 주홍색인 몸 색깔과 왕거미류 그물에 더부살이하는 습성에서 유래했다.

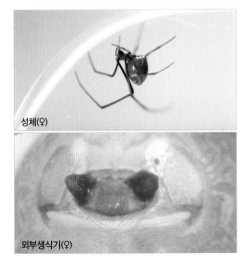

성체(♀)

외부생식기(♀)

Ariamnes Thorell, 1869 꼬리거미속

662. *Ariamnes cylindrogaster* Simon, 1889
꼬리거미 [C, J, K, La, T]
【학명】 cÿlindrátus [칠린드라투스] 원통형의, 원주형의+gaster [가스테르] 배. 원통형인 배 모양에서 유래했다.
【국명】 꼬리거미는 배가 가늘고 실젖 뒤로 길게 꼬리 모양으로 뻗으며 자유롭게 움직인다(남궁준, 2003: 134). 즉 긴 배를 자유롭게 움직이는 것을 꼬리에 비유했다.

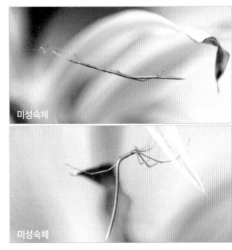

미성숙체

미성숙체

Asagena Sundevall, 1833
휘장무늬꼬마거미속

663. *Asagena phalerata* (Panzer, 1801)
휘장무늬꼬마거미 [Pa]
【학명】 phalerátus [팔레라투스] 가슴에 둥근 훈장을 주렁주렁 단. 학명은 훈장무늬에서 유래했다.
【국명】 휘장무늬란 훈장처럼 단순한 패턴이 대칭되는 무늬를 말한다. 휘장무늬꼬마거미는 배

어깨와 등면 중앙 등에 대칭되는 황백색 무늬가 나타난다. 타원형 암갈색 배 바탕에 밝은 무늬가 나타나는 모습이 휘장 같다.

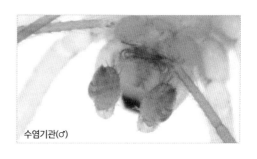
수염기관(♂)

Chikunia Yoshida, 2009
치쿠니연두꼬마거미속

664. *Chikunia albipes* (Saito, 1935)
삼각점연두꼬마거미 [C, J, K, Ru]
【학명】albus [알부스] 흰+pēs [페스] (사람·동물의) 발. 다리가 등황색으로 주홍 혹은 흑갈색인 몸빛과 대조적인 데서 유래했다.
【국명】융기한 양쪽 배어깨와 뾰족한 배끝에 검정 무늬가 나타나는 데서 유래했다.

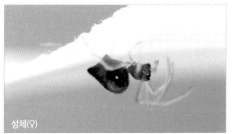
성체(♀)

성체(♂)

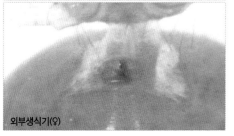
외부생식기(♀)

Chrosiothes Simon, 1894
혹꼬마거미속

665. *Chrosiothes sudabides* (Bösenberg & Strand, 1906)
넷혹꼬마거미 [C, J, K]
【학명】sudabides: 회백색. 배가 회백색인 데서 유래했다.
【국명】배는 회백색으로 둥글넓적하고, 네 귀퉁이가 융기해 그 끝은 검은색 둥근 점이 된다(남궁준, 2003: 121). 융기한 네 귀퉁이를 혹으로 본 데서 유래했다.

Chrysso O. Pickard-Cambridge, 1882
연두꼬마거미속

666. *Chrysso foliata* (L. Koch, 1878)
별연두꼬마거미 [C, J, K, Ru]
【학명】foliátus [폴리아투스] 잎이 있는. 등면에 엽상무늬가 나타나는 것에서 유래했다.
【국명】등면 엽상무늬 가장자리에 검은 점이 5쌍 배열된 것에서 유래한 것으로 추정한다. 과거에는 *C. punctifera*라는 학명으로 불리다가 후행이명으로 처리되면서 지금 학명으로 바뀌었다. 이전 종명(*punctifera*)은 점이 있다는 뜻

이며, 이때부터 국명은 별연두꼬마거미였다.

성체(♀)

성체(♂)

수염기관(♂)

667. *Chrysso lativentris* Yoshida, 1993
조령연두꼬마거미 [C, K, T]

【학명】lātus [라투스] 넓은+venter [벤테르] 배.
배어깨가 양옆으로 잡아당긴 것처럼 넓게 융기
한 데서 유래했다.
【국명】최초 채집지인 문경시 새재의 옛 이름
(조령)에서 유래했다.

668. *Chrysso octomaculata* (Bösenberg & Strand, 1906)
여덟점꼬마거미 [C, J, K, T]

【학명】octo [옥토] 8+maculatus [마쿨라투스]
오염된, 얼룩진. 등면에 작은 점이 8개 있는 것

에서 유래했다.
【국명】학명에서 유래했다. 실제로는 검은 점이
4쌍 혹은 5쌍 나타난다.

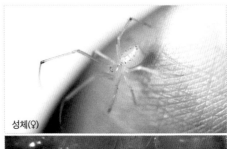

성체(♀)

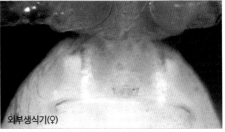

외부생식기(♀)

669. *Chrysso pulcherrima* (Mello-Leitão, 1917)
거문꼬마거미 [Pantropical]

【학명】pulcher [풀케르] 아름다운, 고운, 잘생긴
+rīma [리마] 틈, 생식기. 거문꼬마거미의 첫 학
명은 *Argyrodes pulcherrimus*로 아름다운 쥐를
의미했다. 이후 Levi가 오늘날과 같은 학명을 붙
였다(Levi, H. W., 1967b: 26). 실제로 생식기 모
습이 아름다워 붙인 학명인지는 확인할 수 없으
나, 투명한 몸에 세로 방향으로 틈이 있는 하트
모양 선홍색 생식기는 매우 아름답다.
【국명】최초 채집지인 여수시 거문도에서 유래
했다.

670. *Chrysso scintillans* (Thorell, 1895)
비너스연두꼬마거미 [My, C, J, K, Ph]

【학명】scintilla [신틸라] 불꽃, 반짝이는 광점.
재기가 번득임. 비늘무늬가 있어 몸이 반짝이는

데서 유래한 것으로 추측한다.

【국명】 과거 학명에서 유래했다. 최초 등록 당시는 비너스를 뜻하는 *C. venusta* (Yaginuma 1957)였으나 이후 *C. scintillans*의 동종이명으로 밝혀졌다.

Coscinida Simon, 1895
깨알꼬마거미속[67]

671. *Coscinida coreana* Paik, 1995
한국깨알꼬마거미 [K]

【학명】 한국의(coreana). 최초 채집지인 한국에서 유래했다.

【국명】 유래는 학명과 같으며 아주 작다는 뜻도 내포한다.

672. *Coscinida ulleungensis* Paik, 1995
울릉깨알꼬마거미 [K]

【학명】 지명 ulleung+ensis. 최초 채집지인 울릉도(ulleung)에서 유래했다.

【국명】 유래는 학명과 같으며 아주 작다는 뜻도 내포한다.

Crustulina Menge, 1868
곰보꼬마거미속

673. *Crustulina guttata* (Wider, 1834)
점박이사마귀꼬마거미 [Pa]

【학명】 guttátus [구타투스] 반점 있는. 등면에 흰 점무늬가 나타난다.

【국명】 등면의 흰 반점에서 점박이, 머리가슴

의 곰보 돌기에서 사마귀가 유래한 것으로 추정한다.

674. *Crustulina sticta* (O. Pickard-Cambridge, 1861)
사마귀꼬마거미 [Ha]

【학명】 sticta: 어원은 그리스어 stiktos, στικτός. 머리가슴과 등면에 사마귀 같은 돌기가 나타나는 데서 유래했다. 몸에 반점이나 얼룩 그리고 사마귀 같은 돌기가 있는 생물의 학명으로 쓰인다.

【국명】 유래는 학명과 같다.

Cryptachaea Archer, 1946
돌꼬마거미속

675. *Cryptachaea riparia* (Blackwall, 1834)
돌꼬마거미 [Pa]

【학명】 ripárĭus [리파리우스] 강기슭에 서식하는, 강변지기. 주요 서식처에서 유래했다.

【국명】 등면 무늬에서 유래했다. 돌꼬마거미에는 강가 돌에서 흔히 볼 수 있는 복잡한 무늬가 있다.

Dipoena Thorell, 1869 미진거미속

676. *Dipoena keumunensis* Paik, 1996
금문미진거미 [K]

【학명】 지명 keumun+ensis. 논문 저자(Paik, K. Y., 1996e)에 따르면 학명은 채집 지역에서 유래한 것이고, 채집지역은 Keumun-do, Seu-do이다. 거문도(geomun)의 다른 표기로 추정한다.

【국명】 지금의 거문도(전남 여수 소재)로 추정한다.

---

67) 2~3mm 내외로 깨알처럼 작다는 의미에서 유래했다.

677. *Dipoena punctisparsa* Yaginuma, 1967
서리미진거미 [J, K]
【학명】punctus [풍투스] 점+sparsus [스파르수
스] 뿌려진, 얼룩덜룩한. 배는 구형으로 크며, 회
색 바탕에 크고 작은 검은 반점이 흰색의 비늘
무늬와 뒤섞여 있다(남궁준, 2003: 114).
【국명】흰색 비늘무늬에서 서리, 작은 검은색 점
에서 미진(微塵)이 각각 유래한 것으로 추정한다.

성체♂(왼쪽)·♀

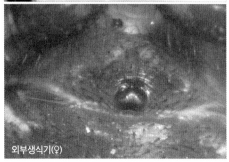
외부생식기(♀)

Enoplognatha Pavesi, 1880
가랑잎꼬마거미속

678. *Enoplognatha abrupta* (Karsch, 1879)
가랑잎꼬마거미 [C, J, K, Ru]
【학명】abrúptus [아브룹투스] 터진. 등면의 엽
상무늬(잎 모양 무늬)가 마치 터진 무늬처럼 보
이는 데서 유래한 것으로 추정한다.
【국명】등면의 엽상무늬에서 유래했다.

679. *Enoplognatha caricis* (Fickert, 1876)
작살가랑잎꼬마거미 [Ha]
【학명】caricis 갈대. 갈대 사이에 그물을 치는
데서 유래한 것으로 추정한다.
【국명】등면의 작살무늬에서 유래했다. 등면에 엽
상무늬가 나타나며 그 가운데 작살무늬가 있다.

성체(♀)

680. *Enoplognatha margarita* Yaginuma,
1964
흰무늬꼬마거미 [Ru, Ka, C, J, K]
【학명】margaríta [마르가리타] 진주, 보석. 등면
의 유백색 비늘에서 유래한 것으로 추측한다.
【국명】유래는 학명과 같을 것으로 추측한다. 종
명이 같은 진주꼬마거미(*N. margarita*)도 있다.

681. *Enoplognatha ovata* (Clerck, 1757)
붉은무늬꼬마거미 [Ha]
【학명】ovátus [오바투스] 알 모양의, 타원형의.
거미의 배는 대부분 타원형 또는 난형이다. 따
라서 특정 종에 대한 독특한 모양이라고는 볼
수 없다. 그러나 명명 당시(1757년)에는 이런 용
어가 흔치 않았으므로 학명에 이용했을 것으로
추정한다.
【국명】등면 전체를 덮거나 두 갈래로 나타나는
붉은 무늬에서 유래했다.

Episinus Walckenaer, in Latreille, 1809
마름모거미속

682. *Episinus affinis* Bösenberg & Strand, 1906
뿔마름모거미 [In, K, Ru, T, J, Rk]
【학명】affinis [아피니스] 가까운 데 있는, 인척
관계인. 같은 속(屬)과 형태 유사성을 보인다는
뜻에서 유래했거나 주변에서 흔하게 볼 수 있다
는 뜻에서 유래한 것으로 추정한다.
【국명】배는 뒤쪽 너비가 넓게 돌출한 오각형이
다(남궁준, 2003: 124). 즉 국명은 돌출한 부분
이 뿔 모양인 데서 유래했다.

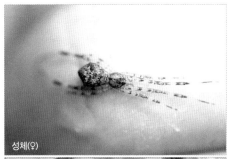
성체(♀)

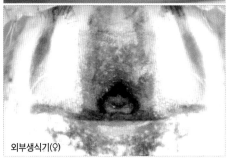
외부생식기(♀)

683. *Episinus nubilus* Yaginuma, 1960
민마름모거미 [C, J, K, T, Rk]
【학명】núbĭlus [누빌루스] 구름 낀, 어두운. 거
미의 어두운 색에서 유래했다.
【국명】배는 오각형으로 뒤쪽 너비가 넓으나

융기점이 없다(남궁준, 2003: 125). 즉 국명은
뿔마름모거미와 달리 융기점이 없는 데서 유래
했다.

미성숙체

Euryopis Menge, 1868
광안꼬마거미속

684. *Euryopis octomaculata* (Paik, 1995)
팔점박이꼬마거미 [J, K]
【학명】octo [옥토] 8+maculatus [마쿨라
투스] 오염된, 얼룩진. 점무늬가 8개인 데
서 유래했다. 최초 등록 당시에는 *Steatoda
octomaculata* Paik, 1995로 반달꼬마거미속의
팔성반달꼬마거미로 불렸다.
【국명】유래는 학명과 같다.

Lasaeola Simon, 1881
남방미진거미속

685. *Lasaeola yoshidai* (Ono, 1991)
남방미진거미 [C, J, K]
【학명】인명 yoshida+i. 꼬마거미를 전문으로
연구한 일본 학자 Yoshida에서 유래했다.
【국명】표본 채집 지역이 경남 남해로 남쪽 지
방인 데서 유래했다.

Moneta O. Pickard-Cambridge, 1870
긴마름모거미속

686. *Moneta caudifera* (Dönitz & Strand, 1906)
긴마름모거미 [C, J, K]

【학명】 cauda [카우다] 꼬리, 꽁지+fer: 가지다. 배끝이 꼬리처럼 돌출한 데서 유래한 것으로 보인다.

【국명】 배는 회갈색이며 긴 편이나 뒤끝이 모지지 않는다(남궁준, 2003: 126). 즉 마름모거미에 비해 배끝이 모진 것이 아니라 꼬리처럼 돌출해 긴 데서 유래했다.

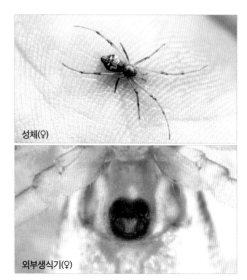

성체(♀)

외부생식기(♀)

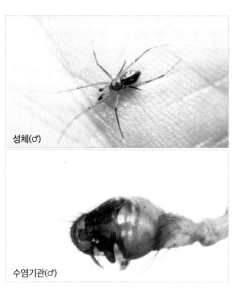

성체(♂)

수염기관(♂)

687. *Moneta mirabilis* (Bösenberg & Strand, 1906)
마름모거미 [C, J, K, La, Mal, T]

【학명】 mirábilis [미라빌리스] 이상한, 기묘한, 불가사의한. 수컷의 배끝이 특이하게도 창끝처럼 생긴 데서 유래한 것으로 추정한다.

【국명】 배 모양이 마름모처럼 생긴 데서 유래했다.

Neospintharus Exline, 1950
안장더부살이거미속

688. *Neospintharus baekamensis* Seo, 2010
백암상투거미 [K]

【학명】 지명 baekam+ensis. 최초 채집지인 전남 장성군 백암산(baekam)에서 유래했다.

【국명】 유래는 학명과 같다.

689. *Neospintharus fur* (Bösenberg & Strand, 1906)
안장더부살이거미 [C, J, K]

【학명】 für [푸르] 도둑, 절도. 더부살이하는 거미의 습성에서 유래했다.

【국명】 배 뒤쪽이 융기해 끝 쪽이 말안장 모양으로 갈라져 있다. 접시거미류나 풀거미류 등의 그물에서 더부살이를 하고 있다가, 기회가 오면 그물 주인을 공격해 잡아먹기도 한다(남궁준, 2003; 137). 즉 국명은 배 뒤쪽 모양과 생태 습성에서 유래했다.

성체(♀). 배 뒤쪽이 안장 모양을 닮았다.

690. *Neospintharus nipponicus* (Kumada, 1990)
일본안장더부살이거미 [C, J, K]
【학명】일본의(nipponicus). 최초 채집지인 일본에서 유래했다.
【국명】유래는 학명과 같다.

성체(♀)

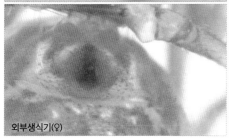
외부생식기(♀)

Neottiura Menge, 1868
진주꼬마거미속

691. *Neottiura herbigrada* (Simon, 1873)
가창꼬마거미 [Fra, Mad to Is, C, K]

【학명】herbígrădus [헤르비그라두스] (달팽이 따위가) 풀밭을 거니는. 풀밭을 거니는 생태 습성에서 유래한 것으로 추정한다.
【국명】최초 채집지인 대구 달성군 가창면(비슬산)에서 유래했다.

692. *Neottiura margarita* (Yoshida, 1985)
진주꼬마거미 [C, J, K, Ru]
【학명】margaríta [마르가리타] 진주, 보석. 배가 진주처럼 흰색인 데서 유래했다.
【국명】유래는 학명과 같다.

Paidiscura Archer, 1950
무늬꼬마거미속

693. *Paidiscura subpallens* (Bösenberg & Strand, 1906)
회색무늬꼬마거미 [C, J, K]
【학명】sub+*P. pallens*. *P. pallens* (Blackwall, 1834)와 닮은 데서 유래했다.
*참고: pallens [팔렌스] 핏기가 없는, 누렇게 뜬, 빛깔이 죽은.
【국명】등면 정중부에 넓은 회갈색 또는 적갈색 무늬가 나타나는 데서 유래했다.

Parasteatoda Archer, 1946
어리반달꼬마거미속

694. *Parasteatoda angulithorax* (Bösenberg & Strand, 1906)
종꼬마거미 [C, J, K, Ru, T]
【학명】ángŭlus [앙굴루스] 모퉁이, 각, 구석 +thōrax [토락스] 가슴, 흉부. 가슴판이 삼각형인 데서 유래했다.

【국명】종 모양 집을 만드는 데서 유래한 것으로 추정한다.

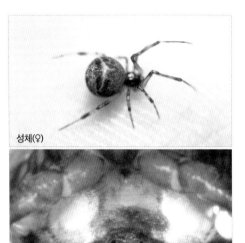

성체(♀)

외부생식기(♀)

695. *Parasteatoda asiatica* (Bösenberg & Strand, 1906)
주황왕눈이꼬마거미 [C, J, K]

【학명】아시아의(asiatica). 최초 채집지가 아시아의 일본인 데서 유래했다.

【국명】눈 8개가 2열을 이루며, 눈 구역은 검은색이고 수컷 앞가운데눈이 매우 크다(남궁준, 2003: 92). 몸 색깔이 전반적으로 주황색이며, 앞가운데눈이 매우 큰 데서 유래했다. 주황꼬마거미로도 불렸다.

성체(♀)

등면의 점과 줄무늬(♀)

696. *Parasteatoda culicivora* (Bösenberg & Strand, 1906)
대륙꼬마거미 [C, J, K]

【학명】cŭlex, icis [쿨렉스] 모기, 각다귀+vŏro [보로] 탐식하다. 모기나 각다귀 등을 잡아먹는 데서 유래했다.

【국명】서식 범위가 넓은 데서 유래했다.

697. *Parasteatoda ferrumequina* (Bösenberg & Strand, 1906)
무릎꼬마거미 [C, J, K]

【학명】ferrum [페룸] 쇠, 철제 기구, 무기+equínus [에쿠누스] 말. 즉 철마. 학명 유래는 전하지 않는다.

【국명】무릎마디가 바깥쪽으로 부풀어 있다(남궁준, 2003: 87). 중국명(粗腿姬蛛)은 넓적다리가 굵다(粗腿)는 뜻으로 국명과 뜻이 통한다.

698. *Parasteatoda japonica* (Bösenberg & Strand, 1906)
점박이꼬마거미 [C, La, T, J, K]

【학명】일본의(japonica). 최초 채집지인 일본에서 유래했다.

【국명】염통무늬구역 뒤쪽에 특징적인 검은 점이 3개 나타난다(공상호, 2013: 141). 즉 등면의 점에서 유래했다.

성체(♀)

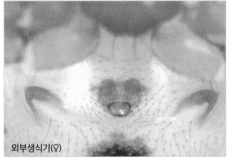

외부생식기(♀)

성체(♀)

알집

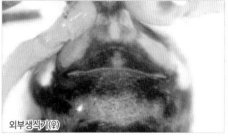

외부생식기(♀)

699. *Parasteatoda kompirensis* (Bösenberg & Strand, 1906)
석점박이꼬마거미 [C, J, K]
【학명】지명 kompira+ensis. 최초 채집지인 일본 나가사키의 산(kompira)에서 유래했다.
【국명】점박이꼬마거미와 마찬가지로 등면에 점이 3개 나타난다. 다만 등면이 밝은 색이라 검은색 점이 점박이꼬마거미보다 훨씬 잘 보인다.

700. *Parasteatoda oculiprominens* (Saito, 1939)
얼룩무늬꼬마거미 [C, La, J, K]
【학명】óculus [오쿨루스] 눈(眼)+prómĭnens [프로미넨스] 돌출한. 눈이 돌출한 데서 유래했다.
【국명】등면의 얼룩무늬에서 유래한 것으로 추정한다. 색동꼬마거미로도 불렸다.

701. *Parasteatoda simulans* (Thorell, 1875)
담갈꼬마거미 [Pa]
【학명】símŭlans [시물란스] 흉내 내는, 가장하는. 학명 유래는 전하지 않는다. 거미가 비슷한 벌레를 흉내 내거나 죽은 듯 가만히 있는 모습에서 유래한 것으로 추정한다.
【국명】보통 담갈색이 많으나 거무스름한 개체도 있다(남궁준, 2003: 86).

702. *Parasteatoda tabulata* (Levi, 1980)
왜종꼬마거미 [Ha]
【학명】tabulátus [타불라투스] 주름 있는. 등면의 주름에서 유래한 것으로 추정한다.
【국명】과거 학명(*Achaearanea nipponica*

Yoshida, 1983)과 종 모양의 집에서 유래했다.

*참고: 왜종꼬마거미는 야외성 거미로 언덕 밑 홈이 진 곳이나 바위 밑 등에 엉성한 그물을 치고 그 가운데에 모래, 흙 등을 붙여 종 모양 집을 만들고, 끈끈이줄을 늘어뜨려 먹이 벌레를 잡아 먹는다(남궁준, 2003: 88).

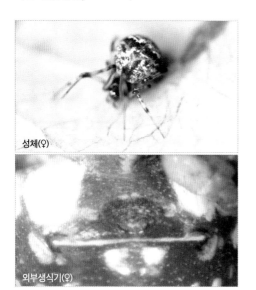

성체(♀)

외부생식기(♀)

703. *Parasteatoda tepidariorum* (C. L. Koch, 1841)
말꼬마거미 [Co]

【학명】tepidárĭus [테피다리우스] 미지근한 물, 목욕탕. 말꼬마거미는 옥내성 거미로 1800년대 명명 당시 목욕탕 천장 같은 곳에서 흔하게 볼 수 있었을 것으로 추정한다. 지금도 건물 복도 나 야외 화장실 천장 등에서 쉽게 볼 수 있다.

【국명】'말'은 크다는 뜻에서 유래한 것으로 추정한다. 비슷한 예로 말벌, 말잠자리 등을 들 수 있다. 일본명(オヒメグモ, 大姬蜘蛛)도 이를 뒷받침한다. オオ는 일본명에 흔하게 쓰이는 접두사로 크다는 뜻이다. 실제로 말꼬마거미는 꼬마거미 중에 가장 대형 종에 속한다.

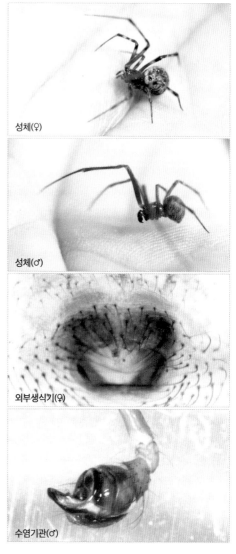

성체(♀)

성체(♂)

외부생식기(♀)

수염기관(♂)

Phoroncidia Westwood, 1835
혹부리꼬마거미속

704. *Phoroncidia pilula* (Karsch, 1879)
혹부리꼬마거미 [C, J, K]

【학명】pilŭla [필룰라] 작은 공. 작은 공처럼 머

리가 위로 돌출한 데서 유래했다.
【국명】머리에 공처럼 난 것을 혹에 비유한 것으로 보인다.

Phycosoma O. Pickard-Cambridge, 1879
미진꼬마거미속[68]

705. Phycosoma amamiense (Yoshida, 1985)
용진미진거미 [C, J, K, Ru, Rk]
【학명】지명 amami+ense. 최초 채집지인 일본 아마미(amami)에서 유래했다.
【국명】한국 최초 채집지인 비슬산 용연사에서 유래했다. 등재 당시는 용연미진거미였으나 알 수 없는 이유로 2010년부터 용진미진거미로 불리고 있다.

706. Phycosoma flavomarginatum (Bösenberg & Strand, 1906)
황줄미진거미 [C, J, K]
【학명】flávĕo [플라베오] 노랗다, 황금색이 나다+márgĭno [마르지노] 테를 두르다, 깃을 달다. 배갑가장리의 노란색 띠무늬에서 유래한 것으로 추정한다.
【국명】배갑은 정중부에 폭넓은 검은 줄무늬가 뻗어 있고, 측면은 노란색으로 둘려 있다(남궁준, 2003: 112). 유래는 학명과 동일한 것으로 추정한다.

707. Phycosoma japonicum (Yoshida, 1985)
고금미진거미[69] [J, K]
【학명】일본의(japonicum). 최초 채집지인 일본에서 유래했다.
【국명】한국 최초 채집지인 고금도에서 유래했다. 한때 가야미진거미(Dipoena kayaensis Paik, 1996)로 불리기도 했으나 고금미진거미의 동종이명으로 밝혀졌다.

708. Phycosoma martinae (Roberts, 1983)
한국미진거미 [Sey, In, C, K, Rk, Ph]
【학명】인명 martin+ae. 논문 저자의 부인 이름(Anne C. Martin)에서 유래했다.
【국명】과거 학명에서 유래했다. 1995년 최초 발견한 미진거미를 한국미진거미(Dipoena coreana Paik, 1995)로 등록했으나 P. martinae의 후행이명으로 밝혀졌다.

709. Phycosoma mustelinum (Simon, 1889)
게꼬마거미[C, J, K, Kr, Ru]
【학명】mustel(l)ínus [무스텔리누스] 족제비(담비)의, 담비색의. 배갑이 황갈색이며, 특히 수컷은 황갈색이 지배적이다.
【국명】암컷 생식기는 담갈색으로 원형의 수정낭과 집게 모양 수정관이 특징적이다(남궁준, 2003: 113). 즉 국명은 암컷 생식기에 나타난 집게 모양 수정관에서 유래했다. 수염기관의 말단부에도 집게 모양이 나타난다.[70]

---

68) 미진(微塵)은 작은 티끌이나 먼지를 말하는 것이다. 미진꼬마거미속(Phycosoma)은 등면에 회갈색 털이 드문드문 나타나는 특징이 있으며 주로 개미를 사냥한다.
69) 고금도는 충무공이 진을 쳤던 곳이기도 하고, 왜병의 유탄을 맞고 쓰러진 후 충무공의 시신을 아산으로 옮겨가기 전까지 83일간 모셨던 곳이기도 하다. 충무공과 특별한 인연을 가진 섬과 학명(P. japonicum)이 재밌다.
70) 실제로 게꼬마거미의 외부생식기 모양은 그림과는 사뭇 다르다. 거미의 외부생식기 모습은 알코올 액침 후 처음 며칠 동안은 경과한 시간에 따라 모습이 조금씩 달라진다.

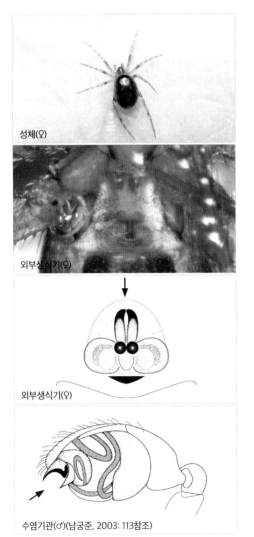

성체(우)

외부생식기(우)

외부생식기(우)

수염기관(♂)(남궁준, 2003: 113참조)

Platnickina **Koçak & Kemal, 2008**
살별꼬마거미속

710. *Platnickina mneon* (Bösenberg &
Strand, 1906)
아담손꼬마거미 [Pantropical]
【학명】mneon: 의미는 알 수 없다. 등면의 비늘

무늬에서 유래한 것으로 추정되지만 정확하지
않다.
【국명】과거 학명(*Theridion adamsoni* Berland
1934)에서 유래했다. 아담손(*adamson*)은 프랑
스 식물학자 Michel Adanson(1727~1806)에서
유래했다.

711. *Platnickina sterninotata* (Bösenberg & Strand, 1906)
살별꼬마거미 [C, J, K, Ru]
【학명】sternum [스테르눔] 흉골, 흉판+notátus
[노타투스] 표를 한. 가슴판 하단부에 화살촉무
늬가 나타나는 데서 유래했다.
【국명】가슴판의 화살촉무늬(살)와 등면의 작은
점무늬(별)에서 유래했다.

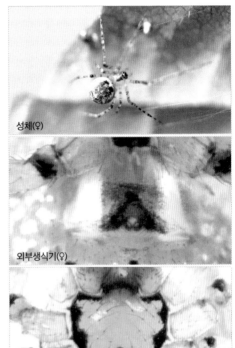

성체(우)

외부생식기(우)

가슴판의 화살촉 모양(우)

Rhomphaea L. Koch, 1872 창거미속

712. *Rhomphaea sagana* (Dönitz &
Strand, 1906)
창거미 [Ru, Az to J, Ph]
【학명】지명 Saga+na. 최초 채집지인 일본 사가
(saga) 현에서 유래했다.
【국명】배끝 모양에서 유래했다. 배의 뒤쪽이 창
검 모양으로 길게 뻗는다(남궁준, 2003: 140).

Robertus O. Pickard-Cambridge, 1879
민무늬꼬마거미속

713. *Robertus naejangensis* Seo, 2005
내장꼬마거미 [K]
【학명】지명 naejang+ensis. 최초 채집지인 내
장산(naejang)에서 유래했다.
【국명】유래는 학명과 같다.

Spheropistha Yaginuma, 1957
검정꼬마거미속

714. *Spheropistha melanosoma* Yaginuma,
1957
검정꼬마거미 [J, K]
【학명】melánïa [멜라니아] 피부의 검은 반점
+sōma [소마] 몸, 체세포. 몸이 검은 데서 유래
했다.
【국명】유래는 학명과 같다.

Steatoda Sundevall, 1833
반달꼬마거미속

715. *Steatoda albomaculata* (De Geer,
1778)
흰점박이꼬마거미 [Co]
【학명】albo [알보] 희게 하다+maculátus [마쿨
라투스] 때 묻은. 등면에 흰 점이 나타나는 데서
유래했다.
【국명】유래는 학명과 같다. 등면의 흰 점은 살
깃무늬로 나타난다.

716. *Steatoda cingulata* (Thorell, 1890)
반달꼬마거미 [C, J, Jv, K, La, Su]
【학명】cíngŭlum [칭굴룸] 띠. 띠무늬가 나타나
는 데서 유래했다.
【국명】띠무늬가 노란색 반달 모양인 데서 유래
했다.

반달 모양 띠(♀)

무덤가의 서식 굴

717. *Steatoda erigoniformis* (O. Pickard
-Cambridge, 1872)
칠성꼬마거미 [Pantropical]

【학명】 Erígŏne[71) [에리고네] 그리스 신화에 등장하는 이카리오스의 딸+forma [포르마] 모양, 형상. 거미 몸에 난 흰색 반점을 죽어서 처녀자리가 되었다는 에리고네의 전설과 연결 지은 것으로 추정한다.

【국명】 배는 난형으로 볼록하고 검은색 바탕에 전반부 팔(八)자무늬 2쌍과 뒤쪽에 원형 흰색무늬 3개가 늘어서 있다(남궁준, 2003: 129). 즉 국명은 별무늬가 7개인 데서 유래했다.

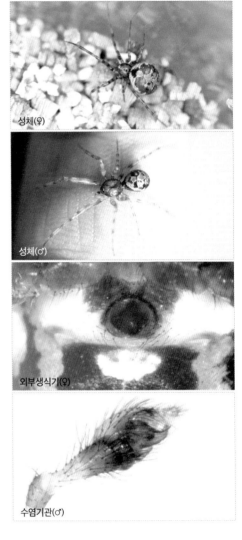

성체(♀)

성체(♂)

외부생식기(♀)

수염기관(♂)

718. *Steatoda grossa* (C. L. Koch, 1838)
별꼬마거미 [Co]

【학명】 grossus [그로수스] 굵은, 날씬하지 않은, 뚱뚱한. 꼬마거미류는 대체로 머리가슴에 비해 배가 뚱뚱해 보인다.

【국명】 배는 검은 보랏빛 난형으로 어깨 부분에 반달형, 중앙에 삼각형, 뒤쪽에 몇 개의 흰색무늬가 있으며 개체에 따라서는 이들 무늬가 연속되기도 한다(남궁준, 2003: 130). 국명은 검은색 바탕의 등면에 작은 흰색 점무늬가 밤하늘의 별처럼 보이는 데서 유래한 것으로 추정한다.

719. *Steatoda triangulosa* (Walckenaer, 1802)
별무늬꼬마거미 [Co]

【학명】 triángŭlus [트리앙굴루스] 삼각형의, 세모진. 등면 정중부에 삼각형이 연속하는 줄무늬가 나타나는 데서 유래했다.

【국명】 학명의 삼각형을 별무늬에 비유한 것으로 추측한다.

720. *Steatoda ulleungensis* Paik, 1995
울릉반달꼬마거미 [K]

【학명】 지명 ulleung+ensis. 최초 채집지인 울릉도(ulleung)에서 유래했다.

71) 에리고네의 아버지 이카리오스는 술의 신 디오니소스에게 포도주 만드는 법을 배워 이웃에게 나누어 주었으나 술을 처음 마셔 본 마을 사람들은 모두 쓰러지고 만다. 이를 이카리오스가 독살한 것으로 오해한 마을 사람들이 이카리오스를 죽이고 땅에 묻었다. 사라진 아버지를 찾아 헤매던 에리고네는 분노와 슬픔으로 우물에 뛰어들어 죽고 만다. 디오니소스 덕에 억울함을 풀고 하늘로 올라간 에리고네는 처녀자리가 되었고, 이카리오스는 목자자리가 되었다고 한다.

【국명】유래는 학명과 같다.

Stemmops O. Pickard-Cambridge, 1894
먹눈꼬마거미속

721. *Stemmops nipponicus* Yaginuma, 1969
먹눈꼬마거미 [C, J, K]
【학명】일본의(nipponicus). 최초 채집지인 일본에서 유래했다.
【국명】눈구역이 검은 데서 유래했다. 수컷 다리는 모두 노란색인데, 1번다리 종아리마디가 토시를 낀 것처럼 검어 과거에는 검정토시꼬마거미로도 불렸다.

Takayus Yoshida, 2001
타가이꼬마거미속

722. *Takayus chikunii* (Yaginuma, 1960)
갈비꼬마거미 [C, J, K]
【학명】인명 chikuni+i. 일본 거미학자 Yasunosuke Chikuni(1916~1995)에서 유래했다.
【국명】등면 잎사귀무늬 가장자리의 큰 톱니무늬가 갈비처럼 보이는 데서 유래하는 것으로 추정한다.

수염기관(♂)

723. *Takayus latifolius* (Yaginuma, 1960)
넓은잎꼬마거미 [C, J, K, Ru]
【학명】lātus [라투스] (폭이) 넓은+fόlĭum [폴리움] 잎. 즉 latifόlĭus는 잎이 넓다는 의미다. 등면의 잎사귀무늬가 매우 넓은 데서 유래했다.
【국명】유래는 학명과 같다.

등면의 넓은 잎사귀무늬(♀)

가랑잎 은신처

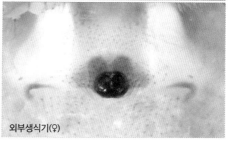
외부생식기(♀)

성체(♂)

724. *Takayus lunulatus* (Guan & Zhu, 1993)
초승달꼬마거미 [C, K, Ru]

【학명】lúnŭla [루눌라] 초승달. 수컷 수염기관에 초승달 모양 지시기가 나타난다.

【국명】학명에서 유래했다.

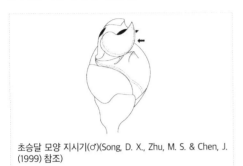

초승달 모양 지시기(♂)(Song, D. X., Zhu, M. S. & Chen, J. (1999) 참조)

725. *Takayus quadrimaculatus* (Song & Kim, 1991)
월매꼬마거미 [C, K]

【학명】quát(t)ŭor [콰튀르] 4, 4개+maculátus [마쿨라투스] 때 묻은. 등면에 얼룩이 4개 나타나는 데서 유래한 것으로 추정한다.[72]

【국명】과거 종명(*wolmerense*: 경북 청송군 현동면 월매리)에서 유래했다. 처음에는 *Theridion wolmerense* Paik. 1996으로 신종 등록되었다가 중국에서 발견한 *Takayus quadrimaculatus*의 동종이명으로 처리되면서 국명만 그대로 남았다.

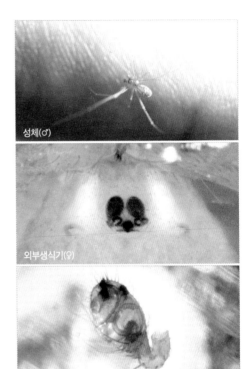

성체(♂)

외부생식기(♀)

수염기관(♂)

726. *Takayus takayensis* (Saito, 1939)
넉점꼬마거미 [C, J, K]

【학명】인명 takay+ensis. 타가이의(*takayensis*) 타가이속(*Takayus*) 거미라는 뜻으로, 타가이(Takay)라는 인물에서 유래했을 것으로 추정되나 논문과 인물 정보는 전하지 않는다.

【국명】배끝에 점 2쌍이 있는 데서 유래했다.

성체(♀)

성체(♀)

---

72) The specific name is an arbitrary combination of letters(Song, D. X. & Kim, J. P., 1991: 21).

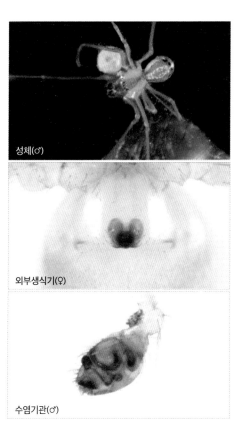

성체(♂)

외부생식기(♀)

수염기관(♂)

Theridion Walckenaer, 1805
꼬마거미속

727. Theridion longipalpum Zhu, 1998
긴수염꼬마거미 [C, K]
【학명】longus [롱구스] 긴+palpum [팔품] 수염
기관. 수염기관이 긴 데서 유래했다.
【국명】유래는 학명과 같다.
728. Theridion longipili Seo, 2004
긴털꼬마거미 [K]
【학명】longus [롱구스] 긴+pili 털. 등면의 긴 가
시털에서 유래했다.
【국명】유래는 학명과 같다.

729. Theridion palgongense Paik, 1996
팔공꼬마거미 [K]
【학명】지명 palgong+ensis. 최초 채집지인 대
구 팔공산(palgong)에서 유래했다.
【국명】유래는 학명과 같다.

730. Theridion pictum (Walckenaer, 1802)
붉은등줄꼬마거미 [Ha]
【학명】pictus [픽투스] 색칠한, 화려한. 등면의
붉은 등줄이 화려한 데서 유래한 것으로 보인다.
【국명】등면 정중부에 붉은 등줄이 나타나는 데
서 유래했다.

731. Theridion pinastri L. Koch, 1872
등줄꼬마거미 [Pa]
【학명】pinastri: 소나무의. 서식처에서 유래한
것으로 추정한다.
【국명】배는 공 모양으로 둥글며, 담갈색 중앙
무늬(붉은색, 노란색 등의 변이도 있음)가 물결
모양의 흰색 선으로 둘려 있고, 측면은 갈색이
다(남궁준, 2003: 103). 즉 등줄에서 유래했다.

성체(♀)

성체(♂)

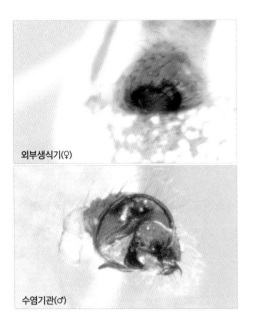

외부생식기(♀)

수염기관(♂)

732. *Theridion submirabile* Zhu & Song, 1993
먼지꼬마거미 [C, K]

【학명】sub+*T. mirabile*. *T. mirabilis* Zhu et al., 1991과 유사하다는 뜻이다. 중국명(拟奇异球蛛)은 학명과 뜻이 정확하게 일치한다. mirabile 은 mirábĭlis에서 온 말로 이상하다, 기이하다는 의미이며, 중국명을 풀어 보면 기이한 거미(奇异球蛛)로 의심(拟)된다는 뜻이다.

【국명】밝은 색 등면에 작고 검은 티끌 같은 반점이 나타나는 데서 유래했다.

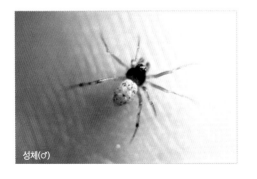

성체(♂)

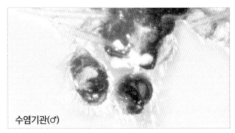

수염기관(♂)

733. *Theridion taegense* Paik, 1996
대구꼬마거미 [K]

【학명】지명 taegu+ensis. 최초 채집지인 대구(taegu)에서 유래했다.

【국명】유래는 학명과 같다.

Thymoites Keyserling, 1884
코보꼬마거미속

734. *Thymoites ulleungensis* (Paik, 1991)
울릉코보꼬마거미 [K]

【학명】지명 ulleung+ensis. 최초 채집지인 울릉도(ulleung)에서 유래했다.

【국명】유래는 학명과 같다.

Yaginumena Yoshida, 2002
야기누마꼬마거미속

735. *Yaginumena castrata* (Bösenberg & Strand, 1906)
검정미진거미[C, J, K, Ru]

【학명】castra [카스트라] 진을 치다. 나뭇가지나 잎 사이, 또는 초원 풀잎 위 등을 배회하며, 끈끈이줄을 늘어놓고 근처를 지나가는 큰 개미 등을 잡아먹는다(남궁준, 2003: 111). 즉 학명은 사냥 방법에서 유래한 것으로 보인다.

【국명】몸이 거의 검다는 데서 유래했다.

미성숙체

개미를 포식하는 검정미진거미

736. *Yaginumena mutilata* (Bösenberg & Strand, 1906)
적갈미진거미 [J, K]
【학명】mútĭlus [무틸루스] 뿔이 잘린, 지체가 잘린. 논문 저자가 적갈미진거미를 처음 채집했을 당시 다리가 잘린 상태였다는 것에서 유래했다.[73]
【국명】몸 색깔에서 유래했다.

Yunohamella Yoshida, 2007
탐라꼬마거미속

737. *Yunohamella lyrica* (Walckenaer, 1841)
서리꼬마거미 [Ha]
【학명】lýrĭcus [리리쿠스] 리라(lyra)의. 등면의 엽

상무늬를 악기 리라에 비유한 것으로 추측한다.
【국명】등면에 서리(霜) 모양 엽상무늬가 나타나는 데서 유래했다. 영어명(Snow spider)의 영향을 받은 것으로 추정한다.

738. *Yunohamella subadulta* (Bösenberg & Strand, 1906)
이끼꼬마거미 [J, K, Ru]
= *Yunohamella subadultus* Kim & Kim, 2010
【학명】sub+adúltus [아둘투스] 충분히 자란. 즉 충분히 자라지 못했다는 뜻으로, 표본 채집 당시 미성숙체를 채집한 데서 유래하는 것으로 추정한다.
【국명】배는 회갈색이나 정중부를 달리는 회백색 세로무늬는 이끼 모양이다(남궁준, 2003: 96). 즉 등면의 이끼무늬에서 유래했다.

739. *Yunohamella yunohamensis* (Bösenberg & Strand, 1906)
탐라꼬마거미 [J, K, Ru]
【학명】지명 yunohama+ensis. 최초 채집지인 일본의 유노하마(yunohama)에서 유래했다.
【국명】한국 최초 채집지인 제주도의 옛 이름(탐라)에서 유래했다.

Theridiosomatidae Simon, 1881
알망거미과[74]

Ogulnius O. Pickard-Cambridge, 1882
산길알망거미속

---

73) 거미는 다리가 모두 8개이고, 일부가 없어져도 다음 탈피에서 복원된다.
74) 알망은 그물 아래 알주머니를 실 끝에 매달아 놓는 생태 습성에서 유래한 것으로 보인다.

740. *Ogulnius pullus* Bösenberg & Strand, 1906
산길알망거미 [J, K]

【학명】pullus [풀루스] 새끼, 흑갈색의. 거미의 알집에서 유래한 것으로 추정한다.

【국명】산지의 벼랑 밑이나 풀 밑동 등에 축 늘어진 동심원의 수평 둥근 그물을 치고 있다. 알주머니는 흰색 직육면체 모양이다(남궁준, 2003: 143). 즉 주요 서식처에서 유래한 것으로 추정한다.

Theridiosoma O. Pickard-Cambridge, 1879
알망거미속

741. *Theridiosoma epeiroides* Bösenberg & Strand, 1906
알망거미 [J, K, Ru]

【학명】epeiroides: 타원형의, 구형의. 알망거미 외에도 종명이 *epeiroides*인 거미는 *Mimetus epeiroides*, *Lipocrea epeiroides*와 같은 2종이 더 있다. 이 중에 학명의 어원을 짐작할 수 있는 단서를 제공하는 종은 *M. epeiroides*로, 최초 등록 논문에서 저자는 "The abdomen has the same epeiroid shape as in interfector(Emerton, J. H., 1882: 17)."라고 서술했다. 즉 *epeiroides*는 복부 모양에서 유래했음을 알 수 있다. 그리고 이들의 복부는 모두 구형이거나 타원형이다.

【국명】그물 아래 알주머니를 매달아 두는 습성에서 유래하는 것으로 추정한다.

Thomisidae Sundevall, 1833
게거미과

Bassaniana Strand, 1928
나무껍질게거미속[75]

742. *Bassaniana decorata* (Karsch, 1879)
나무껍질게거미 [C, J, K, Ru]

【학명】děcŏrátus [데코라투스] 잘 꾸며진, 다듬어진. 학명 유래는 전하지 않는다.

【국명】나무 위를 배회하고, 나무껍질 속에 집을 만들고 7월경에 산란한다(남궁준, 2003: 531). 즉 국명은 생태 습성에서 유래한 이름으로 보인다.

성체(♀)

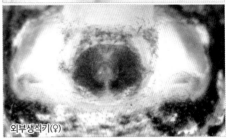

외부생식기(♀)

743. *Bassaniana ora* Seo, 1992
테두리게거미 [K]

【학명】ōra [오라] 가장자리, 언저리, 변두리. 머리가슴 가장자리의 테두리 무늬에서 유래했다.

---

75) 나무껍질게거미속(*Bassaniana*): 몸은 극히 평평하지 않다; 다리3은 다리4보다 길다(Kim, J. P. & Gwon, S. P., 2001:17).

【국명】유래는 학명과 같다.

Boliscus Thorell, 1891 깨알게거미속

744. Boliscus tuberculatus (Simon, 1886)
곰보깨알게거미 [C, My to J]
【학명】tubérculum [투베르쿨룸] 작은 종기,
사마귀, 혹. 몸에 난 작은 곰보무늬와 곰보돌기
에서 유래한 것으로 추정한다.
【국명】유래는 학명과 같다.

Coriarachne Thorell, 1870
꼬마게거미속[76)]

745. Coriarachne fulvipes (Karsch, 1879)
꼬마게거미 [J, K]
【학명】fulvus [풀부스] 황갈색의, 사자빛깔의
+pēs [페스] (사람·동물의) 발. 다리는 밤색이
다(남궁준, 2003: 538). 즉 황갈색 다리 색에서
유래했다.
【국명】크기가 작은 데서 유래했을 것으로 추
정되며 일본명(コカニグモ)도 뜻이 같다. 작은
(コ)+게(カニ)+거미(グモ).

Diaea Thorell, 1869 각시꽃게거미속[77)]

746. Diaea subdola O. Pickard-Cambridge, 1885
각시꽃게거미 [Ru, In, Pk to J]

【학명】súbdŏlus [수브돌루스][형용사] 꾀 있
는, 교활한, 속이는. 산야, 논밭 등의 풀잎이나
꽃이 등에 숨어 먹이 벌레의 접근을 기다려 잡
아먹는다(남궁준, 2003: 524). 즉 생태 습성에
서 유래한 학명으로 추정한다.
【국명】'꽃'에 몸을 숨겨 사냥하는 '작은 거미'
인 데서 유래한 것으로 추정한다. '각시'는 크기
가 작은 거미의 이름에 종종 붙는다.
*참고: 일본명(コハナグモ)은 작은(コ)+꽃(ハ
ナ)+거미(グモ).

성체(♀)

성체(♂)

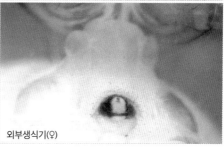
외부생식기(♀)

---

76) 꼬마게거미속(Ebrechtella): 몸은 극히 평평하다; 다리3과 다리4는 거의 같고, 다리3이 약간 더 길다(Kim, J. P. & Gwon, S. P., 2001:16).
77) 각시꽃게거미속(Diaea): 두흉부에는 흉부에 발달된 강모가 있다; 측안(側眼)들의 돌기는 붙어 있지만 융합되어 있지 않다; 가운데눈네모
꼴(MOA)은 길이가 넓이보다 길다; 수컷 수염기관의 삽입기는 방패판 주위를 감고 있다; 암외부생식기에는 부드러운 돌기물이 있다; 가운
데 덮개(central hood)는 돌기 위에 위치해 있다(Kim, J. P. & Gwon, S. P., 2001:19). 다이에나거미속에서 각시꽃게거미속으로 바뀌었다.

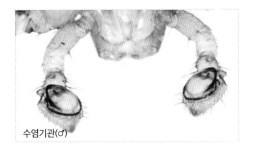

수염기관(♂)

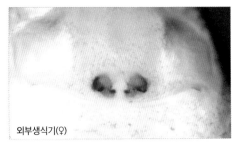

외부생식기(♀)

Ebelingia Lehtinen, 2005
곰보꽃게거미속

747. *Ebelingia kumadai* (Ono, 1985)
곰보꽃게거미 [C, J, K, Ru, Ok]

【학명】인명 kumada+i. 채집자 이름(Ken-ichi Kumada)에서 유래했다.

【국명】투명한 머리가슴등면에 곰보처럼 돌기가 많은 데서 유래했다.

Ebrechtella Dahl, 1907 꽃게거미속[78]

748. *Ebrechtella tricuspidata* (Fabricius, 1775)
꽃게거미 [Pa]

【학명】tricuspidális [트리쿠스피달리스] 뾰족한 끝이 셋 있는. 등면 앞쪽의 염통무늬 하나와 뒤쪽 측면의 무늬 1쌍을 합쳐 '뾰족한 끝이 셋 있는 것'이라고 표현한 것으로 추정한다. 하지만 실제로 측면의 갈색 무늬 1쌍은 잘 보이는데, 염통무늬는 잘 보이지 않는 경우가 많으며, 아예 무늬가 없는 개체도 있다.

【국명】꽃 속에 숨어 사냥하는 습성에서 유래한 것으로 추정한다.

*참고: 일본명(カニグモ)의 뜻은 게(カニ)+거미(グモ).

성체(♀)

성체(♂)

등면 무늬(♀)

---

78) 꽃게거미속(*Ebrechtella*): 두흉부의 흉부에는 강모가 발달되어 있거나 혹은 줄어 있거나, 없다; 측안(側眼)들의 돌기들은 거의 융합되어 있고, 극히 드물게 수컷에서 융합하지 않은 것도 있다; 가운데눈네모꼴(MOA)는 넓이가 길이보다 넓다; 삽입기는 방패판 주위를 감고 있거나 혹은 매우 짧고, 기부 구조가 있다; 암외부생식기에는 가운데 덮개가 있고, 드물게 발달되지 않은 돌기물이 있다(Kim, J. P. & Gwon, S. P., 2001:19).

등면 무늬(♀)

성체(♂)

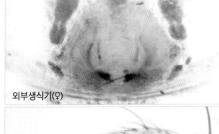

외부생식기(♀)

수염기관(♂)

Heriaeus Simon, 1875 털게거미속[79]

749. *Heriaeus mellotteei* Simon, 1886
털게거미 [C, J, K]
【학명】인명 mellottee+i. A. Mellottee에서 유래한 것으로 추정한다.
【국명】초록색 바탕에 머리가슴, 다리, 배 심지어 더듬이다리까지 긴 흰색 털이 밀생하는 것에서 유래했다.

Lysiteles Simon, 1895 풀게거미속[80]

750. *Lysiteles coronatus* (Grube, 1861)
남궁게거미 [C, J, K, Ru]
【학명】coronátus [코로나투스] 왕관. 배갑은 담갈색으로 양 측면에 흑갈색 세로줄무늬가 뻗쳐 있고, 그 사이의 머리부분이 황갈색이어서 왕관처럼 보인다.
【국명】한국 최초 채집자인 남궁준 선생의 이름에서 유래했다. 풀게거미속이고 몸이 황갈색이어서 황갈풀게거미로 불리기도 했다.

751. *Lysiteles maior* Ono, 1979
고원풀게거미 [Ru, Ne to J]
【학명】máĭa [마이아] (대단히 큰) 게. 게처럼 옆으로 움직이는 행동 습성에서 유래한 것으로 추정한다.
【국명】설악산 등 고원의 관목이나 풀숲의 잎 뒤에 숨어 먹이 벌레의 접근을 기다리고 있다 (남궁준, 2003: 529). 즉 국명은 주요 서식처에서 유래했다.

---

79) 털게거미속(*Heriaeus*): 다리와 몸은 튼튼한 털로 조밀하게 덮여 있다(Kim, J. P. & Gwon, S. P., 2001:18).
80) 풀게거미속(*Lysiteles*): 두흉부의 흉부에는 긴 강모가 있다. 수컷 수염기관의 RTA는 간단하고 경화(硬化)되어 있다; 다리와 몸의 색은 거무스레하다; 암컷의 복부는 길이가 넓이보다 길다; 수컷 수염기관의 삽입기는 짧고, 두꺼우며 꼬여 있다; 암컷의 생식기(genitalia)는 간단하고, 딱딱한 삽입도관(intromittent canal)과 둥근 수정낭(globular spermatheca)이다(Kim, J. P. & Gwon, S. P., 2001:17).

Misumena Latreille, 1804
민꽃게거미속[81]

752. *Misumena vatia* (Clerck, 1757)
민꽃게거미 [Ha]
【학명】vátïa [바티아] 발이 활처럼 휜 모양. 게거미 특유의 앞다리를 거의 180도 벌린 모양이 활처럼 보이는 데서 유래한 것으로 추정한다.
【국명】꽃게거미(*Ebrechtella tricuspidáta*)에 비해 그 무엇이 없다는 뜻으로, 이때 그 무엇은 이마를 횡단하는 이랑으로 추정한다.
*참고: 민꽃게거미속(*Misumena*)과 꽃게거미속(*Ebrechtella*)이 서로 분리되면서 국명은 비슷하지만 학명은 완전히 다르다.

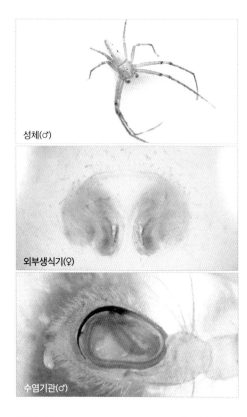

성체(♂)

외부생식기(♀)

수염기관(♂)

Oxytate L. Koch, 1878 연두게거미속[82]

753. *Oxytate parallela* (Simon, 1880)
중국연두게거미 [C, K]
【학명】parallélus [파랄렐루스] 평행의. 배가 앞뒤 방향으로 평행한 데서 유래했다.
【국명】최초 채집지인 중국(북경)에서 유래했다.

754. *Oxytate striatipes* L. Koch, 1878
줄연두게거미 [C, J, K, Ru, T]
【학명】striátus [스트리아투스] 줄무늬의, 줄쳐진, 홈 파인+pēs [페스] (사람·동물의) 발, 다리. 다리마디 사이에 줄무늬가 나타나는 데서 유래한 것으로 추정한다.
【국명】학명에서 유래했다. 처음에는 연두색이라 연두게거미였으나 왜연두게거미(*Dieta japonica* Bösenberg & Strand, 1906)로 불리기도 하다가 *O. striatipes*의 동종이명으로 밝혀지면서 학명 그대로 줄연두게거미로 불린다.

성체(♀)

---

81) 민꽃게거미(Misumena): 이마에는 가로로 횡단하는 이랑이 없다; 수컷 수염기관의 삽입기 말단은 나선형이다; 수컷 수염기관에는 ITA가 있다; 수정낭은 크고, 둥근 모양이다(Kim, J. P. & Gwon, S. P., 2001:18). 영어명은 Flower crab spiders이다.
82) 연두게거미속(Oxytate): 부절(tarsi)에는 관상강모의 발톱다발(claw tufts)이 형성되어 있다; 두흉부의 앞쪽머리에만 강모가 나 있다; 복부는 긴 타원형이고, 넓이보다 길이가 훨씬 길다; 암외부생식기에는 한 쌍의 유도주머니(guide pocket)가 있고, 삽입기(embolus)는 짧은 가시 모양이며, 수컷수염기관의 중간경절돌기(ITA)는 없고, 후측면 경절돌기(RTA)는 매우 발달되었다(Kim, J. P. & Gwon, S. P., 2001:16).

성체(♀)

성체 ♀(위), ♂

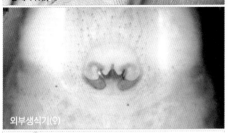

외부생식기(♀)

수염기관(♂)

Ozyptila Simon, 1864 곤봉게거미속[83]

755. *Ozyptila atomaria* (Panzer, 1801)
낙성곤봉게거미 [Pa]

【학명】 atomaria: 검은 점이 많은 잿빛.[84] 즉 등면의 아주 작은 점이나 돌기에서 유래한 것으로 추정한다.
【국명】 한국 최초 채집지(낙성)에서 유래한 것으로 추정한다.

756. *Ozyptila gasanensis* Paik, 1985
가산곤봉게거미 [K]
【학명】 지명 gasan+ensis. 최초 채집지인 경북 칠곡군 가산(gasan)에서 유래했다.
【국명】 유래는 학명과 같다.

757. *Ozyptila geumoensis* Seo & Sohn, 1997
금오곤봉게거미 [K]
【학명】 지명 geumo+ensis. 최초 채집지인 경북 구미시 금오산(geumo)에서 유래했다.
【국명】 유래는 학명과 같다.

758. *Ozyptila nipponica* Ono, 1985
점곤봉게거미 [C, J, K]
【학명】 일본의(nipponica). 최초 채집지인 일본에서 유래했다.
【국명】 등면의 점과 곤봉 모양 털에서 유래했다.[85] 경북 영천시 소재의 은해사에서 미기록종이던 점곤봉게거미를 채집해 등재했다(1992).

759. *Ozyptila nongae* Paik 1974
논개곤봉게거미 [C, J, K, Ru]
【학명】 인명 nongae. 최초 채집지인 경남 진주의 유명한 관기였던 논개에서 유래했다.
【국명】 유래는 학명과 같다.

---

83) 곤봉게거미속(*Ozyptila*): 다리와 몸의 색깔이 거무스레하고, 황갈색에서 암갈색까지 있다; 다리1은 길고, 다리1/다리4의 값은 보통 1.1~1.6이다. 다리와 몸은 곤봉형 혹은 주걱모양 털들로 덮여 있다; 다리1과 다리2의 경절(tibia)과 척절(metatarsus)에는 2쌍의 배면(腹面) 가시가 있다(Kim, J. P. & Gwon, S. P., 2001:16).

84) pale-grey, with numerous black dots(The Cyclopædia: Or, Universal Dictionary of Arts, Sciences, and Literature, 27권).

85) On the dorsum. there are sparsely dotted with many club-shaped hairs(Seo, B. K. (1992c)).

성체(♀)

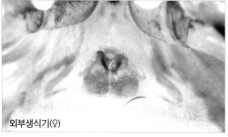

외부생식기(♀)

Phrynarachne Thorell, 1869
사마귀게거미속[86]

760. *Phrynarachne katoi* Chikuni, 1955
사마귀게거미 [C, J, K]
【학명】인명 kato+i. Kato에서 유래했으나 인물 정보는 전하지 않는다.
【국명】온몸에 사마귀 같은 돌기가 돋은 것에서 유래했다.

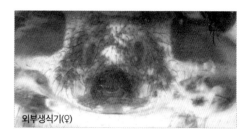

외부생식기(♀)

Pistius Simon, 1875 오각게거미속[87]

761. *Pistius undulatus* Karsch, 1879
오각게거미 [It, Ru, Ka, C, J, K]
【학명】undulátus [운둘라투스] 파도형의, 파상의. 배끝 쪽에 물결무늬가 여러 겹 나타나는 것에서 유래했다.
【국명】배는 뒤쪽 너비가 넓고, 위에서 보면 뒤끝이 삼각형처럼 모져 전체로는 오각형을 이루고 있다(남궁준, 2003: 540). 즉 국명은 배의 전체 모양에서 유래했다.

성체(♀)

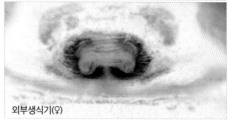

외부생식기(♀)

성체(♀)

---

86) 사마귀게거미속(*Phrynarachne*): 위턱(chelicerae)의 양쪽 엄니홈(fang furrow) 말단에 강한 이(teeth)가 있다; 두흉부(prosoma)와 복부(opisthosomata)의 배면에는 과립형 돌기들이 있다(Kim, J. P. & Gwon, S. P., 2001:16).
87) 오각게거미(*Pistius*): 두흉부의 흉부에는 강모가 없다; 암컷의 다리1의 전측면에는 가시가 없다; 수컷 수염기관의 삽입기는 짧고, 두껍다; 암컷생식기의 삽입도관은 짧은 관 모양이다; 다리와 몸은 암갈색이다; 암컷의 외부생식기에는 크고 부드러운 돌기물이 있고, 한 쌍의 유도주머니가 있다(Kim, J. P. & Gwon, S. P., 2001:18).

Runcinia Simon, 1875
흰줄게거미속[88]

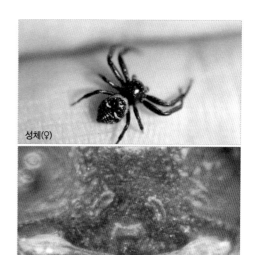

성체(우)

외부생식기(우)

762. *Runcinia insecta* (L. Koch, 1875)
흰줄게거미 [Af, Ba to J, Ph, Jv, Au]
= *Runcinia affinis* Kim & Lee, 2012a

【학명】inséctus [인섹투스] 베어진, 잘린, 끊어진. 배갑은 앞 끝이 절단형이고 이마 위쪽에 흰색 가로융기가 있다(남궁준, 2003: 543). 즉 학명은 일(一)자 이마에서 유래했다.

【국명】과거 학명에서 유래했다. 과거에는 *R. albostriata* Bösenberg & Strand, 1906으로 불렸다.

*참고: albo [알보] 희게 하다+striátus [스트리아투스] 줄무늬의, 줄쳐진, 홈 파인.

Synema Simon, 1864 불짜게거미속[89]

763. *Synema globosum* (Fabricius, 1775)
불짜게거미 [Pa]
【학명】globósus [글로보수스] 구형의, 둥근. 구형인 배 모양에서 유래했다.

【국명】배는 넓적한 난형으로 털이 별로 없고, 노란색 또는 적갈색 바탕에 흑갈색의 굵직한 불(不)자무늬가 있다(남궁준, 2003: 530). 즉 국명은 배 무늬에서 유래했다.

Takachihoa Ono, 1985
애나무결게거미속[90]

764. *Takachihoa truciformis* (Bösenberg & Strand, 1906)
애나무결게거미 [C, J, K, T]
【학명】truncus [트룽쿠스] 줄기, 그루터기, 나무 전체+forma [포르마] 모양. 나무껍질을 닮은 데서 유래했다.

【국명】이웃 나라의 영향을 받은 것으로 추정한다. 일본명과 대만명은 국명과 뜻이 일치한다. 일본명은 (コキハダカニグモ)로 작은(コ)+나무껍질(キハダ)+게(カニ)+거미(グモ)이고, 대만명(小樹皮蟹蛛)도 마찬가지다.

---

88) 흰줄게거미속(*Runcinia*): ALE와 PLE사이의 돌기물은 작다; 복부는 길이가 넓이보다 훨씬 길다; 수컷은 암컷에 비해 작지만 더 어두운 색은 아니다(Kim, J. P. & Gwon, S. P., 2001:18).

89) 불짜게거미속(*Synema*): 수컷 수염기관의 VTA는 간단하고, 손가락 모양이다; 암컷 외부생식기에는 경화된 판이 있다; 수정낭은 신장형이다(Kim, J. P. & Gwon, S. P., 2001:17).

90) 애나무결게거미속(*Takachihoa*): 수컷 수염기관의 배면 경절돌기(VTA)는 매우 크고 도끼 모양이다; 수컷 수염기관의 삽입기는 실 모양으로, 길며 방패판(tegulum) 주위를 감고 있다; 암컷의 복부는 넓이와 길이가 비슷하거나, 넓이가 약간 넓다; 암컷 생식기의 삽입도관은 부드럽고, 길며 감겨 있다. 수정낭은 작고, 신장형 혹은 둥근 모양이다; 암컷 외부생식기에는 경화된 판(plate)이 없다; 수정낭은 둥근 모양이다(Kim, J. P. & Gwon, S. P., 2001:17).

Thomisus Walckenaer, 1805
살받이게거미속[91]

765. *Thomisus labefactus* Karsch, 1881
살받이게거미 [C, J, K, T]
【학명】labefácto [라베팍토] 뒤흔들다. 학명은 사냥 모습에서 유래한 것으로 추정한다.
【국명】살받이는 과녁 한 가운데 화살이 꽂히는 곳을 말한다. 국명은 활짝 핀 꽃 가운데 앉아 먹이를 기다리는 모습에서 유래한 것으로 추정한다.
*참고: 중국명(三角蟹蛛)은 배의 생김새가 삼각형인 데서, 일본명(アズキグモ)은 노란색 팥꽃에서 유래한 것으로 추정한다. アズキ는 팥이라는 뜻이다.

766. *Thomisus onustus* Walckenaer, 1805
흰살받이게거미 [Pa]
【학명】onústus [오누스투스] 짐 진, 짐 실은, 가득 찬. 등면에 가득 찬 돌기에서 유래한 것으로 추정한다. 중국명(満蟹蛛)과 학명은 서로 뜻이 통한다.
*참고: 수컷에는 작은 사마귀 돌기가 빽빽이 나 있다(남궁준, 2003: 542).
【국명】일본명(シロアズチグモ) 영향을 받은 것으로 추정한다. 흰(シロ)+실받이게거미(アズチグモ).

Tmarus Simon, 1875 범게거미속[92]

767. *Tmarus punctatissimus* (Simon, 1870)
한라범게거미 [Pa]
【학명】punctátus [풍타투스] 작은 반점이 있는 +sīmus [시무스] 코가 납작한, 납작코의. 절단형 머리끝과 등면 무늬에서 유래했다.
【국명】과거 학명에서 유래했다. 한국에서는 최초로 한라범게거미(*Tmarus hanrasanensis* Paik 1973)로 등재했으나 이후 *T. punctatissimus* (Simon, 1870)의 동종이명으로 처리되었고, 국명만 남았다.

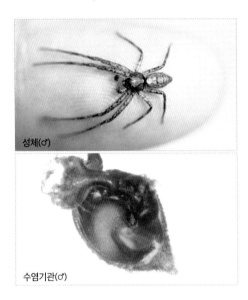

성체(♂)

수염기관(♂)

768. *Tmarus koreanus* Paik, 1973
한국범게거미 [C, K]
【학명】한국의(koreanus). 최초 채집지인 한국(직지사)인 데서 유래했다.
【국명】유래는 학명과 같다.

---

91) 살받이게거미속(*Thomisus*): ALE와 PLE 사이에 원뿔 모양의 돌기물이 있다; 수컷은 암컷에 비해 무척 작다; 복부는 길이와 넓이가 비슷하거나 넓이가 길이보다 넓다; 암수간의 동종이형성(dimorphism)이 현저하고, 수컷이 암컷에 비해 극히 작고 어두운 색이다(Kim, J. P. & Gwon, S. P., 2001:17).

92) 범게거미속(*Tmarus*): 부절에는 발톱다발이 없거나 간단한 털의 발달되지 않은 발톱이 있다. 이마(clypeus)는 넓다; 후측안(PLE)돌기는 전측안(ALE)돌기보다 크다; 머리가슴부에는 긴 강보(setae)가 있다; 복부는 그다지 길지 않고, 길이·넓이 값이 2.0보다 작다(Kim, J. P. & Gwon, S. P., 2001:16).

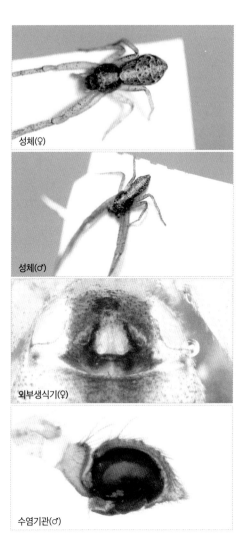

성체(♀)

성체(♂)

외부생식기(♀)

수염기관(♂)

769. *Tmarus orientalis* Schenkel, 1963
동방범게거미 [C, K]
【학명】동방의(orientalis). 최초 채집지가 서양
기준에서 동쪽인 중국인 데서 유래했다.

【국명】학명에서 유래했다.

770. *Tmarus piger* (Walckenaer, 1802)
참범게거미 [Pa]
【학명】píger [피게르] 게으른, 느린. 나무늘보처
럼 천천히 움직이는 생태 습성에서 유래했다.
【국명】전형적인 범게거미라는 뜻에서 유래한
것으로 추정한다.

771. *Tmarus rimosus* Paik, 1973
언청이범게거미 [C, J, K, Ru]
【학명】rimósus [리모수스] 틈이 많은, 금이 간,
숭숭한. 논문 저자에 따르면 학명은 수염기관의
경절돌기가 병아리를 닮은 데서 유래했다고 한
다. 그러나 병아리와 rimósus는 연관이 없다.[93]
【국명】학명처럼 틈이 생긴 것을 언청이에 비
유한 것으로 추정한다.

성체(♀)

외부생식기(♀)

---

93) '언청이'는 입술갈림증이 있어서 윗입술이 세로로 찢어진 사람을 낮잡아 이르는 말인데, 국명과 학명은 의미가 서로 통한다. 그러나 최초 등
록 논문에서 저자는 "The specific name is from the Latin adjective meaning chick, chosen because of the feature of ectal apophysis in male
palp(Paik, K. Y., 1973b)"라고 기술했다. 즉 수염기관의 경절돌기가 병아리를 닮아 틈이 많다는 뜻인 형용사 'rimosus'로 명명했다는 것이다. 언
청이범게미의 경절돌기는 병아리나 새 모양이긴 하지만, 그것과 학명 rimosus와는 무관하다. '새는'에서 '새'를 새(鳥)로 표현한 일종의 언어유
희인지는 알 수 없으나 잘 이해가 가지 않는 대목이다. 참고로 rimosus는 갈라진 모양의 버섯 등에 학명으로 자주 쓰이는 라틴어다.

Xysticus C. L. Koch, 1835 참게거미속[94]

772. *Xysticus atrimaculatus* Bösenberg & Strand, 1906
점게거미 [C, J, K]
【학명】atrox [아트록스] 거친+maculatus [마쿨라투스] 무늬가 있는. 몸 전체에 거친 무늬가 나타나는 데서 유래했다.
【국명】머리가슴 후반부 민무늬구역에 서로 조금 떨어진 큰 검은색 점이 1쌍 나타나는 데서 유래했다.[95]

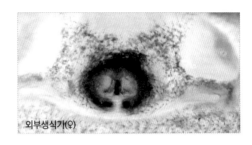
외부생식기(♀)

773. *Xysticus concretus* Utochkin, 1968
쌍지게거미 [C, J, K, Ru]
【학명】concrétus [콘레투스] 농축된, 굳어진, 밀도 높은. 학명 유래는 전하지 않는다.
【국명】쌍지, 즉 가지가 2개인 데서 유래했다. 머리가슴의 가슴 중앙에 있는 흰색 브이(V)자무늬가 갈라져 앞쪽으로 뻗기도 했지만, 그보다는 기저돌기(basal apophysis)와 말단돌기(distal apophysis)가 길게 발달한 데서 유래한 것으로 추정한다. 처음에는 *X. dichotomus* Paik 1973의 학명으로 등록했으나 *X. concretus*의 동종이명으로 처리되었다.
*참고: dǐchótŏmus [디코토무스] 두 갈래로 갈라지는.

성체(♀)

774. *Xysticus cristatus* (Clerck, 1757)
집게관게거미 [Pa]
【학명】cristátus [크리스타투스] 볏이 있는, 관모를 쓴. 머리에 볏무늬가 나타나는 데서 유래했다.
【국명】머리에 집게 모양 관모를 쓰고 있다는 뜻이다. 집게관은 머리가슴에 나타난 두 갈래로 뻗는 흰색 브이(V)자무늬에서 유래한 이름이다. 브이(V)자 끝이 서로 마주보며 벌어진 것이 집게를 닮았다.

775. *Xysticus croceus* Fox, 1937
풀게거미 [In, Ne, Bh, C, J, K, T]
【학명】crócěus [크로체우스] 사프란 빛의, 짙은 황금색의. 몸 색깔에서 유래한 학명으로 보인다.
【국명】풀잎 위에서 생활하는 모습에서 유래한 것으로 추측한다.

776. *Xysticus ephippiatus* Simon, 1880
대륙게거미 [Ru, C-Asia, M, C, J, K]
【학명】ěphippǐátus [에피피아투스] 말안장을 놓고 올라탄. 보통 등면에 마주보는 무늬나 넓은 무늬가 있을 때 자주 쓰는 학명이다. 대륙게거미 역시 등면에 밝은 색 엽상무늬가 나타나

---

94) 참게거미속(*Xysticus*): 몸의 크기는 보통이다; 두흉부의 흉부에 강모가 있다; 수컷 복부는 길이가 넓이보다 길다(Kim, J. P. & Gwon, S. P., 2001:17).
95) 거미의 신체적 특성에서 유래한 학명의 경우, 해당 종만의 특별한 무늬나 생김새일 수도 있지만 이전까지는 자세히 보지 않았다가 우연히 발견한 특징인 경우가 많다. 그리고 그런 특징은 관심 있게 보면 다른 거미에서도 충분히 나타난다. 실제로 이 쌍점은 쌍창게거미, 콩팥게거미 등에서도 나타난다.

고, 기본적으로 그 무늬가 넓다.

【국명】생물 이름에서 대륙은 서식지가 넓다는 의미로 자주 쓰인다. 실제로 매우 흔하다.

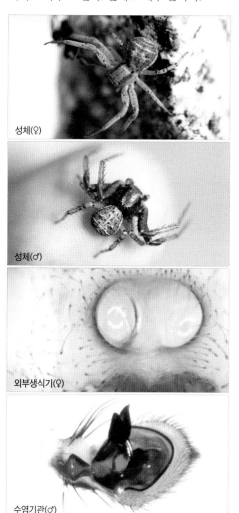

성체(♀)

성체(♂)

외부생식기(♀)

수염기관(♂)

777. *Xysticus hedini* Schenkel, 1936
쌍창게거미 [Ru, M, C, J, K]

【학명】인명 hedin+i. 스웨덴의 지리학자이자 탐험가 Sven Anders Hedin(1865~1952)의 이름에서 유래한 것으로 추정한다. Hedin은 중앙

아시아, 러시아, 중국, 일본 등을 여행했다.

【국명】쌍창게거미는 쌍지게거미와 대부분 비슷하며 이름 뜻도 사실상 같다. 쌍창게거미 역시 머리가슴의 가슴 중앙에 있는 흰색 브이(V) 자무늬가 갈라져 앞쪽으로 뻗는다. 그러나 이보다는 말단돌기(distal apophysis)가 티(T)자로, 보기에 따라 창끝이 둘로 갈라진 쌍창으로 보이는 데서 유래한 것으로 보인다. 쌍창게거미는 처음에 *X. bifidus* Paik 1975로 등재되었으나 이후 *X. hedini*의 동종이명으로 처리되었다.

*참고: bifidus [비피두스] 두 갈래가 된.

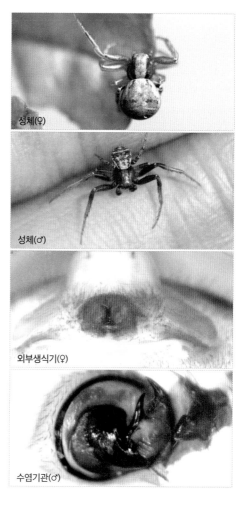

성체(♀)

성체(♂)

외부생식기(♀)

수염기관(♂)

778. *Xysticus insulicola* Bösenberg & Strand, 1906
콩팥게거미 [C, J, K]

【학명】 insŭla [인술라] 섬+cola: ~에 사는. 즉 섬에 산다는 뜻이다. 섬에서 발견해 등재한 데서 유래했다.

【국명】 외부생식기 모양이 콩팥무늬를 닮은 데서 유래한 것으로 추정한다. 비슷한 이름의 콩팥무늬들명나방, 콩팥무늬무당벌레는 날개에 커다란 사각형 콩팥무늬가 나타난다. 그러나 콩팥게거미의 등면에는 콩팥무늬가 나타나지는 않는다. 다만 암컷 외부생식기 모양이 콩팥과 가장 비슷하다.[96]

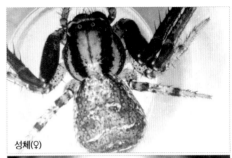
성체(♀)

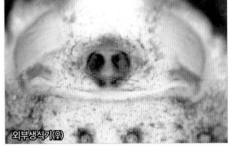
외부생식기(♀)

779. *Xysticus kurilensis* Strand, 1907
북방게거미 [C, J, K, Ru]

【학명】 지명 kuril+ensis. 최초 채집지인 쿠릴열도(kuril)에서 유래했다.

【국명】 최초 채집지인 쿠릴열도가 북방이라는 데서 유래했다.

성체(♀)

780. *Xysticus lepnevae* Utochkin, 1968
오대산게거미 [K, Ru, Sk, C]

【학명】 인명 Lepneva+e. 러시아 동물학자 Sofia Grigorievna Lepneva(1883~1966)에서 유래했다.

【국명】 최초 채집지인 강원 오대산에서 유래했다.

781. *Xysticus pseudobliteus* (Simon, 1880)
등신게거미 [Ru, Ka, M, C, K]

【학명】 어리석은 게거미(*X. bliteus* (Simon, 1875))와 닮았다(pseudo-)는 뜻이다.

---

96) 최초 국명은 콩팥게거미가 아니라 쌍삽게거미였다. 논문 저자는 1973년 참게거미속 3종에 모두 학명과 비슷한 뜻의 국명을 부여했는데, 쌍삽게거미(*X. bifurcus*), 쌍지게거미(*X. dichotomus*), 쌍창게거미(*X. bifidus*)가 그것이다. 학명은 두 갈래라는 뜻을 담고 있으며 국명 역시 2개의 삽, 2개의 가지, 2개의 창이란 뜻이다. 이 중 쌍창게거미는 학명을 그대로 쓰고 있지만, 나머지 2종은 동종이명으로 처리되면서 학명이 바뀌었다. 심지어 쌍삽게거미는 콩팥게거미로 국명마저 완전히 바뀌기도 했다.

논문 저자는 이 3종의 학명이나 국명에 대한 유래를 언급하지 않았다. 그런데 학명이나 국명을 추정할 수 있는 단서가 2가지 있다. 즉 이 3종은 머리가슴등면에 브이(V)자무늬가 나타난다. 따라서 이 때문에 두 갈래라는 뜻의 학명을 부여한 것일 수도 있다. 또 다른 단서는 수컷 수염기관의 두 갈래로 갈라진 돌기 모양이다. 쌍삽게거미(지금의 콩팥게거미)는 기저돌기(basal apophysis) 끝이 두 갈래로 갈라져 마치 끝이 둘로 갈라진 쌍삽으로 보이며, 쌍창게거미는 말단돌기(distal apophysis)가 티(T)자로 보기에 따라 창끝이 둘로 갈라진 쌍창으로 보일 수도 있다. 쌍지게거미는 기저돌기와 말단돌기가 모두 나타나며 쌍창게거미보다 훨씬 튼실하다고 기술되어 있다. 실제로 기저돌기가 말단돌기만큼 길기도 하다. 따라서 이 둘을 쌍지로 표현했을 것으로 추정한다.

문제는 보통의 경우 동종이명으로 처리될 경우 학명만 바뀌고, 국명을 그대로 쓰는 경우가 많은데 쌍삽게거미는 알 수 없는 이유로 국명까지 바뀌었다는 점이다.

*참고: blítĕus [블리테우스] 어리석은, 멍청한.
【국명】학명에서 유래했다. 실제로 거미가 둔해
보인다.[97]

성체(♀)

성체(♂)

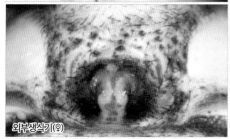
외부생식기(♀)

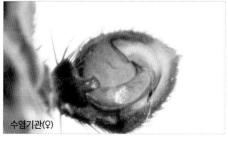
수염기관(♀)

782. *Xysticus saganus* Bösenberg & Strand, 1906
멍게거미 [C, J, K, Ru]
【학명】지명 saga+nus. 최초 채집지인 일본 사
가(saga) 현에서 유래했다.
【국명】배갑은 흐린 황갈색 바탕에 뒷옆눈에서
측면을 달리는 암갈색 세로 줄무늬가 있다(남
궁준, 2003: 552). 즉 뒷옆눈 주변의 줄무늬가
멍을 닮은 것에서 유래한 것으로 추정한다.

성체(♀)

성체(♂)

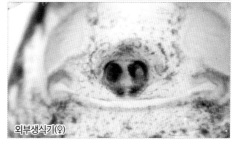
외부생식기(♀)

---

97) 『한국의 거미』(남궁준, 2003: 556)에 나타난 등신게거미는 실제로는 다른 종이며 같은 책(534)의 논개곤봉게거미가 실제 등신게거미의 사
진인 것으로 추정한다. 이 때문에 실제 등신게거미는 온라인 상(2016년 기준)에서 그 모습을 거의 찾아볼 수가 없으며 간혹 등신게거미라는
이름으로 등록된 거미도 실제로는 다른 종이 대부분이다. 필자 역시 등신게거미를 오래토록 봐 왔지만 종명을 알지 못할 때 꺼벙이거미라
는 가명으로 불렀는데 그만큼 그 모습이 둔해 보였기 때문이다. 흥미로운 것은 학명에서 알 수 있듯이 1800년대 서양인도 같은 느낌을 받
았다는 것이다.

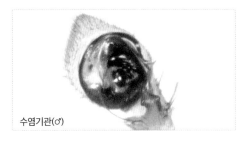
수염기관(♂)

성체(♂)

수염기관(♂)

783. *Xysticus sicus* Fox, 1937
중국게거미 [C, K, Ru]
【학명】 sícŭla [시쿨라] 단검. 머리가슴 정중부에 단검 모양[98] 중앙 무늬가 나타나는 데서 유래했다.
【국명】 최초 채집지인 중국에서 유래했다.

Titanoecidae Lehtinen, 1967
자갈거미과

Nurscia Simon, 1874 자갈거미속

784. *Nurscia albofasciata* (Strand, 1907)
살깃자갈거미 [C, J, K, Ru, T]
【학명】 albo [알보][타동사] 희게 하다.+fáscĭa [파시아] 끈, 띠. 등면에 흰 띠무늬가 나타나는 데서 유래했다.
【국명】 흰 띠무늬가 살깃 모양인 데서 유래했다.

성체(♀)

Titanoeca Thorell, 1870
큰자갈거미속

785. *Titanoeca quadriguttata* (Hahn, 1833)
넉점자갈거미 [Pa]
【학명】 quát(t)ŭor [콰튀르]넷, 4개+guttátus [구타투스] 반점(斑點) 있는. 등면에 흰색 반점이 2쌍 나타나는 데서 유래했다.
【국명】 유래는 학명과 같다.

Trachelidae Simon, 1897
괭이거미과

Cetonana Strand, 1929 괴물거미속

786. *Cetonana orientalis* (Schenkel, 1936)
보경괴물거미 [C, K]

---

98) 종명이 같은 *Laufeia sicus* Wu & Yang, 2008은 수컷 더듬이다리 경절돌기가 단검 모양이다.

【학명】orientális [오리엔탈리스] 동쪽의, 동양의. 최초 채집지가 중국(서양 기준으로 동쪽)인 데서 유래했다.
【국명】한국 최초 채집지인 청하 보경사 계곡에서 유래했나.

Paratrachelas Kovblyuk & Nadolny, 2009
어리괭이거미속

787. *Paratrachelas acuminus* (Zhu & An, 1988)
한국괭이거미 [C, K, Ru]
【학명】acúmen [아쿠멘] 뾰족한 끝, 창(검) 끝, 정점. 수컷 수염기관의 지시기(conduct) 끝이 뾰족한 데서 유래한 것으로 추정한다.
【국명】과거 학명에서 유래했다. 최초의 한국괭이거미는 *Trachelas coreanus* Paik 1991로 등재되었으나 이후 *Paratrachelas acuminus* (Zhu & An, 1988)의 동종이명으로 처리되었고, 국명만 그대로 쓰이고 있다.

Trachelas L. Koch, 1872 괭이거미속

788. *Trachelas japonicus* Bösenberg & Strand, 1906
일본괭이거미 [C, J, K, Ru]
【학명】일본의(japonicus). 최초 채집지인 일본에서 유래했다.
【국명】일본명(ネコグモ) 영향을 받은 것으로 추정한다. 고양이(ネコ)+거미(グモ).

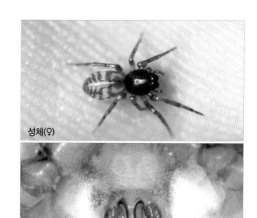

성체(♀)

외부생식기(♀)

789. *Trachelas joopili* Kim & Lee, 2008
김괭이거미 [K]
【학명】인명 joopil+i. 논문 저자들이 지도교수인 김주필 선생에게 헌정한 데서 유래했다.
【국명】김주필 선생의 성씨에서 유래했다.

Trochanteriidae Karsch, 1879
홑거미과

Plator Simon, 1880 홑거미속

790. *Plator nipponicus* (Kishida, 1914)
홑거미 [C, J, K]
【학명】일본의(nipponicus). 최초 채집지인 일본에서 유래했다.
【국명】홑거미(cf. 겹거미)는 몸 전체가 매우 편평해 홑껍데기 같다는 뜻의 이름이며, 아주 좁은 공간 사이를 게거미처럼 옆걸음질해 잠복한다(남궁준, 2003: 460).

Uloboridae Thorell, 1869
응달거미과

Hyptiotes Walckenaer, 1837
부채거미속

791. *Hyptiotes affinis* Bösenberg & Strand, 1906
부채거미 [C, J, K, T]
【학명】affinis [아피니스] 가까운 데 있는, 인척 관계인. 같은 속(屬)과 형태 유사성을 보인다는 뜻에서 유래했거나 주변에서 흔하게 볼 수 있다는 뜻에서 유래한 것으로 추정한다.
【국명】부채 모양 그물에서 유래했다. 산지 등 침침한 곳, 관목 사이에 긴 삼각형 모양 부채 그물을 치며, 먹이를 잡아 머리에 얹고 간다(남궁준, 2003: 70).

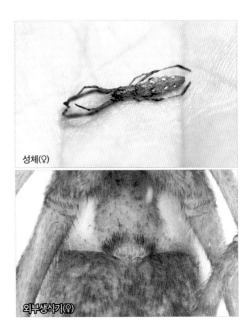
성체(♀)

외부생식기(♀)

Miagrammopes O. Pickard-Cambridge, 1870
손짓거미속

792. *Miagrammopes orientalis* Bösenberg & Strand, 1906
손짓거미 [C, J, K, T]
【학명】동양의(orientalis). 최초 채집지인 일본 (서양 관점에서 동쪽)에서 유래했다.
【국명】긴 첫째다리를 느릿느릿 움직이는 모습이 마치 손짓을 하는 것처럼 보인다(남궁준, 2003: 71).

손짓 모양

Octonoba Opell, 1979
중국응달거미속

793. *Octonoba sinensis* (Simon, 1880)
중국응달거미 [C, J, K, North Amer]
【학명】중국의(sinensis). 최초 채집지인 중국에서 유래했다.
【국명】유래는 학명과 같다.

794. *Octonoba sybotides* (Bösenberg & Strand, 1906)
꼽추응달거미 [C, J, K]
【학명】sybótes [시보테스] 돼지사육자. 서식처에서 유래했거나 단순 비유에서 유래한 것으로 추정한다.
【국명】등면이 꼽추 모양으로 굽었다(남궁준, 2003: 73).

성체(♀)

소용돌이그물

외부생식기(♀)

795. *Octonoba varians* (Bösenberg & Strand, 1906)
울도응달거미 [C, J, K]
【학명】variánus [바리아누스] 잡색의, 여러 가지 색의. 흑색~담갈색 등의 개체 변이가 있다 (남궁준, 2003: 74).
【국명】최초 채집지인 울릉도의 옛 이름 울도에서 유래했다.

796. *Octonoba yesoensis* (Saito, 1934)
북응달거미 [Ru, Cauc, Iran to J]
【학명】지명 yeso+ensis. 최초 채집지인 일본 홋카이도를 비롯한 북방 지역을 일컫는 다른 이름 에조(yeso)에서 유래했다.
【국명】최초 채집지인 북방 지역(일본 도호쿠

지방 및 홋카이도)에서 유래했다.

Philoponella Mello-Leitão, 1917
각시응달거미속

797. *Philoponella prominens* (Bösenberg & Strand, 1906)
왕관응달거미 [C, J, K, T]
【학명】prómǐnens [프로미넨스] 돌출한, 내민, 불거진. 눈두덩이 앞쪽으로 툭 불거진 데서 유래했다. 이 외에도 수컷 수염기관의 방패판도 툭 튀어나왔다.
【국명】등면에서 바라본 눈두덩이가 엠(M)자 왕관처럼 보이는 데서 유래한 것으로 추정한다.

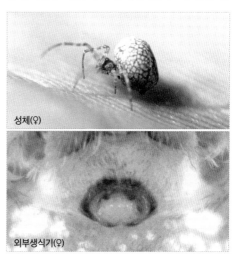

성체(♀)

외부생식기(♀)

Uloborus Latreille, 1806
응달거미속

798. *Uloborus walckenaerius* Latreille, 1806
유럽응달거미 [Pa]

【학명】인명 walckenaer+i+us. 프랑스 공무원이자 과학자인 Charles Athanase Walckenaer(1771~1852)에서 유래했다.
【국명】유럽에서 채집해 등재한 종인 데서 유래했다.

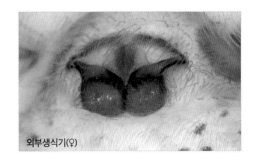
외부생식기(♀)

Zoropsidae Bertkau, 1882
정선거미과

Takeoa Lehtinen, 1967
다케오정선거미속

799. *Takeoa nishimurai* (Yaginuma, 1963)
정선거미 [C, J, K]
 = *Zoropsis coreana* Paik, 1978b
【학명】인명 nishimura+i. 일본 거미학자 Nishimura에서 유래했다.
【국명】최초 채집지인 강원 정선군에서 유래했다.

성체(♀)

성체(♂)

참고문헌

Bösenberg, W. & Strand, E. (1906). Japanische Spinnen. Abhandlungen der Senckenbergischen Naturforschenden Gesellschaft 30: 93-422.

Brignoli, P. M. (1973d). Un nuovo Althepus dell'India meridionale (Arachnida: Araneae: Ochyroceratidac). Revue Suisse de Zoologie 80: 587-593.

Cho, J. H. & Kim, J. P. (2002). A revisional study of family Salticidae Blackwall, 1841 (Arachnida, Araneae) from Korea. Korean Arachnology 18: 85-169.

Emerton, J. H. (1882). New England spiders of the family Theridiidae. Transactions of the Connecticut Academy of Arts and Sciences 6: 1-86

Eskov, K. Y. & Marusik, Y. M. (1994). New data on the taxonomy and faunistics of North Asian linyphiid spiders (Aranei Linyphiidae). Arthropoda Selecta 2(4): 41-79.

Eskov, K. Y. (1992b). A restudy of the generic composition of the linyphiid spider fauna of the Far East (Araneida: Linyphiidae). Entomologica Scandinavica 23: 153-168.

Fabricius, J. C. (1775). Systema entomologiae, sistens insectorum classes, ordines, genera, species, adiectis, synonymis, locis descriptionibus observationibus. Flensburg and Lipsiae, 832 pp. (Araneae, pp. 431-441).

Fox, I. (1937a). A new gnaphosid spider from Yuennan. Lingnan Science Journal 16: 247-248.

Fox, I. (1937d). Notes on Chinese spiders of the families Salticidae and Thomisidae. Journal of the Washington Academy of Sciences 27: 12-23.

Grube, A. E. (1861). Beschreibung neuer, von den Herren L. v. Schrenck, Maack, C. v. Ditmar u. a. im Amurlande und in Ostsibirien gesammelter Araneiden. Bulletin de l'Académie impériale des sciences de St.-Pétersbourg 4: 161-180 [separate, pp. 1-29].

Helsdingen, P. J. van (1969). A reclassification of the species of Linyphia Latreille based on the functioning of the genitalia (Araneida, Linyphiidae), I. Zoologische Verhandelingen 105: 1-303.

Huber, B.A. 2011. Revision and cladistic analysis of Pholcus and closely related taxa (Araneae, Pholcidae). Bonner Zoologische Monographien 58:1-509.

Jäger, P. & Ono, H. (2002). Sparassidae from Japan. II. First Pseudopoda species and new Sinopoda species (Araneae: Sparassidae). Acta Arachnologica, Tokyo 51: 109-124.

Jäger, P. (1999b). *Sinopoda*, a new genus of Heteropodinae (Araneae, Sparassidae) from Asia. Journal of Arachnology 27: 19-24

James C. Cokendolpher, Shannon M. Torrence, Loren M. Smith, & Nadine Dupérré (2007). "New Linyphiidae spiders associated with playas in the Southern High Plains(Llano Estacado) of Texas (Arachnida : Araneae)". Zootaxa 1529 : 49-60

Kamura, T. (2009). Trochanteriidae, Gnaphosidae, Prodidomidae, Corinnidae. In: Ono, H. (ed.) The Spiders of Japan with keys to the families and genera and illustrations of the species. Tokai University Press, Kanagawa, pp. 482-500, 551-557.

Karsch, F. (1879g). Baustoffe zu einer Spinnenfauna von Japan. Verhandlungen des Naturhistorischen Vereins der Preussischen Rheinlande und Westfalens 36: 57-105.

Kim, B. W. & Kim, J. P. (2008). A new species of the genus *Cybaeus* (Arachnida: Araneae: Cybaeidae) from Korea. Acta Arachnologica, Tokyo 57: 9-14.

Kim, B. W. & Kim, J. P. (2012(1)). Redescription of *Alloclubionoides paikwunensis* (Kim and Jung, 1993) and a new spider species *Alloclubionoides solea* sp. nov. from Korea (Araneae: Agelenidae). Journal of Natural History 46: 2387-2400.

Kim, B. W. (2007). Description of *Ambanus jaegeri* sp. n. and of the male of A. euini (Paik) from Korea (Arachnida: Araneae: Amaurobiidae). Revue Suisse de Zoologie 114: 703-719.

Kim, B. W., Lee, W. & Kwon, T. S. (2007). A new species of the genus *Ambanus* (Arachnida: Araneae: Amaurobiidae) from Korea. Proceedings of the Biological Society of Washington 120: 327-336.

Kim, J. M. & Kim, J. P. (2002). A revisional study of family Araneidae Dahl, 1912 (Arachnida, Araneae) from Korea. Korean Arachnology 18: 171-266.

Kim, J. P. & Gwon, S. P. (2001). A revisional study of the spider family Thomisidae Sundevall, 1833 (Arachnida: Araneae) from Korea. Korean Arachnology 17: 13-78.

Kim, J. P. & Kim, B. W. (2000(2)). A revision of the subfamily Linyphiinae Blackwall, 1859 (Araneae, Linyphiidae) in Korea. Korean Arachnology 16(2): 1-40.

Kim, J. P. & Ye, S. H. (2014a). A new species of the genus *Alloclubionoides* Paik, 1992 (Araneae: Agelenidae) from Korea. Open Journal of Animal Sciences 4: 134-138.

Kim, J. P. (1985a). Two unrecorded spiders from Korea (Araneae, Metathelae). Korean Arachnology 1(1): 17-22.

Kim, J. P. (1995b). A new species of genus *Helicius* (Araneae: Salticidae) from Korea. Korean Arachnology 11(2)

Kim, J. P. (1998a). Taxonomic study of *N. adianta* and *N. doenitzi* in the genus *Neoscona* from Korea. Korean Arachnology 14(1): 1-5.

Kim, J. P. (1998b). One unrecorded species of the genus *Coelotes* (Araneae: Agelenidae) from Korea. Korean Arachnology 14(1): 6-8.

Kim, J. P., Lee, J. H. & Lee, J. G. (2014c). Description of the female of Ceratinella brevis (Wider, 1834) (Araneae : Linyphiidae) from Korea. Korean Arachnology 30(2): 155-164.

Kim, J. P., Ye, S. H. & Yoo, H. S. (2014). A new species of the genus *Cybaeus* L. Koch, 1868 (Araneae: Cybaeidae) from Korea. Korean Arachnology 30(2): 135-145.

Kim, S. T. & Lee, S. Y. (2012a). Arthropoda: Arachnida: Araneae: Thomisidae. Thomisid spiders. Invertebrate Fauna of Korea 21(9): 1-88.

Kim, S. T., Lee, J. H. & Namkung, J. (2004). Two new ground-inhabiting Leptoneta spiders (Aeraneae [sic] Leptonetidae) from Korea. Journal of Asia-Pacific Entomology 7: 257-261.

Koch, L. (1875b). Aegyptische und abyssinische Arachniden gesammelt von Herrn C. Jickeli. Nürnberg, pp. 1-96.

Komatsu, T. (1940). On five species of spiders found in the RyûgadôCave, Tosa province. Acta Arachnologica, Tokyo 5: 186-195.

Lee, Y. K., Kang, S. M. & Kim, J. P. (2009). A revision of the subfamily Linyphiinae Blackwall, 1859 in Korea. Korean Arachnology 25: 113-175

Levi, H. W. (1967b). Habitat observations, records, and new South American theridiid spiders (Araneae, Theridiidae). Bulletin of the Museum of Comparative Zoology at Harvard College 136: 21-38.

Locket GH, Millidge AF (1951) *British Spiders*, Vol. 1. Ray Society, London.

Logunov, D. V. (1999c). Redefinition of the genera *Marpissa* C. L. Koch, 1846 and Mendoza Peckham & Peckham, 1894 in the scope of the Holarctic fauna (Araneae, Salticidae). Revue Arachnologique 13: 25-60.

Mikhailov, K. G. (1995a). New or rare Oriental sac spiders of the genus *Clubiona* Latreille 1804 (Aranei Clubionidae). Arthropoda Selecta 3(3-4): 99-110.

Mikhailov, K. G. (1997b). Spiders of the genus *Clubiona* Latreille, 1804 (Aranei, Clubionidae) of North Korea. Annales Historico-Naturales Musei Nationalis Hungarici 89: 187-195.

Namkung, J. & Kim, J. P. (1987). A new species of genus *Clubiona* (Araneae: Clubionidae) from Korea. Korean Arachnology 3: 23-28.

Namkung, J. (1987). Two new cave spiders of the genus *Leptoneta* (Araneae: Leptonetidae) from Korea. Korean Arachnology 3: 83-90.

Nishikawa, Y. (1977a). Three new spiders of the genus *Coelotes* (Araneae: Agelenidae) from Minoo, Osaka, Japan. Acta Arachnologica, Tokyo 27(Spec. No.): 33-44.

Norman I. Platnick (2014). The World Spider Catalog. Version 15.0. American Museum of National History, online at http://research.amnh.org/iz/spiders/catalog/INTRO1.html

Oi, R. (1960a). Linyphiid spiders of Japan. Journal of the Institute of Polytechnics Osaka City University 11(D): 137-244.

Oi, R. (1960b). Seaside spiders from the environs of Seto Marine Biological Laboratory of Kyoto University. Acta Arachnologica, Tokyo 17: 3-8.

Ono, H. (1985c). Eine Neue Art der Gattung Misumenops F. O. Pickard-Cambridge, 1900, aus Japan (Araneae: Thomisidae). Proceedings of the Japanese Society of Systematic Zoology 31: 14-19.

Paik, K. Y. (1965a). Taxonomical studies of linyphiid spiders from Korea. Educational Journal of the Teacher's College Kyungpook National University 3: 58-76.

Paik, K. Y. (1967). The Mimetidae (Araneae) of Korea. Theses collection of Kyungpook University 11: 185-196.

Paik, K. Y. (1969a). The Pisauridae of Korea. Educational Journal of the Teacher's College Kyungpook National University 10: 44.

Paik, K. Y. (1969b). The Oxyopidae (Araneae) of Korea. Theses collection commemorating the 60th Birthday of Dr. In Sock Yang: 105-127.

Paik, K. Y. (1970b). Spiders from Geojae-do Isl., Kyungnam, Korea. Theses Collection of the Graduate School of Education of Kyungpook National University 1: 83-93.

Paik, K. Y. (1973b). Korean spiders of genus *Tmarus* (Araneae, Thomisidae). Theses Collection of the Graduate School of Education of Kyungpook National University 4: 79-89.

Paik, K. Y. (1974a). A new spider of the genus *Arcuphantes* (Araneae: Linyphiidae) found in Korea. Acta Arachnologica, Tokyo 26: 18-21

Paik, K. Y. (1974b). Three new spiders of genus *Coelotes* (Araneae: Agelenidae). Research Review of Kyungpook National University 18: 169-180.

Paik, K. Y. (1976a). Five new spiders of genus *Coelotes* (Araneae: Agelenidae). Educational Journal of the Teacher's College Kyungpook National University 18: 77-88.

Paik, K. Y. (1978a). The Pholcidae (Araneae) of Korea. Educational Journal Kyungpook University Korea 20: 113-135.

Paik, K. Y. (1978b). Seven new species of Korean spiders. Research Review of Kyungpook National University 25/26: 45-61.

Paik, K. Y. (1978e). Araneae. Illustrated Fauna and Flora of Korea 21: 1-548.

Paik, K. Y. (1979a). Four species of the genus *Thanatus* (Araneae: Thomisidae) from Korea. Journal of the

Graduate School of Education, Kyungpook National University 11: 117-131.

Paik, K. Y. (1979b). Korean spiders of family Dictynidae. Research Review of Kyungpook National University 27: 419-431.

Paik, K. Y. (1979c). Korean spiders of the genus *Philodromus* (Araneae: Thomisidae). Research Review of Kyungpook National University 28: 421-452.

Paik, K. Y. (1983b). Description of a new species of the genus *Arcuphantes* (Araneae: Linyphiidae). Journal of the Institute of Natural Sciences, Keimyung University 2: 81-84.

Paik, K. Y. (1985b). Three new species of clubionid spiders from Korea. Korean Arachnology 1(1): 1-11.

Paik, K. Y. (1985f). Korean spiders of the genus *Oxytate* L. Koch, 1878 (Thomisidae: Araneae). Korean Arachnology 1(2): 29-42.

Paik, K. Y. (1985h). One new and two unrecorded species of linyphiid (s.l.) spiders from Korea. Journal of the Institute of Natural Sciences, Keimyung University 4: 57-66.

Paik, K. Y. (1985i). The fifth new species of the genus *Arcuphantes* (Araneae: Linyphiidae) from Korea. Journal of the Institute of Natural Sciences, Keimyung University 4: 87-90.

Paik, K. Y. (1986a). Korean spiders of the genus *Drassyllus* (Araneae; Gnaphosidae). Korean Arachnology 2(1): 3-13.

Paik, K. Y. (1986b). A new record spider of the genus *Achaearanea* (Araneae: Theridiidae) from Korea. Korean Arachnology 2(2): 3-6.

Paik, K. Y. (1987). Studies on the Korean salticid (Araneae) III. Some new record species from Korea or South Korea and supplementary describe for two species. Korean Arachnology 3: 3-21.

Paik, K. Y. (1991a). Korean spiders of the genus *Phrurolithus* (Araneae: Clubionidae). Korean Arachnology 6: 171-196.

Paik, K. Y. (1991e). Four new species of the linyphiid spiders from Korea (Araneae: Linyphiidae). Korean Arachnology 7: 1-17.

Paik, K. Y. (1992e). A new record spider of the genus *Micaria* (Araneae: Gnaphosidae) from Korea. Korean Arachnology 7: 169-177.

Paik, K. Y. (1992h). Korean spiders of the genus *Cladothela* Kishida, 1928 (Araneae; Gnaphosidae). Korean Arachnology 8: 33-45.

Paik, K. Y. (1992i). Korean spiders of the genus *Drassyllus* (Araneae: Gnaphosidae) II. Korean Arachnology 8: 67-78.

Paik, K. Y. (1995c). Korean spiders of the genus *Dipoena* (Araneae: Theridiidae). I. Korean Arachnology 11(1): 29-37.

Paik, K. Y. (1996a). A new species of the genus *Theridion* Walckenaer, 1805 (Araneae: Theridiidae) from Korea. Korean Arachnology 12(1): 9-14.

Paik, K. Y. (1996c). Korean spider of the genus *Anelosimus* Simon, 1891 (Araneae: Theridiidae). Korean Arachnology 12(1): 33-44.

Paik, K. Y. (1996e). Korean spider of the genus *Dipoena* (Araneae: Theridiidae) II. Description of two new species. Korean Arachnology 12(2): 41-46.

Panzer, G. E. W. (1801). Fauna insectorum germaniae initia. Deutschlands Insekten. Regensburg, hft. 74 (fol. 19, 20), 78 (fol. 21), 83 (fol. 21).

Pickard-Cambridge, O. (1862). Description of ten new species of British spiders. Zoologist 20: 7960.

Prószyński, J. (1979). Systematic studies on East Palearctic Salticidae III. Remarks on Salticidae of the USSR. Annales Zoologici, Warszawa 34: 299-369.

Roberts, M. J. (1983). Spiders of the families Theridiidae, Tetragnathidae and Araneidae (Arachnida: Araneae) from Aldabra atoll. Zoological Journal of the Linnean Society 77: 217-291

Schenkel, E. (1963). Ostasiatische Spinnen aus dem Muséum d'Histoire naturelle de Paris. Mémoires du Muséum National d'Histoire Naturelle de Paris (A, Zool.) 25: 1-481

Seo, B. K. (1992a). A new species of genus *Evarcha* (Araneae: Salticidae) from Korea (II). Korean Arachnology 7: 159-162.

Seo, B. K. (1992b). Four newly record species in the Korean salticid fauna (III). Korean Arachnology 7: 179-186.

Seo, B. K. (1992c). Descriptions of two species of the family Thomisidae from Korea. Korean Arachnology 8: 79-84.

Seo, B. K. (1993b). Description of two newly recorded species in the Korean linyphiid fauna (II). Journal of the Institute of Natural Sciences, Keimyung University 11: 173-176.

Seo, B. K. (1995b). A new species of genus *Neon* (Araneae, Salticidae) from Korea. Korean Journal of Systematic Zoology 11: 323-327.

Seo, B. K. (2011b). Description of a new species and four new records of the spider subfamily Erigoninae (Araneae: Linyphiidae) from Korea. Korean Journal of Applied Entomology 50: 141-149.

Seo, B. K. (2013a). Four new species of the linyphiid spider genus *Arcuphantes* (Araneae, Linyphiidae) from Korea. Entomological Research 43: 142-150.

Seo, B. K. (2013c). Four linyphiid spiders (Araneae: Linyphiidae) new to Korea. Korean Journal of Applied Entomology 52(3): 171-179

Simon, E. (1880b). Etudes arachnologiques. 11e Mémoire. X VII. Arachnides recueilles aux environs de Pékin par M. V. Collin de Plancy. Annales de la SociétéEntomologique de France (5) 10: 97-128.

Simon, E. (1886g). Etudes arachnologiques. 18e Mémoire. X X VI. Matériaux pour servir àla faune des Arachnides du Sénégal. (Suivi d'une appendice intitulé: Descriptions de plusieurs espèces africaines nouvelles). Annales de la SociétéEntomologique de France (6) 5: 345-396.

Song, D. X. & Kim, J. P. (1991). On some species of spiders from Mount West Tianmu, Zhejiang, China (Araneae). Korean Arachnology 7: 19-27.

Song, D. X., Zhu, M. S. & Chen, J. (1999). The Spiders of China. Hebei University of Science and Techology Publishing House, Shijiazhuang, 640 pp.

Tanikawa, A. (1992b). A revisional study of the Japanese spiders of the genus *Cyclosa* (Araneae: Araneidae). Acta Arachnologica, Tokyo 41: 11-85

Tanikawa, A. (2009). Hersiliidae. Nephilidae, Tetragnathidae, Araneidae. In: Ono, H. (ed.) The Spiders of Japan with keys to the families and genera and illustrations of the species. Tokai University Press, Kanagawa, pp. 149, 403-463.

Tanikawa, A. (2013b). Two new species of the genus *Cyrtarachne* (Araneae: Araneidae) from Japan hitherto identified as *C. inaequalis*. Acta Arachnologica, Tokyo 62(2): 95-101.

Thorell, T. (1872a). Remarks on synonyms of European spiders. Part III. Uppsala, pp. 229-374.

Utochkin, A. S. (1968). Pauki roda Xysticus faunii SSSR (Opredelitel'). Ed. Univ. Perm, pp. 1-73.

Walckenaer, C. A. (1802). Faune parisienne. Insectes. ou Histoire abrégée des insectes de environs de Paris. Paris

2, 187-250.

Wang, X. P. (2002). A generic-level revision of the spider subfamily Coelotinae (Araneae, Amaurobiidae). Bulletin of the American Museum of Natural History 269: 1-150.

Wesolowska, W. (1981a). Salticidae (Aranei) from North Korea, China and Mongolia. Annales Zoologici, Warszawa 36: 45-83

Wiehle, H. (1960a). Spinnentiere oder Arachnoidea (Araneae). XI. Micryphantidae-Zwergspinnen. Tierwelt Deutschlands 47, i-xi, 1-620.

Yaginuma, T. (1958a). Revision of Japanese spiders of family Argiopidae. I. Genus *Meta* and a new species. Acta Arachnologica, Tokyo 15: 24-30.

Yaginuma, T. (1972f). Revision of the short-legged nesticid spiders of Japan. Bulletin of the National Museum of Nature and Science Tokyo 15: 619-622.

Yang, T. B., Wang, X. Y. & Yang, Z. Z. (2013). Two new species of genus *Otacilia* from China (Araneae: Corinnidae). Acta Arachnologica Sinica 22: 9-15.

Ye, S. H. & Kim, J. P. (2014). A new species of the genus *Alloclubionoides* Paik, 1992 (Araneae: Agelenidae) from Korea. Korean Arachnology 31(1): 33-50. download pdf

Yin, C. M., Tang, G. O. & Gong, L. S. (2000). Two new species of the family Ctenidae from China (Arachnida: Araneae). Acta Arachnologica Sinica 9: 94-97

Yoo, J. S., Framenau, V. W. & Kim, J. P. (2007). *Arctosa stigmosa* and *A. subamylacea* are two different species (Araneae, Lycosidae). Journal of Arachnology 35: 171-180

Yoo, J. S., Kim, J. P. & Tanaka, H. (2004). A new species in the genus *Alopecosa* Simon, 1885 from Korea (Araneae: Lycosidae). Zootaxa 397: 1-7.

Yoshida, H. (2009d). The spider genus *Leucauge* (Araneae: Tetragnathidae) from Taiwan. Acta Arachnologica, Tokyo 58: 11-18.

Zhao, Q. Y. & Li, S. Q. (2014b). A survey of linyphiid spiders from Xishuangbanna, Yunnan Province, China (Araneae, Linyphiidae). ZooKeys 460: 1-181.

Zhu, M. S., Gao, S. S. & Guan, J. D. (1993). Notes on the four new species of comb-footed spiders of the forest regions Liaoning, China (Araneae: Theridiidae). Journal of the Liaoning University (nat. Sci. Ed.) 20: 89-94.

Šestáková, A., Marusik, Y. M. & Omelko, M. M. (2014). A revision of the Holarctic genus *Larinioides* Caporiacco, 1934 (Araneae: Araneidae). Zootaxa 3894(1): 61-82.

공상호. 2013.『관찰에서 기르기까지 거미 생태 도감』. 자연과생태.

김주필. 2009.『거미 생물학』. 바이오사이언스(주).

남궁준. 2003.『관찰에서 기르기까지 거미 생태 도감』. 교학사.

하순혜. 2006.『허브도감』. 아카데미서적.

찾아보기

국명

학명